SHUILI GONGCHENG
JIANCE SHIYANSHI BIAOZHUNHUA
JIANSHE YU SHIJIAN

水利工程检测实验室标准化
建设与实践

王　芳　　凌　华　　林海霞　　李嫱玲　　李小梅
朱逸凡　　贾海磊　　唐　译　　耿之周　◎编著

河海大学出版社
HOHAI UNIVERSITY PRESS
·南京·

图书在版编目(CIP)数据

水利工程检测实验室标准化建设与实践 / 王芳等编
著. -- 南京：河海大学出版社，2024. 11. -- ISBN
978-7-5630-9427-1

Ⅰ. TV512

中国国家版本馆 CIP 数据核字第 20242DQ697 号

书　　名	水利工程检测实验室标准化建设与实践	
书　　号	ISBN 978-7-5630-9427-1	
责任编辑	倪美杰	
文字编辑	朱梦楠	
特约校对	汤思语	
装帧设计	徐娟娟	
出版发行	河海大学出版社	
地　　址	南京市西康路 1 号(邮编:210098)	
电　　话	(025)83737852(总编室)　　(025)83722833(营销部)	
	(025)83787602(编辑室)	
经　　销	江苏省新华发行集团有限公司	
排　　版	南京布克文化发展有限公司	
印　　刷	广东虎彩云印刷有限公司	
开　　本	700 毫米×1000 毫米　1/16	
印　　张	15	
字　　数	299 千字	
版　　次	2024 年 11 月第 1 版	
印　　次	2024 年 11 月第 1 次印刷	
定　　价	98.00 元	

前言

preface

　　水利工程是国家基础设施建设的关键组成部分,对于确保水安全,保护好水资源,实现人与自然和谐共生,保障经济社会可持续发展都具有不可或缺的战略意义。为了推动新阶段水利高质量发展,水利工程质量检测是保障水利工程结构稳定性和安全性的重要手段,在水利工程的质量控制和安全保障中具有极其重要的地位。新时期下,水利工程检测实验室的建设应紧密结合水利新质生产力的需求,在智能化、数字化、标准化、绿色化和开放化的方向继续发展前行。本书围绕水利工程检测实验室标准化建设与实践,介绍了实验室的发展演变,阐述了新时期实验室管理体系要求,并详细论述了实验室建设、检测各要素及各环节的管理和实验室安全与风险控制,以为实验室人员提供帮助。

　　本书共13章,第1章简要介绍了实验室的历史沿革和水利工程检测实验室的发展状况及趋势。第2章和第3章分别介绍了实验室质量管理和技术管理体系。第4章至第10章系统介绍了水利工程检测实验室的建设、资质认定、人员、仪器、样品和过程管理等方面内容。第11章重点介绍了水利工程中工地试验室全过程建设。第12章和第13章介绍了实验室的安全风险管理和设备应用。

　　本书第1章由王芳、凌华编写,第2章和第3章由李嫦玲编写,第4章、第5和第9章由耿之周编写,第6章由林海霞编写,第7章和第8章由唐译编写,第10章和第13章由李小梅编写,第11章由贾海磊编写,第12章由朱逸凡编写。全书由王芳、凌华、林海霞组织、修改并定稿。

　　本书得到南京水利科学研究院出版基金的资助。河海大学出版社的编辑老师为本书的顺利出版做了大量工作,编者在此表示衷心的感谢。限于编写人员水平,本书难免存在疏漏之处,敬请读者批评指正,以便改进。

目录

contents

第1章 绪论 ·· 001

  1.1 实验室概述 ···································· 002

  1.2 水利工程检测实验室的发展状况 ············ 004

  1.3 新时期下水利工程检测实验室的发展趋势 ·········· 008

第2章 水利工程检测实验室质量管理体系 ············ 011

  2.1 概述 ·· 012

  2.2 岗位职责 ···································· 014

  2.3 组成部分 ···································· 016

  2.4 文件体系 ···································· 017

第3章 水利工程检测实验室技术管理体系 ············ 019

  3.1 概述 ·· 020

  3.2 组成部分 ···································· 020

第4章 实验室标准化建设 ·························· 025

  4.1 基本规定 ···································· 026

  4.2 实验室布局 ·································· 026

  4.3 实验室建筑结构要求 ························ 027

  4.4 辅助区、公用设施区 ························ 031

  4.5 给排水要求 ·································· 031

  4.6 通风与空调系统要求 ························ 032

4.7 实验室电气要求 ·· 035

4.8 标准化实验室安全管理 ···································· 037

第5章 实验室资质认定 ·· 039

5.1 《认证认可条例》简介 ·· 040

5.2 《检验检测机构资质认定能力评价 检验检测机构通用要求》解读 ··· 044

5.3 检验检测机构资质认定其他相关认证认可行业标准介绍 063

5.4 管理体系文件编写要点 ···································· 067

5.5 实验室认可基础简介 ·· 075

5.6 检验检测机构实验室技术要求验收及诚信建设相关规定简介 ····· 079

第6章 水利工程检测实验室人员管理 ···················· 081

6.1 人员组织结构 ·· 082

6.2 人员资格 ·· 084

6.3 人员培训(继续教育) ·· 086

6.4 人员信用评价 ·· 088

6.5 人员管理与激励 ··· 091

6.6 人员管理典型案例 ·· 093

第7章 水利工程检测实验室仪器设备管理 ············· 097

7.1 概述 ·· 098

7.2 仪器设备的购置和验收 ···································· 099

7.3 仪器设备的使用管理 ·· 102

7.4 仪器设备的检定和校准 ···································· 104

7.5 仪器设备的期间核查 ·· 106

7.6 仪器设备的维护保养和维修 ······························ 109

7.7 仪器设备的报废 ··· 111

7.8 典型案例 ·· 112

第8章 水利工程检测实验室样品管理 ···················· 117

8.1 概述 ·· 118

8.2 样品接收与标识管理 ·· 118

8.3 样品储存与流转管理 ·· 119

8.4 样品处置管理 ·· 121

8.5 典型案例 ··· 121

第9章 水利工程检测实验室环境管理 ·················· 125

第10章 检测过程管理 ································ 127

10.1 样品管理 ··· 128

10.2 检测方法管理 ·· 128

10.3 检测记录与报告管理 ····································· 129

第11章 水利工程工地试验室建设与管理 ·········· 135

11.1 建设意义 ··· 136

11.2 基本规定 ··· 136

11.3 设立与授权 ·· 136

11.4 场所建设 ··· 137

11.5 人员配置 ··· 141

11.6 仪器设备 ··· 143

11.7 信息化建设 ·· 144

11.8 工地试验室管理 ·· 144

11.9 工地试验室验收 ·· 148

11.10 典型案例 ··· 148

第12章 实验室安全与风险管理 ···················· 175

12.1 概述 ··· 176

12.2 实验室基本安全准则 ····································· 176

12.3 实验室危险源 ·· 177

12.4 实验室用电安全 ·· 178

12.5 实验室化学品安全 ······································· 181

12.6 实验室消防安全 ·· 183

12.7 实验室特种设备分布及管理 ····························· 188

12.8 危险化学品安全管理措施 ································· 192

12.9 实验室安全管理的重要性 ································· 195

12.10 实验室安全管理要求 ···································· 198

第 13 章　检测仪器设备应用 ·· 201

13.1　切土环刀 ·· 202

13.2　透水板 ·· 203

13.3　击实仪 ·· 204

13.4　液塑限测定仪 ·· 207

13.5　固结仪 ·· 211

13.6　渗透仪 ·· 214

13.7　直剪仪 ·· 218

13.8　无侧限压缩仪 ·· 221

13.9　三轴仪 ·· 222

13.10　振动三轴仪 ··· 229

第 1 章

绪论

1.1 实验室概述

1.1.1 实验室的定义、特点和作用

实验室（Laboratory）是指专供在自然科学或相关学科领域内进行实验研究、分析检测、技术研发等活动的专业场所。它通常配备有各种精密仪器、设备、实验台、化学试剂和其他必需的安全设施，以支持科研人员、学生或其他技术人员进行系统的、受控的实验操作和数据收集。

在实验室中，科学家、研究人员、技术人员、学生等能够按照严格的科学方法和程序进行实验操作，对各种理论假设进行验证，探索自然现象，研发新产品和技术，或者对样品进行分析测试以获得数据和信息。

实验室的主要特点包括以下四点。一是专业性，实验室根据自身的研究方向和所属领域配备相应的仪器设备，以满足其专业性的要求。二是控制性，确保实验结果准确，对于影响实验结果的如温度、湿度、压力、光照以及洁净度等实验室条件，应能精确调控，保证实验不受外部因素干扰。三是安全性，实验室必须遵守相应的安全规定和标准，如个人防护装备、废弃物处理、化学品存储与使用规则，以及对于生物安全等级的特殊要求。四是创新性，实验室不仅是技术发展的源泉，也是新知识产生的关键场所，通过实验研究推动科学进步和社会发展。

实验室是科学发现和技术革新的摇篮，同时也是教育体系中不可或缺的教学资源，更是社会发展与进步的重要推动力量，其作用主要包括以下五个方面。

（1）科学研究与技术研发。实验室是进行科学实验、技术研发和基础理论研究的重要场所，为科学家和工程师提供必要的设施和技术支持，以验证假设、探索未知、开发新技术或产品。

（2）人才培养。实验室是高等教育体系中培养高级专门人才的关键环节，通过实际操作和项目训练，提升学生的实践技能、科研能力和创新思维，使他们能够在理论学习的基础上得到动手能力的锻炼，从而满足社会对具有较高综合素质与创新能力人才的需求。

（3）科技创新基地。许多重大的科技突破往往源自实验室，实验室作为技术革新和发明创造的源头，推动着科学技术的发展和社会生产力的进步。

（4）社会服务。实验室不仅服务于学术界，还承担着面向行业、企业以及社会公共服务的责任。可以为工业部门提供技术支持和检测服务，为政府部门制定政策法规提供科学依据，以及参与解决公共安全、环境保护等社会问题。

（5）学科建设与交叉合作。实验室在特定学科领域内发挥着核心作用，并且在多学科交叉融合过程中起着桥梁和纽带的功能，促进不同学科间的交流与合作。

1.1.2 实验室的历史沿革

在我国古代,实验室体现在各种手工业、医药制造、炼丹术和炼金术等活动之中。炼丹术与炼金术士的作坊,可以被视为化学实验活动的早期形式,这些活动在秦汉时期就已经相当活跃,并在魏晋南北朝、唐宋时期达到了鼎盛。所以,若从科学实验的角度来追溯,我国古代类似实验室的活动起源可以认为是从先秦至汉代开始的炼丹术实践,而真正现代意义上的实验室可以追溯到 20 世纪初,分为以下四个阶段。

(1)早期阶段。中国早期的科研机构和实验室大多伴随着高等教育的发展和社会需求而逐步建设和发展起来。在民国时期,部分高校和研究机构开始设立实验室,开展科学研究工作。

(2)新中国成立初期。新中国成立后,国家对科学技术发展高度重视,20 世纪50 年代至 60 年代,随着"十二年科技规划"的实施,一批重点科研机构和实验室得到建设和完善,初步形成了学科较为齐全的科研体系。

(3)改革开放与国家重点实验室体系建立。1984 年是一个重要里程碑,原中华人民共和国国家计划委员会组织实施了国家重点实验室建设计划,标志着我国正式建立了国家重点实验室体系。这一计划旨在依托高校、中国科学院以及其他科研单位的基础条件,集中力量支持基础研究和应用基础研究,培养高级科技人才,推动科技成果的转化。比如,"中国科学院真菌地衣系统学开放研究实验室"于1985 年 8 月 12 日成立,后更名为"中国科学院真菌地衣系统学重点实验室",这是国家重点实验室体系中的一员。

(4)后续发展阶段。随着时间推移,更多的国家重点实验室以及省部级重点实验室在各个领域建立起来,涵盖自然科学、工程技术等多个领域,如生化工程国家重点实验室依托中国科学院过程工程研究所成立于 20 世纪 80 年代,甘肃省天然药物重点实验室则成立于 2002 年。

进入 21 世纪,实验室建设进一步加强,不仅包括传统的基础研究实验室,也涵盖了交叉学科、新兴技术和产业技术等方向的研究平台。至今,国家重点实验室已经成为我国科技创新体系的重要组成部分,在科技进步、人才培养、国际交流合作等方面发挥了关键作用。

在国外,实验室的历史可以追溯到早期的科学探索时期,尽管当时并没有现代意义上的专门实验室。以下是实验室发展历史的一些关键节点简介。

(1)古代和中世纪。古希腊学者如阿基米德(Archimedes)和毕达哥拉斯(Py-thagoras)虽然没有明确记载的专用实验室,但他们进行了物理和数学实验,并在各自的学派中进行研究。中世纪时,炼金术士和早期的医药学家在其私人工作室或工坊中进行试验,这些场所可以被视为实验室的雏形。

（2）文艺复兴至启蒙时代。16世纪末至17世纪初,随着伽利略、开普勒等科学家的工作,实验方法开始成为科学研究的重要手段。他们建立了相对固定的实验环境来验证自然现象,从而推动了实验室的发展。

罗伯特·波义耳(Robert Boyle)被认为是近代化学实验室的奠基人之一,他在17世纪设计了自己的实验室,并进行了许多气体性质的研究。

（3）18世纪与19世纪。这个时期,实验室逐渐专业化并规范化。比如,安托万-洛朗·德·拉瓦锡(法语:Antoine-Laurent de Lavoisier)在巴黎建立公共化学实验室,为现代化学实验奠定了基础。各类科学学会和大学中的实验室相继建立,促进了科学教育和科研活动的开展。

（4）20世纪至今。随着科学技术的飞速进步,实验室设备越来越精密,功能也日趋多元化。生物、物理、化学等各学科领域都拥有各自的实验室网络,且高度专业化。生物安全实验室、纳米技术实验室、高能物理实验室等各种高级别的专业实验室在全球范围内建立起来,满足了复杂科学研究和先进技术开发的需求。

综上所述,实验室从最初的个人研究场所逐步演变为现代社会中集教学、科研、产品开发等多种功能于一体的设施,对科技进步和社会发展产生了深远影响。

1.2 水利工程检测实验室的发展状况

1.2.1 水利工程检测实验室的重要性

水利工程检测实验室通常是指依法成立,依据相关标准等规定,利用仪器设备、环境设施等技术条件和专业技能,对水利工程进行检测的专业实验室(机构)。为了应对洪水灾害、保障饮水安全、优化水资源分配、提高能源效率(如水电开发),以及保护和恢复水生态环境等复杂需求,需要建立和完善水利工程检测实验室。

水利工程是国家基础设施建设的关键组成部分,对于经济社会可持续发展、生态环境保护以及人民群众生活质量的提高都具有不可或缺的战略意义。在水资源供应保障方面,能够调节水资源的时空分布,满足人类生活用水、农业灌溉、工业生产和生态需求;在防洪减灾方面,通过大型防洪堤坝、蓄滞洪区等水利设施可以有效调控河流水量,防止洪水对下游地区造成灾害性影响,保护人民生命财产安全,同时通过合理的洪水调度减轻洪水压力,减少洪涝灾害的发生;在农业灌溉与粮食安全方面,农田水利设施建设对于保障农业生产具有决定性作用,特别是干旱半干旱地区,通过灌溉系统将水资源引至农田,保证农作物正常生长,从而确保国家粮食安全;在土地利用与国土整治方面,水利工程有助于土地资源的有效利用和优化配置,如通过引水灌淤改良盐碱地,通过水库蓄水形成水面景观,提升区域生态环境质量;在应对气候变化方面,面对全球气候变化带来的极端天气事件增多,水利设施的作用更加突出,通过调蓄能力的增强和防洪标准的提高,增强了对极端气候事件的适应能力。

水利工程质量检测是保障水利工程结构稳定性和安全性的重要手段,在水利水电工程的质量控制和安全保障中具有极其重要的地位。只有确保工程质量,才能赢得社会公众的信任,树立良好的行业形象,并为今后的水利建设和发展奠定坚实的基础,其重要性具体可体现在以下几个方面:

(1)质量保障。水利工程项目投资巨大,其使用寿命和运行效果直接影响国家和社会的经济效益,通过严格的质量检测,可以减少因质量问题导致的返工维修成本,延长工程使用寿命,提高投资回报率。实验室通过对施工所用材料(如混凝土、钢材、土工合成材料等)进行物理性能、化学成分、耐久性等方面的严格测试,确保材料达到设计规范要求,从而保证了工程结构的强度、稳定性和耐久性。

(2)过程监控。实验室对施工过程中形成的中间产品及各个阶段的单元工程质量进行监测和检验,如混凝土配合比试验、砂浆抗压强度试验、地基承载力试验等,以实时反馈施工质量状况,指导施工工艺改进与优化。

(3)安全性验证。对于诸如防渗、防腐、抗震等关键功能部位,实验室通过专业试验来验证其安全可靠性,例如对大坝、隧洞、渠道等的防渗漏性能检测,防止因质量问题导致的安全隐患。同时水利工程需要在设计和施工中充分考虑生态因素,质量检测能够监督项目执行是否符合环保标准,避免对周边环境产生不良影响,实现水资源开发利用与生态保护之间的平衡。

(4)技术研发与创新。实验室还承担着水利水电工程新技术、新材料的研究与应用评价工作,推动行业技术进步,为工程提供科学依据和技术支撑。质量检测过程中的问题反馈和改进措施有助于推动施工技术、材料工艺等方面的创新,进一步提高整个行业的技术水平。

(5)法规遵从。按照国家相关法律法规和行业标准要求,水利工程检测实验室出具的检测报告是工程验收的重要依据,合法的检测机构及其出具的数据才能被认可,确保工程符合国家规定。

(6)事故调查与预防。当工程出现质量问题或发生事故时,实验室可参与原因分析,并通过对同类项目的预判性检测,预防类似问题再次发生。

因此,水利工程检测实验室不仅是水利水电工程质量管理体系中的核心环节,也是工程技术进步和可持续发展的重要保障。从技术创新的角度出发,水利工程检测实验室是开展水工结构、水力学、水资源管理、水质控制等研究的前沿阵地,为科学家和工程师提供了实验验证理论、探索新方法和新材料的平台,推动水利学科和技术的发展。

国家在水利方面的法律法规制定与实施,也促进了水利工程检测实验室的发展。政府对于水资源保护、工程质量监管、科技创新投入等方面的重视与支持,为实验室建设和运行提供了有力保障,并促使实验室在规范行业标准、提供检测服务等方面发挥重要作用。

综上所述,水利工程检测实验室是在人类对水资源控制和利用的历史进程、社会经济发展的现实需求、科技进步的推动作用及国家政策引导下逐步发展壮大的,它们不仅服务于当前的工程建设和环境保护,而且承担着孕育未来技术创新和人才培养的重大使命。

1.2.2　水利工程检测实验室的主要工作内容

水利工程检测实验室主要工作内容是对于水利工程建设中使用的各种原材料、半成品及成品进行质量检测,确保其符合设计要求和国家标准;对已建或在建工程的安全性能、运行状态进行评估,通过模型试验、原型观测等方式预测和改进工程可能出现的问题;参与并协助制定和完善水利工程相关的国家、行业技术标准,通过实验室验证标准实施的有效性和可行性;验证和推广新的设计理念、施工工艺和技术手段,推动水利行业的科技进步;为政府决策、规划设计、施工建设等环节提供技术支持和咨询服务,如水质监测、水资源管理方案模拟等;对社会公众进行科普教育,提高公众对水利设施功能、价值及其在生态环境保护中的作用的认识。

近年来,随着科技的发展和国家对水利行业的重视,水利工程实验室也有很大进步和改善,主要表现在以下五个方面。

(1)检测仪器设备。许多水利工程实验室不断引进先进的检测仪器和技术装备,如流体力学实验装置、水质分析仪器、材料力学测试系统等,提高了实验精度和效率。

(2)标准化建设。水利工程实验室正在按照国际或国家标准进行规范化建设,加强质量管理体系的建立和完善,力求通过 ISO/IEC 17025 等相关认证,确保实验数据的可靠性和公正性。

(3)人才培养与科研合作。水利工程实验室注重人才队伍培养,不仅加强内部人员的专业技能培训,还积极与高校、科研院所及企业开展合作交流,共同培养高层次的科研人才,并参与重大科研项目的实施。

(4)技术创新与服务拓展。随着信息技术在水利工程领域的应用加深,一些实验室开始探索智能化、信息化技术,利用大数据、云计算等手段改进实验流程和服务方式。同时,针对水利工程中的新问题和新技术需求,开展新材料、新工艺的研发试验。

(5)实验室安全管理。普遍加强了安全教育和应急预案的制定执行,特别是对于具有潜在危险性的水工结构模型试验、化学药品储存使用等方面的管理更加严格。同时,响应国家绿色环保政策,强化实验室废弃物处理及节能减排措施。

虽然我国水利工程检测实验室在硬件条件和科研能力上取得了显著进步,但依然存在一些挑战,如部分实验室资源分散、利用率不高,基础研究与实际工程需求对接不够紧密,以及技术人员专业素养提升空间较大等问题。未来还需要进一步整合资源、深化产学研用结合,推动实验室向更高水平发展。

1.2.3 水利工程检测实验室的标准化建设

水利工程检测实验室的标准化建设是一项系统工程,涵盖了实验室的设计、建设、设备配置、人员培训、管理体系建立以及运行维护等多个方面。按照一般性原则和行业标准,水利工程检测实验室标准化建设的主要内容如下。

(1)场地设施要求。实验室应选址合理,具备稳定的建筑结构和安全防护措施。根据功能需求进行合理布局,包括样品接收区、预处理区、分析测试区、精密仪器区、数据处理及报告编制区、安全防护设施以及废物处理区等。设计需满足采光、通风、温湿度控制等基本条件,并符合国家实验室建筑设计的相关规范。

(2)设备与设施要求。配备满足水利工程专业领域研究所需的各类先进仪器设备,且设备必须经过计量检定或校准,具有合格证书并在有效期内使用。为特殊实验提供必要的安全防护设施,如生物安全柜、有毒有害气体抽排系统、紧急淋浴洗眼装置等。满足给排水及电气供应需求,尤其是实验室用水需要考虑水质净化和污水处理,符合环保要求。

(3)安全管理与环保要求。建立健全实验室安全管理制度,包括化学品管理、废弃物处理、消防安全、生物安全等专项制度,并严格执行。定期进行实验室安全检查和培训,提高实验室人员的安全意识和应急处置能力。对易燃、易爆、剧毒等危险品实行严格管控,遵循"五双"(双人保管、双锁、双人领发、双人使用、双账)原则。

实验室在运行过程中应重视节能减排,降低对环境的影响,推进绿色实验室建设。在开展实验活动时,要注重资源的有效利用和循环再生,减少废弃物排放,保护生态环境。落实环境保护政策,对实验产生的废水、废气、固体废物进行妥善处置,防止环境污染。

(4)质量管理与标准执行。执行国家相关法律法规和行业技术规范,遵循水利工程质量检测的标准和程序。建立完善的质量管理体系,实施内部审核和外部评审,保证检验检测结果的准确性和有效性。确保实验室出具的数据报告真实可靠,符合国家法定计量单位和技术标准要求。

(5)人员资质与培训。拥有一支具备水利工程专业背景和相应检测技术能力的专业团队,定期组织业务培训和技术交流,提升人员技能水平。实验室技术人员应通过资格考核,持证上岗。

（6）运行维护与持续改进。定期对实验室设施设备进行保养维护，确保其运行状态良好。进行内部和外部审计，根据审计结果不断改进管理体系，提高实验室的整体技术水平和服务质量。

因此，水利工程检测实验室的建设涵盖了基础设施、设备配置、安全管理、质量管理、人员培训等多个维度，旨在构建一个既高效运作又安全环保的实验环境。

1.3 新时期下水利工程检测实验室的发展趋势

1.3.1 新时期下的新要求

习近平总书记关于治水的理念，集中体现了新时代中国对水资源管理、水环境保护和水利建设的高度重视与科学指导。讲话中提出了"节水优先、空间均衡、系统治理、两手发力"的治水思路，为我国推进新时代治水工作提供了根本遵循和行动指南，旨在全面建设社会主义现代化国家过程中，确保水安全，保护好水资源，实现人与自然和谐共生，保障经济社会可持续发展。

为了推动新阶段水利高质量发展，水利工程检测实验室也有着新要求，主要表现在以下几个方面。

（1）科技研发与创新。积极参与到水科学研究和新技术、新材料、新工艺的研发与应用过程中，注重科技创新，提升我国水利工程建设的技术水平。

（2）实验设施与设备。进一步提高实验设备的先进性和基础设施的完善性，能够模拟实际工程环境进行科学实验，为水利工程设计提供准确、可靠的试验数据，做好技术支撑工作。

（3）人才培养与团队建设。加强实验室人才队伍的建设，培养具有国际视野和创新能力的专业人才，形成结构合理、专业能力强的团队。

（4）标准化与规范化管理。实验室的建设和运行管理应更加标准化规范化，保证实验数据的准确性、可靠性和可追溯性。

（5）产学研结合。提倡实验室积极与产业界合作，推进科研成果的转化应用，解决水利行业实际问题，服务于国家重大水利工程建设和社会经济发展需求。

（6）安全环保。在开展科研活动的同时，重视实验室的安全管理，遵守环境保护法规，确保实验室的运营符合国家安全及环保的各项规定。

1.3.2 新时期下的发展趋势

新时期下，水利工程检测实验室的建设与发展要求应紧密结合国家对水利行业科技创新、工程质量与安全监管、水资源保护等多方面政策导向，以及现代科学技术进步的标准。主要发展趋势有以下几个方面。

（1）资质认证与标准化。实验室应通过水利工程质量检测相关的资质认证，遵循《水利工程质量检测管理规定》、其他行业标准或地方标准等相关文件进行建设和管理。符合国家和行业发布的水质实验室建设标准要求，包括但不限于实验室设计、环境条件控制、设备配置、人员配备、质量管理体系建设等方面。

（2）科研实验条件与设施。具备良好的科研实验条件，实验场所布局合理，满足功能分区和安全防护的要求。拥有先进的水质检测仪器设备，及时更新换代，确保检测数据准确可靠。配套完善的基础设施，如恒温恒湿设施、纯净水系统、废水处理设施等，以适应现代化检测技术的发展需求。

（3）信息化与智能化。引入自动化、信息化管理系统，实现样品采集、流转、分析、数据处理及报告生成的全过程信息化管理。推动远程监控、智能预警等先进技术在实验室的应用，提升实验室运行效率和管理水平。

（4）人才培养与队伍建设。建立一支专业素质高、技术能力强的检测队伍，定期进行技能培训和继续教育，使检测人员的技术水平与行业发展同步。积极开展产学研合作，引进高层次人才，强化实验室的科研创新能力。

（5）质量管理体系与运行保障。建立健全实验室内部质量管理体系，执行ISO/IEC 17025（实验室认可服务的国际标准）等国际标准或国家相关质量管理规范。确保实验室运行经费充足，并提供稳定的经费支持和技术服务保障。

（6）环境保护与可持续发展。实验室建设需符合绿色建筑理念，注重节能减排，实施环保型实验室设计和运营策略。在检测过程中严格遵守环境保护法规，确保废弃物处置合规，减少对环境的影响，同时加强对水资源循环利用、污染控制等课题的研究。

（7）开放共享与协同创新。实验室之间以及实验室与产业界的合作将进一步加强，形成资源共享平台，推动跨学科、跨领域的协同创新，促进科研成果快速转化为实际应用。开放实验室模式逐渐普及，鼓励公众参与，提高科学素养，同时也为行业内外提供更广泛的服务和技术支持。

水利工程实验室正朝着更加智能化、数字化、标准化、绿色化和开放化的方向发展，不断适应现代科技和社会经济需求的变化。

第 2 章

水利工程检测实验室质量管理体系

2.1 概述

2.1.1 背景

党的二十大报告强调,高质量发展是全面建设社会主义现代化国家的首要任务,要坚持以推动高质量发展为主题。李国英部长在 2023 年全国水利工作会议上指出,要进一步强化重大水利工程建设管理职能,加快构建精准化、信息化、现代化水利工程管理矩阵,实施全周期动态监管,以水利高质量发展支撑经济社会高质量发展。

水利工程涉及公共安全和社会发展的基础设施建设。水利设施对自然界的水进行控制、调节、开发、利用和保护,以减轻和免除水旱灾害,并利用水资源,适应人类社会和自然环境需要的设施,水利行业高质量发展与国计民生息息相关。水利工程建设不仅关系着防洪安全、供水安全、粮食安全,而且关系着经济安全、生态安全及国家安全,其质量直接关系到社会的稳定和人民的生命财产安全与生活水平,而水利工程质量检测则是保证水利工程质量的核心环节。随着我国水利行业的快速发展,水利工程检测实验室逐渐成为工程质量监督的重要组成部分,充当着极其重要的角色。

质量管理体系是指在质量方面指挥和控制组织的管理体系。质量管理体系是组织内部建立的、为实现质量目标所必需的、系统的质量管理模式,是组织的一项战略决策。质量管理体系是将资源与过程结合,以过程管理方法进行的系统管理,根据组织特点选用若干体系要素加以组合,一般包括与管理活动、资源提供、产品实现以及测量、分析与改进活动相关的过程,可以理解为涵盖了从确定顾客需求、设计研制、生产、检验、销售、交付之前全过程的策划、实施、监控、纠正与改进活动的要求,一般以文件化的方式,成为组织内部质量管理工作的要求。全面质量管理起源于二战后,那时人类科技取得重大突破,生产力大发展,市场竞争激烈,消费者权益运动兴起。在这样的背景下,员工的积极参与成了企业成功的关键。在 20 世纪 80 年代,全面质量管理的理念开始风靡全球,"TQC"、"品管圈"等术语变得耳熟能详。全面质量管理的影响广泛且深远,ISO9000、标高分析、六西格玛管理成为热门的管理工具。建立和实施质量管理体系是组织持续保持提供满足顾客要求的产品的能力的工具。

检测是水利工程建设质量保证的一项重要手段,提高水利工程检测实验室的效率及质量,做好水利工程检测实验室内部管理是非常必要的,其目的就是保证管理的效果,构建一套行之有效、贴合实际的检测实验室质量管理体系。

2.1.2 目的

水利工程检测实验室质量管理体系主要是为了维持和提高内部质量管理水平,实现实验室对检测、检查结果质量的监控,并通过质量管理工具进行改进,维持实验室的质量体系。由于影响实验室检测、检查结果质量的因素很多,包括人员、设备、设施、环境条件、样品、方法、测量溯源性等,因此建立水利工程检测实验室质量管理体系至关重要。

(1)规范试验检测工作的组织和实施。根据国家法律法规和行业标准要求,制定完善的质量管理体系程序文件,有利于试验检测工作实施全过程管理、确保实验室合法合规。

(2)提高试验检测工作的质量和效率。从体系上优化试验检测工作流程,提高实验室工作效率;规范实验操作流程、规定人员职责、规范人员行为,确保试验检测数据的准确性和可靠性。

(3)持续改进和创新。质量管理体系通过建立质量目标、质量绩效评估和质量反馈机制,可以不断地监控和评估质量绩效,并提供数据和信息支持,为实验室的持续改进和创新提供依据和方向。

2.1.3 意义

近年来,水利工程迎来了投资高峰和建设高潮,基础设施建设明显加快,尤其是病险水库除险加固、防洪工程、饮水安全、灌区节水改造等工程。水利工程建设点多、面广、量大,工作难度大,以致于质量事故仍有时发生,给国家和人民生命财产安全带来重大损失。为保障水利又快又好发展和形势的持续稳定,就必须进一步加强工程建设的质量与安全监督管理。水利工程检测实验室是开展试验检测活动的重要场所,水利工程质量检测成为保证水利工程建设质量的重中之重,水利工程检测实验室管理体系的建立也显得尤为重要。

(1)有利于提高实验室竞争力。在市场经济迅猛发展的今天,完善的管理制度,可促进检测实验室的良好运作和发展,保证其科学性、公正性、准确性,提高实验室试验检测能力和水平,为市场竞争保驾护航。

(2)有利于展示试验检测权威性。水利工程质量检测是一项科学、严谨的工作,建立并完善质量管理体系,落实质量检测管理责任制度,是试验检测工作公平公正的最有力证据。

(3)有利于提升水利工程的安全性和可靠性。在水利工程质量检测中,质量管理体系的建立,能够有效控制成本,并正确处理好质量、进度、安全和效益之间的关系,将"质量是工程的生命"这一准则贯穿于水利工程建设的全过程中。

(4)有利于保障人民群众生命财产安全。近年来,气候变化明显,自然灾害频发,新形势下,对水利工程质量提出了更高要求。水利工程检测实验室管理体系在保障工程质量的同时,也确保了人民群众生命财产安全。

2.1.4 范围

我国的水利工程检测实验室通常是指对水利工程进行检测的专业机构。目前,水利工程检测实验室建立的管理体系主要依据包括《检验检测机构资质认定评审准则》和《检验检测机构资质认定能力评价 检验检测机构通用要求》(RB/T 214—2017)(以下简称《通用要求》)。《通用要求》涵盖了 GB/T 19000《质量管理体系 基础和术语》、GB/T 27000《合格评定 词汇和通用原则》、GB/T 27020《合格评定 各类检验机构的运作要求》、GB/T 27025《检测和校准实验室能力的通用要求》、JJF 1001《通用计量术语及定义中的术语与定义及其精华内容》,尤其是 GB/T 27025《检测和校准实验室能力的通用要求》和 GB/19001《质量管理体系要求的内容》。

按照这些依据建立水利工程检测实验室质量管理体系,范围包括了水利工程质量检测的全过程,不仅包含人员管理、设备管理、样品管理、日常管理、方法管理、环境管理、资料管理、检测报告管理等方面,还应包含质量方针、质量目标、持续改进、顾客满意度等内容。依据质量管理体系有效运行,对实验室健康发展起到了不可或缺的重要作用。

2.1.5 发展方向

水利行业在我国正处于高速发展时期,随着全民质量意识的提高,水利工程质量检测充满发展潜力和希望,社会对检测的需求也会越来越迫切。水利工程检测实验室质量管理体系为了适应将来的发展,应该做到以下几点。

(1)提高检测质量意识。建立健全质量管理体系,采用先进、实用的检测设备和工艺,完善检测手段,努力学习先进检测方法和经验,提高检测人员的技术水平,确保质量检测工作科学、准确、公正。

(2)树立服务观念。学习现代企业管理经验,加强服务和人才意识,加强各项制度建设和诚信建设。

(3)完善现场检测监控系统。在利用质量管理体系进行全面管理的同时,完善现场检测监控系统。深入现场检测各环节,及时发现并消除工程隐患,最终实现水利质量检测及监控管理的规范化、程序化、信息化。

2.2 岗位职责

水利工程检测实验室质量管理体系通常包括最高管理者、技术负责人、质量负责人、授权签字人、质量监督员、内审员、样品管理员、仪器设备管理员、检测人员

(包括校核人员)等岗位,拥有各自的管理权限与职责。

2.2.1 最高管理者

最高管理者是实验室的总负责人,负责组织贯彻上级质量政策、法规和指令,制定、批准、颁布和实施实验室的质量方针和目标,采取有效措施确保质量方针和目标为全实验室职工理解、掌握和执行;负责建立与质量体系相适应的组织机构,明确本部门的职责及相互关系;批准质量手册和程序文件的发布实施;批准质量体系运行所需资源的配置和调动;主持管理评审,批准管理评审报告等。

2.2.2 技术负责人

技术负责人在最高管理者的领导下,全面负责实验室技术工作;组织落实政府下达的指令性检测任务;负责检测工作监督实施状况的组织和管理;跟踪所辖专业范围内国内外水利水电技术的发展趋势,制定测试技术的发展方向和发展规划;批准检测实施细则和非标准检测方法、仪器设备的校验方法;确认仪器设备的检定/校准周期;负责组织实验室进行实验室间比对和能力验证活动;协助处理实验室发生的质量事故和顾客投诉等。

2.2.3 质量负责人

质量负责人在最高管理者领导下,全面负责实验室的质量工作,负责质量管理体系有效运行;参与组织质量管理体系文件的编制和修订;处理相关项目的质量抱怨及质量事故;监督检查质量管理体系运行状况及规章制度执行情况;参与组织内部质量审核和管理评审工作。

2.2.4 授权签字人

授权签字人应在被授权的范围内签发检测报告或证书,并保留相关记录;审核所签发报告或证书使用标准的有效性,保证按照检验检测标准开展相关的检验检测活动;对签发的检验检测报告具有最终的技术审查职责,对不符合要求的结果和报告或证书具有否决权;对签发的报告或证书承担相应的法律责任,要对检验检测主管部门、本检验检测机构和客户负责;对符合法律法规和评审标准的要求负责;授权签字人一般不设代理人,但可以在相同专业领域设置 2 个以上授权签字人,不允许超越授权签字范围签发报告或证书;非授权签字人不得对外签发检测报告或证书。

2.2.5 质量监督员

质量监督员应熟悉检测标准、规程、规范、方法,了解检测目的和操作过程;掌握评审检测结果的能力;对检测过程乃至检测报告的完成实施全过程监督。

2.2.6 内审员

内审员负责对质量管理体系开展内部质量审核,完成所承担的内部质量审核任务,编制"内部质量审核检查表";对审核中发现的不符合项的整改效果进行跟踪、验证;对质量管理体系提出整改意见及建议。

2.2.7 样品管理员

样品管理员负责接收样品并检查、记录样品入库状态、封样标记完整性等;分类管理样品,对样品的检验状态做出明显标识;保证样品存放环境满足样品贮存要求,确保在保管期内不改变样品的原有性能;严格执行样品的领取手续,与领取者共同检查并记录样品的完好性;按合同规定履行有留样要求的样品处理手续。

2.2.8 仪器设备管理员

仪器设备管理员负责仪器设备的登记、动态管理;负责仪器设备周期检定/校验计划、仪器设备维护计划的制订;负责仪器设备档案的收集整理;定期检查仪器设备的周期检定或校验状况;负责仪器设备管理系统的使用和运行维护。

2.2.9 检测人员(包括校核人员)

检测人员(包括校核人员)对检测工作的质量负责;应严格按标准、规范和规程进行检测,确保检测数据的准确可靠;负责对所用检测仪器进行日常的保管、维护工作,确保检测状态符合规定要求;检测项目责任人负责及时编制检测报告和检测资料的整理、归档工作;应接受培训、掌握技术、熟练操作、持证上岗。

2.3 组成部分

2.3.1 质量方针和目标

质量方针和目标是水利工程检测实验室的方向和使命,需明确顾客满意度、检测准确性、持续改进等关键目标。

2.3.2 组织结构与职责

明确水利工程检测实验室内部各部门的职责和权力,确保所有人员了解自己的角色和职责,以便在质量管理体系中发挥自己的作用。

2.3.3 资源配置

合理配置人力资源、设备和基础设施,确保检测工作的正常进行。

2.3.4 检测过程管理

对检测活动的整个过程进行严格把控,包括采样、样品处理、分析、数据解读等环节。

2.3.5 质量标准与评价

制定严格的检测标准和质量评价方法,以便对检测结果进行准确评估和比较。

2.3.6 不合格检测控制

设立不合格检测品的处理程序,防止不合格品流入市场。

2.3.7 持续改进

鼓励员工对质量管理体系提出改进意见,通过持续改进提高质量管理体系的效果和效率。

2.4 文件体系

所谓文件,是指实验室建立、实施并保持质量管理体系持续有效运行所需的信息及其承载媒体。

水利工程检测实验室应按照标准要求结合实验室具体情况,编制适宜的文件以使质量体系有效运行和持续改进。建立文件的控制和维护程序,对文件的编制、审核、批准、发布、标识、变更和废止等各个环节实施控制,并依据程序控制管理体系的相关文件。

(1)质量手册:实验室质量体系大纲,阐明实验室的质量方针,描述实验室的质量体系。

(2)程序文件:质量手册的支持性文件,描述体系要素涉及的各部门管理活动的具体化文件,必须有效实施。

(3)支持性文件:法律、法规和技术标准、规程、规范和所需的操作细则等作业指导书。

(4)质量记录:质量记录包括检验和试验,审核,管理评审和其他维持质量体系运行的证据。所有证明质量完成的必须的记录也将列入各自的程序中。

第 3 章

水利工程检测实验室技术管理体系

3.1 概述

技术管理通常是指在技术行业当中所作的管理工作,管理者一般具有较高的技术水平,同时带领着自己所管理的团队完成某项技术任务。技术管理的实际操作当中,强调的是管理者对所领导的团队的技术分配,技术指向和技术监察。管理者用自己所掌握的技术知识和能力来提高整个团队的效率,继而完成技术任务。技术管理是技术和管理的融合,是较高知识容量的高深行业。

水利工程检测实验室是水利工程的一个重要组成部分,负责水利工程建设项目的检测分析工作,对水利工程的建设质量起着至关重要的作用。为了保证实验室的高效运作和准确可靠的检测结果,需进行科学、规范的技术管理。

水利工程检测实验室技术管理体系是整个管理系统的一个子系统,是对实验室的技术开发、产品开发、技术改造、技术合作以及技术转让等进行计划、组织、指挥、协调和控制等一系列管理活动的总称。技术管理的目的,是按照科学技术工作的规律性,建立科学的工作程序,有计划地、合理地利用实验室技术力量和资源,更好地服务于工程建设任务。同时,水利工程检测实验室通过技术管理体系的建立,能够对技术管理的成效进行评价,帮助实验室分析技术管理不善的原因,制定改进措施,提高实验室技术管理水平,促进实验室进步,增强实验室的行业竞争力。

3.2 组成部分

水利工程检测实验室技术管理体系是质量管理体系的基础。水利工程检测实验室技术管理体系建立的主要依据和质量管理体系一样,包括《检验检测机构资质认定评审准则》《检验检测机构资质认定能力评价 检验检测机构通用要求》(RB/T 214—2017)(以下简称《通用要求》)及相关行业特殊要求等相关规定等。人机料法环测是对全面质量管理理论中的六个影响产品质量的主要因素的简称。这六个要素的优化和管理直接影响生产效率、产品质量和成本控制等方面。在水利工程检测实验室技术管理中,也主要是这六个部分的内容。

3.2.1 人员管理

在水利工程检测实验室,人主要是指与检测活动相关的人员。《通用要求》中提到,检验检测机构应建立和保持人员管理程序,对人员资格确认、任用、授权和能力保持等进行规范管理。检验检测机构应与其人员建立劳动、聘用或录用关系,明确技术人员和管理人员的任职要求、岗位职责和工作关系,使其满足岗位要求并具有所需的权力和资源,履行建立、实施、保持和持续改进管理体系的职责。检验检测机构中所有可能影响检验检测活动的人员,无论是内部还是外部人员,均应行为公正,受到监督,胜任工作,并按照管理体系要求履行职责。

(1)人员任用原则。检测人员不得与其从事的检验检测活动以及出具的数据和结果存在利益关系,不得参与任何有损于检测独立性和诚信度的活动,确保检测数据公正、准确、科学。

(2)人员资格确认与监督。所有从事与检测相关工作的人员,涉及抽样、检测、签发报告、提出意见和解释以及操作仪器设备等工作的人员必须经过考核合格,取得相应的资格,持证上岗。应当任命一定数量的质量监督员,质量监督员应由熟悉检测方法、程序、目的和结果评价的人员担当,监督员按计划实施监督,对检测场所、操作过程、关键环节、主要步骤、重要检测任务和新员工进行重点监督。

(3)人员培训。为了不断提高技术人员的素质和质量意识、专业知识和岗位技能,确保人员技能水平持续满足工作需要,实验室应持续、有针对性地制定培训计划,并组织实施。

3.2.2 仪器设备

实验室仪器设备应包含:检测需要的设备(包括抽样、物品制备、数据处理与分析)、软件以及相应的测量标准、标准物质、参考数据以及消耗品、辅助设备等。仪器设备管理的内容主要包括:仪器设备的采购及投入使用前的状态、使用过程是否符合要求,是否进行了相应的维护工作等。

仪器设备的管理分三个方面,即使用、检定/校准、维护保养。

(1)使用。即根据仪器设备的性能及操作要求来培养操作者,使其能够正确操作使用仪器设备,这是仪器设备管理最基础的内容。

(2)检定/校准。《通用要求》中规定,检验检测机构应对检验检测结果、抽样结果的准确性或有效性有影响或计量溯源性有要求的设备,包括用于测量环境条件等辅助测量设备有机会地实施检定或校准。设备在投入使用前,应采用核查、检定或校准等方式,以确认其是否满足检验检测的要求。同时,要对所有需要检定、校准的或有有效期的设备采用三色标识管理,以便使用人员识别检定、校准的状态或有效期。

(3)维护保养。指根据仪器设备特性,按照一定时间间隔对仪器设备进行检修、清洁、上油等,防止设备劣化,延长设备的使用寿命。维护保养是仪器设备管理的重要部分。

主要控制措施有:

(1)有完整的仪器设备管理办法,包括购置、流转、维护、保养、检定等均有明确规定。

(2)有效实施的证据:仪器设备台账、仪器设备档案、检定/校准计划、均有相关记录,记录内容完整准确。

（3）仪器设备等均符合检测标准的要求。

（4）仪器设备等均处于完好状态和受控状态。

3.2.3 样品管理

《通用要求》中规定,检验检测机构应建立和保持样品管理程序,以保护样品的完整性并为客户保密。检验检测机构应有样品的标识系统,并在检验检测整个期间保留该标识。在接收样品时,应记录样品的异常情况或记录对检验检测方法的偏离。样品在运输、接收、制备、处置、存储过程中应予以控制和记录。当样品需要存放或养护时,应维护、监控和记录环境条件。

（1）样品接收。样品管理员在接受委托方送达的样品时,应根据委托检测项目的要求,查看样品状况(包装、数量、规格、颜色、气味、形状、完整性等),清点样品,并对样品进行唯一性编号,填写常规检测任务委托单。查验样品的性质和状态是否适宜于检测项目的要求。有些样品还应检查采用的包装或容器是否可能造成样品的特性变异,并进行详细记录。样品管理员在接受样品时,应检查样品是否异常、是否与相应的检测方法中所描述的试样状态有所偏离等;如有异常或偏离或与提供的说明不符,样品管理员应详细询问委托方,要求作进一步说明并予以记录。

（2）样品识别。样品编号是样品的唯一性标识。样品的识别包括不同样品的区分识别和同一样品不同试验状态的识别。样品区分识别号可贴在样品上或贴(写)在样品袋(器皿)上。样品所处的状态用"天然""扰动"或"未试""试毕"标签加以识别。样品在不同的试验状态,即样品的接收、流转、贮存、处置等阶段,应根据样品的不同特点和不同要求(如样品的物理状态、样品的制备要求、样品的包装状态),根据检测工作的具体情况,做好标识的转移工作,注意保持样品标识的清晰度。可根据专业特点进行标识,应保证样品识别在整个检测流转过程中的唯一性和有效性。

（3）样品储存。实验室应有专门的样品贮存场所,并分类存放,标识清楚。应保证样品有适宜、安全、可靠的贮存环境条件。对要求在特定环境条件下贮存的样品,应严格控制环境条件,并进行加以记录。应确保样品的完好性、完整性。需要保留的试毕样品保留期不得短于报告申诉期,一般保留期不超过 60 天～90 天。特殊样品根据标准要求或协议进行处理。如委托方要求保留检测的样品,则按委托方的要求期限保留。

3.2.4 检测方法管理

检测方法是实施检测的技术依据,正确的检测方法是保证检测结果数据准确可靠的关键。故而应对开展的检测活动中所采用的方法应进行控制。

（1）检测方法的使用。实验室首先选用国家标准、行业标准或地方标准作为检测的依据，在资质认定的参数范围内接收客户的委托检测，并使用方法的有效版本。当以上标准或方法不能准确指导检测工作时，应编制作业指导书来规范检测工作。当客户指定的方法是企业的方法时，则不能直接作为资质认定许可的方法，只有经过实验室相关人员转换为实验室的方法并经确认后，方可申请检验检测机构资质认定。当客户建议的方法不适合或已过期时，应通知客户。如果客户坚持使用不适合或已过期的方法时，应在委托合同和结果报告中予以说明，应在结果报告中明确该方法获得资质认定的情况。当客户有特殊要求或其他原因需进行某些特殊试验，在既无标准检测方法，又无非标准检测方法时，检测负责人应根据检测项目的实际情况，组织编制作业指导书，形成非标准检测方法，报技术负责人批准，并征得客户同意。检测人员要熟悉或掌握所承担检测项目的检测方法（标准、检测细则或有关资料）、检测步骤、仪器操作规程、仪器状态、环境条件要求、数据计算分析和检测结果的判断方法。

（2）新方法的确认。新方法标准颁布后，一律按新标准执行。使用新标准、新方法开展检测时，应对所用的仪器设备、环境条件、人员技术等条件进行确认，以证明能够正确使用该新标准方法实施检测。同时，还应从以下几个方面做好新方法确认工作：编制原始记录表格、操作规程；对检测人员进行培训；配置新检测项目所需的技术资料、仪器设备和试剂等；新购置仪器设备的检定/校准、建立仪器设备档案等。

3.2.5 环境条件

实验室应具有固定的场所，工作环境满足检测要求，工作场所性质包括：自由产权、上级配置、出资方调配或租赁。实验室应将其从事检验检测活动所必需的场所、环境要求制定成文件。实验室应具有批准的能力附表中的环境检测方法和相应技术规范规定的场所和环境条件控制设施。应按照监测标准或技术规范对现场测试或采样的场所环境提出相应的控制要求并记录，包括但不限于电力供应、安全防护设施、场地条件和环境条件等。应对实验区域进行合理分区，并明示其具体功能。应按监测标准或技术规范设置独立的样品制备、存贮与检测分析场所；根据区域功能和相关控制要求，配置排风、防尘、避震和温湿度控制设备或设施；避免环境或交叉污染对检测结果产生影响。环境测试场所应根据需要配备安全防护装备或设施，并定期检查其有效性；现场测试或采样场所应有安全警示标识等。

3.2.6 检测结果

对于水利工程检测实验室，检测结果主要是包括原始记录的校核、检测报告的审核、最终结果的批准等。

（1）原始记录。检测原始记录的信息内容，应当符合相关标准要求，数据应当真实、准确、完整，检测过程的原始记录提供的信息在相同或相似条件下可进行重复检验检测。原始记录填写规范、方便查询和溯源。

（2）检测报告。检测报告应按检测方法的规定准确、清晰、明确、宏观地表述。同时，报告中信息应全面。检测报告至少应包含如下内容：标题，如"检测报告"；实验室的名称和地址，进行检测的地点（当与实验室地点不同时）；报告的唯一性标识（如序号）和每页数的标识；委托方的名称和联系信息；被检样品的标识和说明；样品的特性、描述、状态和标识；样品的接收日期和进行检测的日期；采用的检测方法标准识别，或者是采用非标准方法的明确说明；当参与抽样时，抽样日期和涉及的抽样程序；检测环境条件等与相应检测方法标准规定有偏离、增加或减少以及其他与检测有关的信息；测量、检查和导出的结果（适当地辅以表格、图、简图和照片加以说明），以及对结果失效的说明；当合同内容有要求时，对估算的检验不确定度予以说明；检测报告相关人员的签字、职务或等效标识以及签发日期；对于送样检测，一般应注明本结果仅对来样有效的声明；当检验检测结果来自于外部提供者时，应清晰标注；未经实验室书面批准，不得复制中心的检测报告（完整复制除外）。

检测报告的编写格式、标题等均予以标准化。并应做到字迹清晰、数据准确、签名齐全。检测报告应由校核人员校核、经质量管理体系程序文件规定的审核人员审核后，由经评审机构考核通过的授权签字人批准签发。

第 4 章

实验室标准化建设

标准化是在一定的范围内获得最佳秩序,对实际存在的问题制定共同的和重复使用的规则的活动。实验室标准化建设,是依据一系列的标准、规范、文件及相关法律要求,形成完整的管理体系、技术标准、人员要求,对实验室整体进行合理有效的管理。实验室标准化建设的目标在于实现人的管理提升,发挥人的最大作用;实现实验室价值的最大化,充分利用实验室现有的人员、设备、环境,发挥最大价值,实现实验室风险最小化。通过标准化建设,更好地管控风险,实现实验室的合理、有序发展。

4.1 基本规定

实验室规划应根据功能、规模等进行目标需求分析,结合国家政策、法律法规及相关资料,编制规划设计任务书,设计流程包括规划设计、系统设计及深化设计。

实验室建设宜以安全、智能化、可持续性为前提,满足各实验室的主要功能及特殊要求,合理规划、科学布局,降低运行风险,提高使用效率,减少能耗损失,提升内部环境质量,满足检测试验工作需求。实验室建筑应充分考虑周边地质、环境、交通等情况,避免外界因素对实验室产生不利影响。建筑设计应根据实验室功能区域划分,合理安排各类分区用房,做到功能分区明确、互不干扰、便捷高效。实验室结构设计应满足试验、安全、使用要求,荷载值应根据房间空间结构类型和使用要求确定。实验室用压缩气体的气质及储存、输送系统应满足安全管理规定和检测试验使用要求,并应对供气系统进行安全监测。实验室建设应根据建筑物的规模和功能需求选择配置适宜的信息化管理系统,实现对各智能化子系统的协同控制和对设施资源的综合管理;必要时,还宜配备远程通讯设施或预留接口。应根据各试验区域的操作涉及的危害类别规划设计实验室安全与防护设施,确保实验室安全。实验室建筑节能应采取技术可行、经济合理的措施,降低能源消耗,有效、合理地利用能源。实验室环保应根据试验过程产生的污染源特性及预估的污染物最大产生量,设计技术先进、运行安全、经济合理的污染物治理设施。

4.2 实验室布局

实验室用房的总体布局形式一般分为四类:

(1) 独立式:整个实验室及相关工作场所集中配置在一栋独立建筑物内。

(2) 主楼式:以一栋试验楼为主,配以附属建筑,建筑规划较为规则。

(3) 分散式:由不同功能的多栋试验楼及辅助建筑物灵活组合而成。

(4) 单元式:又称细胞式。由一个个简单的单元或细胞组成多样的形式,形成各种不同的空间,有利于推行建筑模数和标准化。

实验室的总体布局主要包括试验区域、辅助区域、公共设施区域：

（1）试验区域包括样品接收室、样品贮存室、样品制备区、试验工作区、试验缓冲区等；

（2）辅助区域包括业务受理及接待区、图书资料室、档案室、数据处理区、设备配件存放室、办公室、会议室等；

（3）公共设施区域包括暖通、空调、给排水、供配电用房及信息系统等专用房间或区域等。

实验室区域应划分合理，根据区域功能合理布局，对不同试验项目间的相互不利影响有效隔离。

实验室建筑平面布局规划除遵循一般建筑物平面设计原则外，还需遵循组合规划、建筑物底层规划、建筑物顶层规划及其他规划原则。

试验环境控制要求基本相同的、工程管网较多的、有隔振要求的、有洁净要求的、有防辐射要求的、产生有毒物质的、易产生热辐射的、设备要求的层高相同的，应进行组合规划。

当有大型或重型设备；较大振动的设备；噪声较大的设备；对振动很敏感的精密测量仪器；待测试件较重或较大的，或重复性检测项目频繁的实验室；检测过程需大量酸碱液的实验室；需做设备基础或防振基础的实验室；需设置建筑防护设备的实验室时，应规划布置在建筑物底层。

产生有害气体的；产生粉尘物质的；易燃或易爆物质的；排风装置较多的实验室应布置在建筑物顶层，且宜处于下风向位置。

有温湿度要求的实验室宜布置在建筑物的背阴侧、半地下或地下房间；需避免日光直射的实验室宜布置在建筑物的背阴侧、半地下或地下房间；器皿药品贮存间、空调机房、配电间、精密仪器存放间宜布置在建筑物的背阴侧。

4.3　实验室建筑结构要求

实验室建筑宜采用标准化、模块化设计，以适应实验室工作功能的变化，以及仪器设备等发展变化的需要。实验室设计流程应包括规划设计、系统设计及深化设计。同类型、环境条件要求相近、工艺流程要求紧密联系的实验室，宜集中布置，特殊实验室的功能性配套房间宜就近布置，布置原则宜符合第 4.2 中的规定。

实验室宜优先采用大空间设计，使其功能区域划分具有适用性、通用性和灵活性，能满足实验室后续发展、改造、扩建的需要。

实验室的试验区域不应跨越建筑变形缝。

实验室建筑的环境条件应符合国家现行有关标准、试验技术条件要求及仪器、设备说明书的规定。

多个实验室组合的实验室建筑可采用下列的单通道设计、多通道设计、标准单元组合设计：

（1）单通道设计为实验室建筑中最常见的平面形式，该形式体型简洁，便于施工，造价较低，易于布置管网，特别适宜于用自然通风、采光的普通实验室。但通道过长时，通行噪声会有一定的影响；

（2）多通道设计为在实验室之间设置多条通道；其特点有利于空调面积较大的实验室，可以节约能源，室内温度波动小；同时，由于建筑物加大了进深，可节约用地，建筑物内管网也易集中，各实验室间交通相对缩短；

（3）为适应实验室扩展需要，宜采用标准单元组合设计，便于提高实验室建筑灵活性以及实验室及其管网的相对集中性；实验室扩建时，可根据实际需要增加若干单元，可单向扩展，也可多向扩展，而不影响建筑的完整体形。

实验室空间标准应满足下列要求：

（1）应根据实验室净高、吊顶及设备管道安装维护、结构梁板、建筑地面构造等综合要素确定合理的建筑层高。不设置空调系统的实验室，室内净高不宜低于 2.8 m；当设置空调系统时，室内净高不宜低于 2.6 m。特殊功能实验室的净高应按照试验仪器设备尺寸、安装操作及检修的要求确定；

（2）常规实验室标准开间和进深应按照《科研建筑设计标准》(JGJ 91)的规定，根据实验台宽度、布置方式及间距确定；实验台平行布置的标准单元，其开间不宜小于 6.6 m；实验室标准单元进深根据实验台宽度、通风柜及试验仪器设备布置确定，进深尺寸一般不宜小于 6.6 m，无通风柜时不宜小于 5.7 m；实验室的开间和进深尺寸宜按照实验室仪器设备尺寸、安装操作、检修，以及样品尺寸、数量等因素确定。

试验用房的内隔墙宜采用轻质材料和装配式构件，并具有良好的观察条件；内隔墙整体应牢固、保温、防火、防潮及表面光滑平整。

实验室建筑宜利用天然采光。辅助区有人员长期停留的房间宜优先采用自然通风。实验室环境允许开窗通风时，应优先采用自然通风。

实验室门应符合下列规定：

（1）实验室门应采取防虫及防啮齿动物进入的措施；

（2）由 1/2 个标准单元组成的实验室门洞，宽度不应小于 1.20 m，高度不应小于 2.10 m；由一个及以上标准单元组成的实验室门洞，至少有一个门宽度不应小于 1.50 m，高度不应小于 2.10 m；

（3）实验室有大型试件或设备进出的门洞尺寸应按具体需求确定；

（4）实验室的门扇应设观察窗、闭门器及门锁，门锁及门的开启方向宜开向疏散方向，并应符合相应试验环境的防火、防爆及防盗要求；

（5）在共用建筑物中建立的实验室，应设可自动关闭的带锁的门，必要时，可设立缓冲区域,如缓冲间等。

实验室窗应符合下列规定,实验室窗应采取防虫及防啮齿动物进入的措施;设置采暖及空气调节的试验建筑,在满足采光要求的前提下,应减少外窗面积。设置空气调节的实验室外窗应具有良好的密闭性及隔热性,且宜设不少于窗面积1/3的可开启窗扇;无机械通风系统的实验室,应设有窗户进行自然通风,并应设防虫纱窗;实验室窗的形式可根据不同的需求选用,一般包括:固定窗、可开关的窗、双层窗、密闭窗、屏蔽窗、隔声窗等。当实验室需设置水平遮阳或垂直遮阳时,宜选用有遮阳功能的窗。

实验室应根据工作需要和防火要求组织水平和垂直交通。人流、物流入口宜分开设置。实验室内部的走道宜人流、物流分开设置。

实验室走道宜满足以下要求,走道应直通疏散出口的方向,不应设计成无规则的形状,避免危险发生时人员撤离出现障碍;双面布房的走道宽度不宜小于1.5 m,单面布房的走道宽度不宜小于1.2 m;走道净高不宜低于2.2 m。走道楼地面有高差时,宜设缓坡坡道供小推车通行,其坡度不宜大于1:10;实验室应根据具体使用、设备安装维护需求确定走道的宽度和高度,大型试验机具、试件应满足出入通道空间要求,预留回转余量,并防止输路线上各类构件遭受碰撞或损伤。

实验室建筑的楼梯、电梯应满足以下要求,试验人员日常通行的楼梯,其踏步宽度应不小于0.28 m,高度应不大于0.17 m;两层及两层以上的试验、试验用房,应设置满足相应设备、仪器进出要求的货梯等设施;四层及四层以上的建筑应设置客用电梯;有洁净要求的实验室可根据使用需求设置独立的污物电梯;楼梯及电梯设计应符合《建筑设计防火规范》和《无障碍设计规范》的规定。

实验室利用既有建筑设计、装修、改造时,应根据具体类型特点,按规定程序申报消防、环保、卫生防疫等部门的审查和验收。

实验室内影响检测工作质量的区域,宜设置单独封闭单元,防止非试验人员随意进入。

实验室设计方案应符合仪器设备使用、安装及试验环境要求。

涉及放射性、污染性和导致人身危害等特殊情况的实验室,其建筑布局、围护结构、装饰装修应满足相应的专业技术要求。环境噪声、振动等的隔离措施设置应符合下列要求,当环境噪声超标时,建筑物围护结构应采取隔声措施;对噪声和振动敏感的实验室或实验台,应远离噪声和振动源,并采取适当的隔声隔振措施;对于试验过程中产生噪声、振动的实验室,应采取隔声、消声和隔振措施,避免对实验室其他功能区的干扰。

存放有毒有害物质、试剂的实验室设计应符合下列要求:有毒、有害试剂应有专门的房间存贮,层高应大于2.6米,地面应为耐腐蚀的材料;存放废弃有毒、有害物质的房间,面积不得小于2平方米。房间内应设置通风排气设施,并避开主要人流及主要出入口、送风口及外窗气流的干扰。

试验区边实验台上方宜设置嵌墙式或挂墙式物品柜(架),物品柜(架)底距地面不应小于 1.20 m。

当实验室内产生有毒有害气体、蒸气、粉尘等污染物时,应优先设置通风柜。通风柜的设置应符合下列规定,通风柜的设置应避开主要人流及主要出入口,并应避开送风口及外窗气流的干扰;通风柜的选择及布置应结合建筑标准单元组合设计确定;通风柜宜采用标准设计产品;设置空气调节的实验室宜采用节能型通风柜;通风柜内衬板、工作台面及外壳,应具有耐腐蚀、耐火、耐高温及防水等性能,应采用盘式工作台面并设杯式排水斗;通风柜内的公用设施管线应暗敷,向柜内伸出的龙头配件应具有耐腐蚀及耐火性能,各种公用设施的开闭阀、电源插座及开关等应设于通风柜外壳上或柜体以外易操作部位;通风柜柜口窗扇以及其他玻璃配件,应采用透明安全玻璃。

电气室应符合下列规定,对有辐射干扰敏感的电子设备的电气室,不应与潜在的电磁干扰源贴近布置;电气室地面宜采用防静电、绝缘地面,并做防尘处理,其屋顶应做防水处理;电气室的门、通风窗,宜采用不燃材料;电气室应有防止雨、雪和小动物从采光窗、通风窗、门、电缆沟等进入屋内的措施;有特殊工艺要求的电气室,电气设计应组织专题研究、论证。

设备或样品体积、重量较大的试验区域宜布置在建筑物底层,地面应坚实、平整、耐磨、不起尘、不积尘、易清洗;地面构造垫层厚度不宜小于 50 mm,地面回填土压实系数不小于 0.95,宜采用配筋混凝土地面;排放有沉淀物污水的实验室应设置搅拌池和沉淀池。

燃烧类试验区域宜布置在建筑物顶层,宜处于下风向位置,排放应符合环保要求;燃烧室不得与气体室、电气室、气体管道、电气管道以及其他对温度敏感的实验室相邻。

试验用危险化学品的易燃、易爆、极低温、易泄漏等的液体罐、气体罐,应设相应分类的液体室、气体室,宜靠外墙设置,并应设不间断机械通风及监测报警系统。

样品室应根据样品特点布局,环境条件应符合样品存储规定;样品室应有通风、防潮、防雨、防鼠、防虫措施,对于有特殊要求的样品仓库,如低温、防爆等,建筑设计应采取相应的技术措施。

样品室宜设立在货梯附近,并便于样品出入库,必要时可设立装卸货平台。样品室应配置相关安防和消防设施。

样品制备和养护调节室应与相关联的实验室邻近布置,且不应穿越或经过露天走道。

天平室宜布置在试验建筑北向;高精度天平室应布置在试验建筑底层北向,外窗应采取密闭措施。天平台基应设独立基座;高精度天平室天平台独立基座的允许振动限值,应按供应商提供的数据选用,无资料时应符合现行行业标准《机器动荷载作用下建筑物承重结构的振动计算和隔振设计规程》(YSJ 009)的规定。

4.4 辅助区、公用设施区

业务受理及接待区应根据业务流程,方便接收、确认样品,宜布局在首层,采用开放式柜台办公,柜台高度不宜高于 0.8 m;宜设置受理、报告收发、样品收发、收费区域,以及供客户咨询、查询的服务设施。

档案室应符合下列规定,档案室宜由档案存放、业务技术、对外服务和办公等空间组成,与其他功能宜有明确分隔,并应设置专用库房;涉密档案应符合国家相关规定的要求;档案室内重要的电子档案应满足安全屏蔽要求;档案室的围护结构应满足保温、隔热、温湿度控制、防潮、防水、防日光、防紫外线照射、防尘、防污染、防有害生物和防盗等防护要求;档案室的设计应按现行行业标准《档案馆建筑设计规范》(JGJ 25)执行;视听、缩微等非纸质档案储存库设计,除应符合本标准有关规定外,尚应根据特殊要求进行专业设计。

图书资料室应符合下列规定,图书资料室宜由存放、采编、阅览、出纳和目录等空间组成、宜采用开架管理,并宜满足计算机和网络技术应用要求;图书资料室可单独布置,也可合并布置,宜布置在环境安静的区域,并与试验用房联系便捷;图书资料室中的特种阅览室和非书资料室应针对其特殊要求进行专业设计;图书资料室应光线充足、通风良好、避免阳光直射及眩光,并应设置防潮、防鼠等措施;图书资料室的设计应按现行行业标准《图书馆建筑设计规范》(JGJ 38)执行。

计算机网络管理室机房、网络监控机房位置应居中,并不应与易燃易爆物存放场所毗邻;机房设计应符合现行国家标准《数据中心设计规范》(GB 50174)的有关规定。

公用设施用房及管道空间应符合下列规定,公用设施用房可包括制冷机房、空调机房、排风机房、给水排水及水处理用房、变配电室、强弱电间、弱电机房、液体气体供应室、化学品储藏室、危险品储藏室等;公用设施用房宜靠近相应的使用负荷中心布置;当公用设施用房布置于地下室时,应采取防潮、防水、防火及通风等措施;管道空间可分为管道井、管道走廊和管道技术层,其尺寸及位置应按建筑标准单元组合要求、公用设施系统要求、安装及维护检修的要求综合确定。建筑物内管道宜采用管道井、管道井应设检修门或在管道阀门部位设检修口。当设管道走廊或管道技术层时,应设检修口部。

4.5 给排水要求

给排水系统的设计应满足实验室类型及试验需求,应包括生活给排水系统、试验给排水系统、污、废水处理或收集系统及消防给水系统。给排水系统的设计应满足检测试验工作要求,并符合现行国家标准《建筑给水排水设计标准》(GB 50015)的规定。

实验室应配备给排水系统,宜安装蓄水装置。实验室供水应采用城市自来水,宜设置循环或重复利用给水系统,有特殊检测需求时可设置专用制水系统。仪器、设备所需冷却水宜采用循环冷却水系统;水温控制、循环冷却工艺在满足试验操作、设备要求的前提下,宜采用机械通风冷却。

实验室给水和排水管道应沿墙、柱、管道井、实验台夹腔、通风柜内衬板等部位布置,不应露明敷设在有恒温恒湿要求的房间以及贵重仪器设备的上方,必要时采取防渗漏、防结露、防爆裂等措施。暗设管道应于控制阀门位置设置相应的检修孔,方便故障维修。

实验室给水和排水管道不得布置在遇水会迅速分解、容易损坏或引起燃烧、爆炸的原料、产品和设备的上方。给水和排水管道不宜与易燃、可燃或有害的气体或液体的管道同管廊(沟)敷设。穿过实验室的给水和排水管道,应根据管内水温和所在房间的温度、湿度采用隔热或防结露措施。敷设在有可能结冻的房间、地下室和管井、管沟等处的给水管道应有防冻措施。当采取隔热防结露、防冻措施时,其外表面应光滑、平整。

给排水管道穿过实验室(区)墙壁、楼板和顶棚时应设置套管,管道和套管之间应采取密封措施。图书资料室和档案室内不应设置除消防以外的给水点,给排水管道不应穿越室内。给排水埋地管道布置应避开外部集中荷载或变形较大位置,特殊情况下必须穿越时,应做相应处理。给排水架空管道不得敷设在检测工艺或卫生有特殊要求的实验室以及变配电间内。管道布置应尽量简洁,避免管道交叉,试验区内不宜设置与本区域无关的管道,无给排水需求的试验房间应避免管道穿墙。

4.6 通风与空调系统要求

通风与空调系统包含供暖、通风、空气调节、消声隔振和防排烟等系统。实验室的供暖方式应根据建筑物规模、所在地区气象条件、能源状况及政策要求等,通过技术经济比较后确定。无特殊工艺性要求的通用实验室,当利用通风可以排除室内的余热、余湿或其他污染物,且室外空气质量和环境噪声标准满足实验室的要求时,宜优先采用自然通风方式,当自然通风方式无法满足需求时,可采用机械通风或复合通风的方式。

当利用供暖、通风无法达到人体舒适对室内环境的要求时,应设置舒适性空调系统;当利用供暖、通风无法达到试验工艺对室内温度、湿度等要求时,应设置工艺性空调系统。

实验室的室内空气质量应符合《室内空气质量标准》(GB/T 18883)的规定。实验室供暖系统应符合下列要求:供暖地区的实验室宜设置集中供暖系统;实验室内不宜采用地板辐射供暖;供暖室内设计温度宜采用 18℃～24℃,温度依赖型实验室供暖设计温度应满足试验工艺提出的最不利环境温度的要求;设置供暖系统的实验室,在非使用时间内,室内温度应保持在 0℃以上,当利用房间蓄热量不能满足要求时,应按保证室内温度 5℃设置值班供暖,当试验工艺有特殊要求时,应按试验工艺要求确定值班供暖温度,供暖系统的室外管道及其相关设施应采取防冻措施;供暖系统应设置室温调控装置,供暖系统的散热器宜按每个标准试验单元的供暖热负荷均衡设置,每组散热器应设置恒温调节阀,系统形式宜采用带跨越管的单管或双管供暖系统;有腐蚀性气体的实验室供暖系统的散热器、管道及附件应采取防腐措施。

实验室通风系统应符合下列要求:试验过程中产生有害气体、蒸汽、气味、烟雾、挥发性物质等的实验室,应设置通风柜等工艺排风设施;通风柜应布置于不受气流扰动的位置。满足下列情况之一时,应单独设置排风系统:1)两种或两种以上的物质混合后能引起燃烧或爆炸时;2)混合后能形成毒害更大或腐蚀性的混合物、化合物时;3)混合后易使蒸汽凝结并聚集粉尘时;4)散发剧毒物质的房间和设备;5)储存易燃易爆物质的单独房间或有防火防爆要求的单独房间;6)有防疫的卫生要求时。

机械送风系统进风口的位置,应符合下列规定:应设在室外空气较清洁的地点;应避免进风、排风短路,进风口宜低于排风口 3 m 以上,当进排风口在同一高度时,宜在不同方向设置,且水平距离一般不宜小于 10 m;进风口的下缘距室外地坪不宜小于 2 m,当设在绿化地带时,不宜小于 1 m;必要时排风需与送风连锁,排风先于送风开启,后于送风关闭。排风系统排出的有害物浓度超过有关标准规范规定的允许排放标准时,应采取机械通风和封闭净化措施。实验室的通风量应根据污染物的放散速率和室内卫生标准经计算确定,当不具备计算条件时,可参照不小于以下的换气次数要求确定通风量:一般实验室 4 次/h,有轻度污染的实验室 6 次/h,有大量污染的实验室 8 次/h。非工作时间内产生有毒、有害气体的实验室应设置值班通风;设计的值班通风换气次数不应低于 1 次/h;存放挥发性试剂的实验室,应设置 24 h 持续通风的专用化学品贮存柜。使用对人体有害的化学试剂和腐蚀性物质的排风系统,不得利用建筑物的管井直接作为实验室排风系统的结构风管。使用和产生易燃易爆物质的实验室,其送、排风系统应采取防爆措施和采用防爆型通风设备,并设置事故排风系统,事故排风量不应小于 12 次/h 换气。

当实验室单独设置新风系统时,应符合下列要求:实验室在检测过程中产生的各种有毒、有害气体,新风系统可采用成熟、环保的措施进行收集,经净化处理排出室外;新风净化系统可采用活性炭吸附等技术措施进行净化处理;新风净化系统空气中悬浮粒子的最大允许浓度限值应符合《通风与空调工程施工质量验收规范》(GB 50243)的规定。

实验室的空气温度、湿度调节系统设计、安装及相关技术参数应符合下列要求:实验室的室内设计参数应按照当地的气象条件、工艺要求、建设地点的能源供应条件等因素,经技术经济比较后确定;工艺性空调系统的室内洁净度、设计温度、相对湿度及其允许波动范围、室内风速、气流组织、噪声和振动控制标准应根据试验工作需要和健康要求确定;设置空气调节的实验室宜集中布置。室内温湿度基数、洁净度、使用班次和消声要求等相近的实验室宜相邻布置;在不影响检测试验工作的前提下,宜采取局部工艺措施和局部区域的空气调节替代全室性空气调节。当室外气象条件及试验要求允许时,宜尽量利用自然通风方式替代全室性的空气调节;运行班次或使用时间不同、温湿度控制要求差别较大或某试验散发的物质或气体对其他试验有影响的实验室,空调系统宜分开设置。对有不同运转班制或其他有特殊要求的实验室,宜设置独立空调系统。试验场所的空调系统宜与办公、业务等房间的空调系统分离。当建筑规模较小或使用比较分散,设集中空气调节不合理时,可采取分散式空气调节系统;空调系统应设置必要的自动检测与联锁控制装置,以保证室内温湿度的波动度、均匀度及控制精度、洁净度、气流组织、室内外压差等满足实际使用要求;实验室的湿度调节系统应与温度调节系统连接,具备温度或湿度单独使用或温湿度统一控制使用功能;实验室的温湿度控制应实现智能化,并满足下列要求:1)温湿度控制设备应具备根据设定的温度、湿度控制点及设定的波动范围实现自动控制,并应具备温湿度监控、记录存储、数据传输功能,且宜具备远程监控等功能;2)实验室内温度、湿度的波动范围及均匀度应根据实验室功能符合相关检测试验标准的规定;3)温湿度感应传感器基本参数要求为:温度测量分辨力±0.1℃,湿度测量分辨力±0.5%RH,温度量程宜为-40℃~+120℃,湿度量程宜为0%RH~+99%RH;4)实验室内每个温控区测量点数量应根据实验室的功能、检测试验要求配备;温湿度传感器的安装位置宜靠近房间中心位置,且应避免气流直吹。

实验室通风与空调系统应符合下列要求:实验室的送排风机及集中送风的空调机组宜设置在实验室房间之外,数量较多时应设在专用的风机房内;通风、空调系统所产生的噪声,当依靠自然衰减不能达到允许的噪声标准时,应设置消声设备或采取其他消声措施。系统所需的消声量和消声设备的选择,应通过计算确定;通风、空调设备产生的振动,当依靠自然衰减不能满足要求时,应设置隔振器或采取其他隔振措施。排风机应设平衡基座,并应采取有效减震降噪措施。

4.7　实验室电气要求

实验室的电气设计与验收,应满足实验室的使用性质和功能要求,符合人身安全和环境保护要求,有特殊要求的应经专题论证。实验室的供配电系统设计应安全可靠,减少电能损耗,便于维护管理。

4.7.1　实验室供配电

实验室供配电系统除应符合《供配电系统设计规范》(GB 50052)、《低压配电设计规范》(GB 50054)、《通用用电设备配电设计规范》(GB 50055)的规定外,还应符合下列要求:供电电源的特性(包括容量、电压、频率、电源稳定性、总谐波畸变率、备用电源的供电时间等)应满足实验室的工作要求;应根据试验流程、设备功率等进行负荷统计与负荷计算,以此作为供配电系统设计的依据。负荷计算应根据负荷类别和阶段选用单位指标法、需要系数法或二项式法。供配电系统应预留适当的备用容量、应具有可扩展性;需持续供电的检验项目、涉及试验安全的重要设备、设施和贵重、精密的检验仪器,应设置应急电源或备用电源,应急电源采用不间断电源的方式时,不间断电源的供电时间不应小于 30 min;应急电源采用不间断电源加自备发电机的方式时,不间断电源应能确保自备发电设备启动前的电力供应,备用电源供电时间根据具体检测试验需求确定;在同一实验室内设有两种及以上不同电压或频率的电源供电时,应分别设置配电保护装置并有明显标识予以区分;实验室中涉及防火、防爆、防水、防尘、污染、酸雾、振动的场所的配电设备的选择、安装应符合相应的实验室安全需求和环保要求;实验室应根据试验流程及用电安全需要进行供配电系统布局设计。通用实验室的供配电系统宜采用标准化、模数化的设计,用电设备可由固定在实验台或靠近实验台的固定电源插座(插座箱)提供电源,有特殊要求的应有专门的布局设计方案,电源插座回路应设有剩余电流保护电器;各实验室电源侧应设置独立的保护开关。实验室的电源紧急开关应有明显标识,并有序安装;实验室内涉及电气安全的标签系统应安装位置明显、信息明确,锁定系统的工作逻辑应准确,许可系统应完善;实验室内具有电源安全互锁装置的试验设备应能够在设定条件下可靠切断电源;实验室电源侧应设置独立的漏电保护开关;实验室电源侧应设置电涌保护器(SPD)(防雷保护器);实验室内应设置足够数量的固定电源插座,重要设备应单独回路配电;穿过墙和楼板的电线管应加套管或采用专用电缆穿墙装置,套管内用不收缩、不燃材料密封;实验室内配电系统应有保护中性线。

实验室负荷可与其他负荷共用变压器;对于不频繁使用的大型设备和有较大容量的冲击性负荷、波动大的负荷、非线性负荷、单相负荷和频繁起动的设备,宜由专用变压器供电。实验室内的电气动力设备和电动机应试通电,运行电压、电流应正常,各种仪表指示应正常。电机的转向和机械运转情况应符合实验室工作要求。实验室的供配电系统宜设计能耗监测系统,系统采集的数据应能实时、准确反映实验室的电、水、暖、气的消耗水平,计量系统的量程、精度、控制系统应符合实验室工作要求。

4.7.2　实验室布线

实验室布线设计时应按照各实验室最大用电工况计算,从总线路三相四线制中合理、平均分配用电量,选择适合的导线直径,供配电线路宜采用铜导体。不同电压或频率的线路应分别单独敷设,不应在同一线缆导管内敷设。同一设备或试验流水线设备的主回路和无防干扰要求的控制回路可在同一线缆导管内敷设。不应将电线管道并排敷设于实验室地面上。宜预留检测、测控、网络光纤、电话管线敷设通道。

4.7.3　实验室照明

实验室照明设计应合理利用天然采光;采用非天然采光时,应采用高光效光源、灯具,并选择合理的控制系统。实验室照明设计除应满足试验需要和《建筑照明设计标准》(GB 50034)、《建筑设计防火规范》(GB 50016)、《民用建筑电气设计标准》(GB 51348)的要求外,还应符合下列要求:照明负荷宜由单独配电装置或单独回路供电,应设单独开关和保护电器,照明配电箱宜分层或分区设置。当电压偏差或波动不能保证照明质量或光源寿命时,可采用专用变压器供电。应设置应急照明及紧急发光疏散指示标志。暗室、电镜室等应设单色照明,入口宜设工作状态标志灯,有辐射危险的实验室入口处应设置警示灯。吸顶或壁装灯具距实验室内设备的间距不宜小于 1 m,因试验需要无法满足该距离要求时宜加装灯具防碰撞设施。光学暗室的灯具外表应涂亚光黑漆,灯具表面和附件应设有隔热和散热等防火措施,被遮光材料覆盖的灯具工作表面温度应低于遮光材料的引燃温度。为防止炫光,灯具悬挂高度应大于或等于国家标准规定的照明灯具的最低悬挂高度;灯具布局应便于检修和维护。存在潮湿、有腐蚀性气体和蒸气、火灾危险和爆炸危险等问题的场所,应选用具有相应防护性能的灯具。

实验室照明的其他参数应符合下列要求,采用分区一般照明时,非试验区和走道的照度,不宜低于试验区照度的 1/3;采用一般照明加局部照明时,一般照明的照度不宜低于工作面总照度的 1/3~1/5,且不宜低于 100 lx;通用实验室宜采用细管直管形三基色荧光灯,空间高度高于 8 m 的实验室宜采用金属卤化物灯或高频大功率细管直管荧光灯,无人长时间逗留或只进行检查、巡视和短时操作等工作的场所,宜采用 LED 灯;对识别颜色有要求的实验室,照明光源的显色指数不宜小于

80；实验室内照明器具的选择、安装和控制应符合设计要求；房间内照度、统一眩光值、一般显色指数、特殊显色指数 R9 等指标应满足实验室工作要求；设计无要求时，统一眩光值应小于 19，显色指数 Ra 应大于 80，R9 应大于零；对照度、色温有特殊要求的试验场所，室内照明参数应符合相关检测试验标准的规定。

4.7.4 实验室防雷接地与电器防火

实验室的工作接地、供电电源工作接地、保护接地、静电接地、实验室特殊防护接地及防雷接地应根据实验室功能设置。

接地系统应符合《交流电气装置的接地设计规范》（GB/T 50065）的规定。如防雷接地需单独设置，应按照现行国家标准《建筑物防雷设计规范》（GB 50057）的有关规定采取防止反击措施。防雷接地电阻值应按试验仪器、设备的具体要求确定，供电电源工作接地及保护接地的接地电阻值无特殊要求时不应大于 4 Ω；各种接地宜共用接地装置。实验室应设置等电位联结，并预留接地母线和接地端子。实验室电子信息系统应按照简易雷击风险评估雷电防护等级，并采取相应的防雷保护措施。精密电子仪器实验室应设置电磁屏蔽措施。当电子设备的工作频率低于 30 kHz 时，实验室工作接地与接地装置宜采用单点式（s 形）连接方式；当电子设备的工作频率高于 300 kHz 时，应采用多点式（M 形）接地方式；当频率在 30 kHz 至 300 kHz 区间时，宜设置一个等电位接地平面，再以单点接地形式连接到同一接地网，分别满足高频信号多点接地及低频信号一点接地的要求。保护接地、功能接地、防静电接地、防雷接地、等电位联结的范围、形式、方法、采用的材料和规格应满足实验室的工作要求。

实验室火灾自动报警系统的设置应符合《建筑设计防火规范》（GB 50016）及《消防设施通用规范》（GB 55036）的规定，当单一型火灾探测器不能有效探测火灾时，可采用多种火灾探测器进行复合探测。实验室中涉及防火、防爆、防水、防尘、污染、酸雾、振动、高海拔的场所的火灾自动报警设备的选择、安装应符合相应的使用要求。实验室进线处应装设防止剩余电流火灾的监控系统，报警信息宜上传到消防值班室或消防控制室，无上述消防功能房间时，剩余电流火灾的声光报警装置可设在实验室内。实验室内火灾自动报警系统正常运行时不应受到试验设备运行的干扰；可能产生干扰时，应选择和更换适合本区域环境的报警设备或应有必要的火灾预防和管理措施。实验室内应根据技术规范配备必要及适宜的灭火设备、设施。

4.8 标准化实验室安全管理

安全管理是指运用现代科学技术和科学管理，为保护劳动者在生产经营过程中的安全与健康,在改善劳动条件、预防工伤事故等方面所进行的一切活动。

(1)实验室安全目标

实验室安全目标是根据上级安全生产总目标和本室的实际情况,制定出本室及个人的分目标。总目标指导分目标,分目标保证总目标,形成全企业的目标体系,并把目标完成情况作为个人进行考核的依据。实验室安全生产的控制目标是:控制未遂和异常,不发生轻伤和障碍;不发生生产人身事故和设备事故。

(2)实验室安全管理的主要内容:坚持"安全第一、预防为主、综合治理"的方针,落实各级人员安全生产责任制,严格执行安全生产管理制度,实现安全生产管理目标。负责本实验室内检测设备及用户设备的安全。负责本实验室内检测设备检查、维护检修、安装验收,保证设备安全运行。负责本实验室人员安全知识宣贯、参加安全技能的培训。负责本实验室防火安全管理。

(3)对实验室安全管理的主要要求:坚持"安全第一、预防为主、综合治理"的方针,认真贯彻执行国家有关安全生产的方针、政策、法律法规和水利工程行业有关安全生产的规程、标准和制度。建立健全以实验室负责人为第一责任人的安全生产责任制,明确各类人员的安全生产职责。严格执行安全生产规章制度,定期组织安全活动和安全性评价工作。严格要求各实验室负责人及各实验室设备保管人的安全责任范围。照"按需配备、登记造册、定期检验、坏的封存、缺的补齐、正确使用、妥善保管"的原则,保证试验设备、安全器具和施工工具的配备、检验、使用和保管。

第 5 章

实验室资质认定

为了规范认证认可活动,提高产品、服务的质量和管理水平,促进经济和社会的发展,国家颁布了《中华人民共和国认证认可条例》,检验检测机构属于检查机构、实验室范畴,适用该条例。因此,水利工程工程试验检测活动也应符合资质认定管理方面法律法规的规定。本章主要就这方面的相关知识进行介绍。

5.1 《认证认可条例》简介

《中华人民共和国认证认可条例》(以下简称《认证认可条例》)于 2003 年 9 月 3 日以中华人民共和国国务院令第 390 号公布,根据 2016 年 2 月 6 日《国务院关于修改部分行政法规的决定》第一次修订,根据 2020 年 11 月 29 日《国务院关于修改和废止部分行政法规的决定》第二次修订。《认证认可条例》由总则、认证机构、认证、认可、监督管理、法律责任和附则共七章七十七条组成。本节摘录了部分条款。

1. 总则

第 1 条规定 为了规范认证认可活动,提高产品、服务的质量和管理水平,促进经济和社会的发展,制定本条例。

第 2 条规定 本条例所称认证,是指由认证机构证明产品、服务、管理体系符合相关技术规范、相关技术规范的强制性要求或者标准的合格评定活动。

本条例所称认可,是指由认可机构对认证机构、检查机构、实验室以及从事评审、审核等认证活动人员的能力和执业资格,予以承认的合格评定活动。

第 4 条规定 国家实行统一的认证认可监督管理制度。

国家对认证认可工作实行在国务院认证认可监督管理部门统一管理、监督和综合协调下,各有关方面共同实施的工作机制。

第 6 条规定 认证认可活动应当遵循客观独立、公开公正、诚实信用的原则。

第 7 条规定 国家鼓励平等互利地开展认证认可国际互认活动。认证认可国际互认活动不得损害国家安全和社会公共利益。

第 8 条规定 从事认证认可活动的机构及其人员,对其所知悉的国家秘密和商业秘密负有保密义务。

2. 认证机构

第 9 条规定 取得认证机构资质,应当经国务院认证认可监督管理部门批准,并在批准范围内从事认证活动。

未经批准,任何单位和个人不得从事认证活动。

第 10 条规定 取得认证机构资质,应当符合下列条件:

(1) 取得法人资格;

(2) 有固定的场所和必要的设施;

(3) 有符合认证认可要求的管理制度;

（4）注册资本不得少于人民币 300 万元；

（5）有 10 名以上相应领域的专职认证人员。

从事产品认证活动的认证机构，还应当具备与从事相关产品认证活动相适应的检测、检查等技术能力。

第 11 条规定 认证机构资质的申请和批准程序：

（1）认证机构资质的申请人，应当向国务院认证认可监督管理部门提出书面申请，并提交符合本条例第十条规定条件的证明文件；

（2）国务院认证认可监督管理部门自受理认证机构资质申请之日起 45 日内，应当作出是否批准的决定。涉及国务院有关部门职责的，应当征求国务院有关部门的意见。决定批准的，向申请人出具批准文件，决定不予批准的，应当书面通知申请人，并说明理由。

国务院认证认可监督管理部门应当公布依法取得认证机构资质的企业名录。

第 13 条规定 认证机构不得与行政机关存在利益关系。

认证机构不得接受任何可能对认证活动的客观公正产生影响的资助；不得从事任何可能对认证活动的客观公正产生影响的产品开发、营销等活动。

认证机构不得与认证委托人存在资产、管理方面的利益关系。

第 14 条规定 认证人员从事认证活动，应当在一个认证机构执业，不得同时在两个以上认证机构执业。

第 15 条规定 向社会出具具有证明作用的数据和结果的检查机构、实验室，应当具备有关法律、行政法规规定的基本条件和能力，并依法经认定后，方可从事相应活动，认定结果由国务院认证认可监督管理部门公布。

3. 认证

第 16 条规定 国家根据经济和社会发展的需要，推行产品、服务、管理体系认证。

第 21 条规定 认证机构以及与认证有关的检查机构、实验室从事认证以及与认证有关的检查、检测活动，应当完成认证基本规范、认证规则规定的程序，确保认证、检查、检测的完整、客观、真实，不得增加、减少、遗漏程序。

认证机构以及与认证有关的检查机构、实验室应当对认证、检查、检测过程作出完整记录，归档留存。

第 27 条规定 为了保护国家安全、防止欺诈行为、保护人体健康或者安全、保护动植物生命或者健康、保护环境，国家规定相关产品必须经过认证的，应当经过认证并标注认证标志后，方可出厂、销售、进口或者在其他经营活动中使用。

第 28 条规定 国家对必须经过认证的产品，统一产品目录，统一技术规范的强制性要求、标准和合格评定程序，统一标志，统一收费标准。

统一的产品目录（以下简称目录）由国务院认证认可监督管理部门会同国务院

有关部门制定、调整,由国务院认证认可监督管理部门发布,并会同有关方面共同实施。

第 29 条规定 列入目录的产品,必须经国务院认证认可监督管理部门指定的认证机构进行认证。

列入目录产品的认证标志,由国务院认证认可监督管理部门统一规定。

第 30 条规定 列入目录的产品,涉及进出口商品检验目录的,应当在进出口商品检验时简化检验手续。

第 31 条规定 国务院认证认可监督管理部门指定的从事列入目录产品认证活动的认证机构以及与认证有关的实验室(以下简称指定的认证机构、实验室),应当是长期从事相关业务、无不良记录,且已经依照本条例的规定取得认可、具备从事相关认证活动能力的机构。国务院认证认可监督管理部门指定从事列入目录产品认证活动的认证机构,应当确保在每一列入目录产品领域至少指定两家符合本条例规定条件的机构。

国务院认证认可监督管理部门指定前款规定的认证机构、实验室,应当事先公布有关信息,并组织在相关领域公认的专家组成专家评审委员会,对符合前款规定要求的认证机构、实验室进行评审;经评审并征求国务院有关部门意见后,按照资源合理利用、公平竞争和便利、有效的原则,在公布的时间内作出决定。

第 32 条规定 国务院认证认可监督管理部门应当公布指定的认证机构、实验室名录及指定的业务范围。

未经指定的认证机构、实验室不得从事列入目录产品的认证以及与认证有关的检查、检测活动。

第 34 条规定 指定的认证机构、实验室应当在指定业务范围内,为委托人提供方便、及时的认证、检查、检测服务,不得拖延,不得歧视、刁难委托人;不得牟取不当利益。

指定的认证机构不得向其他机构转让指定的认证业务。

4. 认可

第 36 条规定 国务院认证认可监督管理部门确定的认可机构(以下简称认可机构),独立开展认可活动。

除国务院认证认可监督管理部门确定的认可机构外,其他任何单位不得直接或者变相从事认可活动。其他单位直接或者变相从事认可活动的,其认可结果无效。

第 37 条规定 认证机构、检查机构、实验室可以通过认可机构的认可,以保证其认证、检查、检测能力持续、稳定地符合认可条件。

第 42 条规定 认可机构应当公开认可条件、认可程序、收费标准等信息。

认可机构受理认可申请,不得向申请人提出与认可活动无关的要求或者限制条件。

第 43 条规定 认可机构应当在公布的时间内,按照国家标准和国务院认证认可监督管理部门的规定,完成对认证机构、检查机构、实验室的评审,作出是否给予认可的决定,并对认可过程作出完整记录,归档留存。认可机构应当确保认可的客观公正和完整有效,并对认可结论负责。

认可机构应当向取得认可的认证机构、检查机构、实验室颁发认可证书,并公布取得认可的认证机构、检查机构、实验室名录。

第 45 条规定 认可证书应当包括认可范围、认可标准、认可领域和有效期限。

第 46 条规定 取得认可的机构应当在取得认可的范围内使用认可证书和认可标志。取得认可的机构不当使用认可证书和认可标志的,认可机构应当暂停其使用直至撤销认可证书,并予公布。

第 47 条规定 认可机构应当对取得认可的机构和人员实施有效的跟踪监督,定期对取得认可的机构进行复评审,以验证其是否持续符合认可条件。取得认可的机构和人员不再符合认可条件的,认可机构应当撤销认可证书,并予公布。

取得认可的机构的从业人员和主要负责人、设施、自行制定的认证规则等与认可条件相关的情况发生变化的,应当及时告知认可机构。

5. 监督管理

第 50 条规定 国务院认证认可监督管理部门可以采取组织同行评议,向被认证企业征求意见,对认证活动和以证结果进行抽查,要求认证机构以及与认证有关的检查机构、实验室报告业务活动情况的方式,对其遵守本条例的情况进行监督。发现有违反本条例行为的,应当及时查处,涉及国务院有关部门职责的,应当及时通报有关部门。

第 51 条规定 国务院认证认可监督管理部门应当重点对指定的认证机构、实验室进行监督,对其认证、检查、检测活动进行定期或者不定期的检查。指定的认证机构、实验室,应当定期向国务院认证认可监督管理部门提交报告,并对报告的真实性负责;报告应当对从事列入目录产品认证、检查、检测活动的情况作出说明。

第 52 条规定 认可机构应当定期向国务院认证认可监督管理部门提交报告,并对报告的真实性负责;报告应当对认可机构执行认可制度的情况、从事认可活动的情况、从业人员的工作情况作出说明。

国务院认证认可监督管理部门应当对认可机构的报告作出评价,并采取查阅认可活动档案资料、向有关人员了解情况等方式,对认可机构实施监督。

6. 法律责任

法律责任是检验检测机构及从业人员必须重点掌握的内容,须逐条认真研读和理解,在实际工作中避免有关情形的发生。"法律责任"的相关内容请参阅该条例有关条文。

《认证认可条例条例》的全部条款和内容参见其原文。

5.2 《检验检测机构资质认定能力评价 检验检测机构通用要求》解读

2015 年,国家质检总局发布了《检验检测机构资质认定管理办法》,为了保障资质认定科学、规范的实施,并为检验检测机构资质行政许可提供依据,出台了《检验检测机构资质认定能力评价 检验检测机构通用要求》(RB/T 214—2017)(以下简称《通用要求》),作为资质认定管理办法的配套实施性行业标准。该标准吸纳国际标准(ISO/IEC 17025:2017)的主要精髓,兼顾我国政府对检测市场及检验检测机构监管的强制性考核要求,明确了评审的内容和方法。

《通用要求》是各行业试验检测机构管理的通用要求,水利行业的检测机构应结合行业特点建立符合《通用要求》和行业管理要求的管理体系,并实施管理。

5.2.1 《通用要求》的内容提要

《通用要求》依据《检验检测机构资质认定管理办法》规定,从"资质认定条件"和"管理体系诚信规范"确定检验检测机构专业技术组织的属性,突出强化严格自律,保证客观独立、公平公正、诚实守信、履行社会责任的考核要求,保证检验检测机构健全质量内控体系,对外出具的数据和结果真实、准确;是检验检测机构依法依规诚信检验检测的从业规范、建立内部管理自我约束、承诺满足资质认定规定的基本要求的行为指南,同时是资质认定评审组织对检验检测机构的基本条件、技术能力与管理体系的符合性和有效性实施审查与考核的标准。

《通用要求》分为前言、引言、范围、规范性引用文件、术语和定义、要求、参考文献 7 个部分。"前言"对该标准的起草依据、提出及归口机构、起草单位及起草人等进行了规定。"引言"对该标准制定的由来、定位和作用进行了规定。"范围"对该标准的内容范围和适用范围进行了规定。"规范性引用文件"阐明了本标准制定依据和参考的主要文件。"术语和定义"对《通用要求》中涉及的 9 个概念进行了释义。"要求"是依据《检验检测机构资质认定管理办法》第九条规定的申请资质认定的检验检测机构应当符合的基本条件,包括"机构""人员""场所环境""设备设施""管理体系"5 个方面。"参考文献"列出了制定《通用要求》参考和依据的法规性文件及有关标准。特别吸纳了《检验检测机构诚信基本要求》(GB/T 31880—2015)中关于"检验检测机构依法依规诚信检验检测的从业行为要求"。

《通用要求》引言规定,凡是在中华人民共和国境内向社会出具具有证明作用数据、结果的检验检测机构应取得资质认定。检验检测机构资质认定是一项确保检验检测数据、结果的真实、客观、准确的行政许可制度。凡是在中华人民共和国境内向社会出具具有证明作用数据、结果的检验检测机构应自觉贯彻实施。《通用要求》是检验检测机构资质认定对检验检测机构的通用要求,针对不同领域的检验检测机构,应参考依据本标准发布的相应领域的补充要求。目前已经有司法鉴定机构要求、食品检验机构要求、医疗器械检验机构要求、机动车检验机构要求等。将来拟制定电气检验检测机构要求、雷电防护装置检测机构要求、建筑工程检验检测机构要求、环境监测机构要求等,作为不同领域的补充要求。

《通用要求》范围规定,该标准覆盖范围包括在对中华人民共和国境内向社会出具具有证明作用数据、结果的检验检测机构进行资质认定能力评价时,对其机构、人员、场所环境、设备设施、管理体系等方面评审的通用要求,也适用于检验检测机构的内部审核和管理评审等方式的自我评价。该标准的内容引用国际标准《检测和校准实验室能力的通用要求》(ISO/IEC 17025:2017)的最新内容,采用新版术语和定义,引入风险管理等要求。

《通用要求》规范性引用文件规定,下列文件对于本文件的应用是必不可少的。凡是注日期的引用文件,仅注日期的版本适用于本文件。凡是不注日期的引用文件,其最新版本(包括所有的修改单)适用于本文件。引用文件时应注意:凡是引用文件带年号的只能使用该年号的文件,如 GB/T 27025—2019,那么即使有新版本,也只能使用 GB/T 27025—2019。如果引用文件不带年号的,如 GB/T 27020,那么就要跟踪目前该标准的最新版本,包括其任何修订。目前,该标准的最新版本为 GB/T 27020—2016,故目前应使用 GB/T 27020—2016。本标准引用的都是不带年号的标准,因此,应及时跟踪其最新有效版本。

《通用要求》术语和定义规定,GB/T 19000、GB/T 27000、GB/T 27020、GB/T 27025、JJF 1001 界定的以及下列术语和定义适用于本文件。检验检测机构:该标准所称的检验检测机构是对从事检验、检测和检验检测活动机构的总称。检验检测机构取得资质认定后,可根据自身业务特点,对外出具检验、检测或者检验检测报告、证书。资质认定:是国家对检验检测机构进入检验检测行业的一项行政许可制度,依据《中华人民共和国计量法》《中华人民共和国农产品质量安全法》《中华人民共和国食品安全法》《中华人民共和国认证认可条例》和《医疗器械监督管理条例》等法律法规设立和实施。国家认证认可监督管理委员会和省级质量技术监督部门(市场监督管理部门)在上述有关法律法规的要求下,按照标准或者技术规范的规定,对检验检测机构的基本条件和技术能力是否符合法定要求实施的评价许可。资质认定评审:国家认证认可监督管理委员会和省级质量技术监督部门(市场监督管理部门)依据《中华人民共和国行政许可法》的有关规定,自行或者委托专业技术评价机构,组织评审人员,依据《检验检测机构资质认定能力评价 检验检测机构通用要求》(RB/T 214—2017)和相关专业补充要求,对检验检测机构的基本条件和技术能力实施的评审活动。

公正性:客观性的存在。客观性意味着不存在或已解决利益冲突,不会对检验检测机构的活动产生不利影响。其他可用于表示公正性要素的术语有：无利益冲突、没有成见、没有偏见、中立、公平、思想开明、不偏不倚、不受他人影响、平衡。

投诉：任何人员或组织向检验检测机构就其活动或结果表达不满意，并期望得到回复的行为。投诉分为有效投诉和无效投诉。有效投诉为检验检测机构的责任，应该采取纠正措施。检验检测机构应该识别风险，防止此类问题发生。无效投诉一般是客户的原因，也应按规定的程序及时处理。

能力验证：一般由权威机构组织（如中国国家认证认可监督管理委员会），依据预先制定的准则，采用检验检测机构间比对的方式，评价参加者的能力。能力验证是外部质量控制，是内部质量控制的补充，不是替代。它是与现场评审同样重要的、评价机构能力的一种方法。虽然没有强制规定，但检验检测机构应积极参加国家认监委和省级质量技术监督部门（市场监督管理部门）组织的能力验证。

判定规则：当检验检测机构需要做出与规范或标准符合性的声明时，描述如何考虑测量不确定度的规则。这是国际标准《检测和校准实验室能力的通用要求》（ISO/IEC 17025：2017）的新要求。但是对检验检测机构资质认定不是强制性要求。若检验检测机构申请资质认定的检验检测项目中无测量不确定度的要求时，检验检测机构可不制定该程序。

验证：提供客观的证据，证明给定项目是否满足规定要求。检验检测机构在进行检验检测之前，应验证其能够正确地运用相应标准方法。如果标准方法发生了变化，应重新进行验证。国际标准《检测和校准实验室能力的通用要求》（1SO/IEC 17025：2017）中规定，检验检测机构在引入方法前，应验证能够正确地运用该方法，以确保实现所需的方法性能。并应保存验证记录。如果发布机构修订了方法，应根据修订的内容重新进行验证。

确认：对规定要求是否满足预期用途的验证。确认是针对非标准方法的验证。检验检测机构应首先确认该方法能不能使用，然后验证能够正确地运用这些非标准方法。当修改已确认过的非标方法时，应确定这些修改的影响。当发现影响原有的确认时，应重新进行方法确认。当按照预期用途去评估非标方法的性能特性时，应确保与客户需求相关，并符合规定要求。

5.2.2 《通用要求》中要求的要点解读

为便于理解，以下内容按照《通用要求》中要求对应的条款编号来阐述。

4.1.1 检验检测机构应是依法成立并能够承担相应法律责任的法人或者其他组织。检验检测机构或者其所在的组织应有明确的法律地位，对其出具的检验检测数据、结果负责，并承担相应法律责任。不具备独立法人资格的检验检测机构应经所在法人单位授权。

（1）检验检测机构应有法人注册登记或授权批准文件、法定代表人的授权任命文件、独立的建制文件、独立账号等可以确定是否属于依法成立的组织,对于非独立法人需要法人代表的授权文件,在授权范围内行驶代理权。其他组织包括:依法取得工商行政机关颁发的营业执照的企业法人分支机构、私营独资企业、特殊普通合伙企业、民政部门登记的民办非企业单位(法人)等符合法律法规规定的机构,若检验检测机构是机关或者事业单位的内设机构,不具备法人资格,可由其法人授权,申请检验检测机构资质达定。其对外出具的检验检测报告或者证书的法律责任由其所在法人单位承担,并予以明示。生产企业内部的检验检测机构如施工单位、监理单位内部实验室不在检验检测机构资质认定范围之内。生产企业(施工单位、监理单位)出资设立的具有法人资格的检验检测机构可以申请检验检测机构资质认定,应当遵循检验检测机构客观独立、公正公开、诚实守信的相关从业规定。检验检测机构应承诺保证客观、公正和独立地从事检验检测活动,有保持第三方公正地位措施,满足"授权""独立"的有关要求。交通行业的试验检测机构,存在独立法人和非独立法人两种形式。大多数施工、监理实验室承担的试验检测业务属于自检,而非第三方检测。

(2)检验检测机构作为检验检测活动的第一责任人,应对其出具的检验检测数据、结果负责,并承担相应法律责任。因检验检测机构自身原因导致检验检测数据、结果出现错误、不准确或者其他后果的,应当承担相应解释、召回报告或证书的后果,并承担赔偿责任。涉及违反相关法律法规规定的,需承担相应的法律责任。

(3)非独立法人检验检测机构,其所在的法人单位应为依法成立并能承担法律责任的实体,该检验检测机构在其法人单位内应有相对独立的运行机制。申请检验检测机构资质认定时,应提供所在法人单位的法律地位证明文件和法人授权文件。非独立法人检验检测机构所在法人单位的法定代表人不担任检验检测机构最高管理者的,应由法定代表人对最高管理者进行授权。

4.1.2 检验检测机构应明确其组织结构及管理、技术运作和支持服务之间的关系。检验检测机构应明确其内部组织构成,并通过组织结构图来表述。非独立法人的检验检测机构,应明确其与所属法人以及所属法人的其他组成部门的相互关系。质量管理:是指检验检测机构进行检验检测时,与工作质量有关的相互协调的活动。质量管理可分为质量策划、质量控制、质量保证和质量改进等,质量管理可保障技术管理,规范行政管理。技术管理:是指检验检测机构从识别客户需求开始,将客户的需求转化为过程输入,利用技术人员、设施、设备等资源开展检验检测活动,通过检验检测活动得出数据和结果,形成检验检测机构报告或证书的全流程管理。对检验检测的技术支持活动,如仪器设备、试剂和消费性材料的采购,仪器设备的检定和校准服务等也属于技术管理的一部分。行政管理:是指检验检测机构的法律地位的维持、机构的设置、人员的任命、财务的支持和内外部保障等。技术管理是检验检测机构工作的主线,质量管理是技术管理的保障,行政管理是技术管理资源的支撑。明确检验检测机构的组织机构图,确定该机构管理结构及所在法人单位中的地位,分析机构内部机构设置合理,部门职责明确,能保证质量体系的有效运行。按照目前交通行业实验室等级和专业的划分,不同等级试验检测的机构设置不尽相同,体现在职能分配表也应不同。

4.1.3　检验检测机构及其人员从事检验检测活动,应遵守国家相关法律法规的规定,遵循客观独立、公平公正、诚实信用原则,恪守职业道德,承担社会责任。

4.1.4　检验检测机构应建立和保持维护其公正和诚信的程序。检验检测机构及其人员应不受来自内外部的、不正当的商业、财务和其他方面的压力和影响,确保检验检测数据、结果的真实、客观、准确和可追溯。检验检测机构应建立识别出现公正性风险的长效机制。如识别出公正性风险,检验检测机构应能证明消除或减少该风险。若检验检测机构所在的单位还从事检验检测以外的活动,应识别并采取措施避免潜在的利益冲突。检验检测机构应以文件规定或者合同约定等方式确保不录用同时在两个及以上检验检测机构从业的检验检测人员。《检验检测机构诚信基本要求》(GB/T 31880—2015)明确规定检验检测机构应开展以诚信为核心的文化建设,树立诚信理念,参与内部和外部诚信文化传播活动。诚信文化建设包括:质量意识、诚信理念、品牌效应、社会承诺。

4.1.5　检验检测机构应建立和保持保护客户秘密和所有权的程序,该程序应包括保护电子存储和传输结果信息的要求。检验检测机构及其人员应对其在检验检测活动中所知悉的国家秘密、商业秘密和技术秘密负有保密义务,并制定和实施相应的保密措施。检验检测机构应当按照有关法律法规保护客户秘密和所有权,应制定有关措施,并有效实施,以保证客户的利益不被侵害。检验检测机构对进入检验检测现场、设置计算机的安全系统、传输技术信息、保存检验检测记录和形成检验检测报告或证书等环节,应执行保密措施。样品、客户的图纸、技术资料属于客户的财产,检验检测机构有义务保护客户财产的所有权,必要时,检验检测机构应与客户签订协议。检验检测机构应对检验检测过程中获得或产生的信息,以及来自监管部门和投诉人的信息承担保护责任。除非法律法规有特殊要求,检验检测机构向第三方透露相关信息时,应征得客户同意。

4.2.1　检验检测机构应建立和保持人员管理程序,对人员资格确认、任用、授权和能力保持等进行规范管理。检验检测机构应与其人员建立劳动、聘用或录用关系,明确技术人员和管理人员的岗位职责、任职要求和工作关系,使其满足岗位要求并具有所需的权力和资源,履行建立、实施、保持和持续改进管理体系的职责。检验检测机构中所有可能影响检验检测活动的人员,无论是内部还是外部人员,均应行为公正,受到监督,胜任工作,并按照管理体系要求履行职责。检验检测机构应拥有为保证管理体系的有效运行、出具正确检验检测数据和结果所需的技术人员(检验检测的操作人员、结果验证或核查人员)和管理人员(对质量、技术负有管理职责的人员,包括最高管理者、技术负责人、质量负责人等)。技术人员和管理人员的结构和数量、受教育程度、理论基础、技术背景和经历、实际操作能力、职业素养等应满足工作类型、工作范围和工作量的需要。

4.2.2 检验检测机构应确定全权负责的管理层,管理层应履行其对管理体系的领导作用和承诺:对公正性做出承诺;负责管理体系的建立和有效运行;确保管理体系所需的资源;确保制定质量方针和质量目标;确保管理体系要求融入检验检测的全过程;组织管理体系的管理评审;确保管理体系实现其预期结果;满足相关法律法规要求和客户要求;提升客户满意度;运用过程方法建立管理体系和分析风险、机遇。该条款规定了管理层的职责。检验检测机构管理层应对管理体系全面负责,承担领导责任和履行承诺。管理层负责管理体系的建立和有效运行;满足相关法律法规要求和客户要求;提升客户满意度;运用过程方法建立管理体系和分析风险、机遇;组织质量管理体系的管理评审。检验检测机构管理层应确保制定质量方针和质量目标;确保管理体系要求融入检验检测的全过程;确保管理体系所需的资源;确保管理体系实现其预期结果。检验检测机构管理层应识别检验检测活动的风险和机遇,配备适宜的资源,并实施相应的质量控制。

4.2.3 检验检测机构的技术负责人应具有中级及以上相关专业技术职称或同等能力,全面负责技术运作;质量负责人应确保质量管理体系得到实施和保持;应指定关键管理人员的代理人。

检验检测机构应有技术负责人全面负责技术运作。技术负责人可以是一人,也可以是多人,以覆盖检验检测机构不同的技术活动范围。技术负责人应具有中级及以上相关专业技术职称或者同等能力,胜任所承担的工作。检验检测机构应指定质量负责人,赋予其明确的责任和权力,确保管理体系在任何时候都能得到实施和保持。质量负责人应能与检验检测机构决定政策和资源的最高管理者直接接触和沟通。检验检测机构应规定技术负责人和质量负责人的职责。检验检测机构应指定关键管理人员(包括最高管理者、技术负责人、质量负责人等)的代理人,以便其因各种原因不在岗位时,有人员能够代行其有关职责和权力,以确保检验检测机构的各项工作持续正常地进行。

技术负责人全面负责技术运作,其主要职责一般可以包括以下内容:全面负责本机构技术工作管理,贯彻执行《通用要求》、国家及交通行业相关要求和持续改进管理体系有效性;负责本机构技术作业指导文件、技术记录表格、第三层文件的批准及相关体系文件的审核;负责新开展项目的提出、论证审批工作;组织有关人员解决检测活动中的技术问题,并保证资源的提供;制定本机构员工年度培训、考核计划;审批年度质量监控计划、参加能力验证计划与实验室间比对计划;审批期间核查计划、方案、作业指导书及不确定度报告;制订技术改造的措施和方案,并负责规划措施的论证和审定工作;负责检验人员技术能力和水平及其资格的确认;负责环境设施的配置、改造或维修报告的审批；批准允许偏离的申请，批准仪器设备量值溯源计划，批准标准物质报废申请；主持选择合格的分包方，审批分包方评审结论和合格分包方名册；审核供应品和服务采购申请中的技术内容；主持不符合工作的评价；审批仪器设备周期检定、校准计划，确保量值溯源。

质量负责人应确保管理体系在任何时候都能得到实施和保持。其主要职责可以包括以下内容：全面负责管理体系的建立、实施和改进工作，有权制止任何不符合管理体系要求的行为，贯彻执行《通用要求》、国家原交通行业等相关要求和持续改进管理体系有效性；组织人员进行《质量手册》《程序文件》和其他管理性文件的编写和修订工作，以确保体系文件的有效性，并审核《质量手册》与《程序文件》；制定管理体系文件宣贯计划，按照计划组织宣贯；及时处理管理体系运行中存在的问题和不符合之处并组织验证，或及时反馈给实验室主任和技术负责人；组织本机构管理体系的建立和运行，负责编制内部审核计划并组织内审，签发审核报告；主持服务客户工作管理，审批客户监视申请和客户反馈处理意见；组织处理检验工作中的投诉以及质量事故，组织调查客户申诉和客户投诉的处理；参与检测任务的安排、检测方法及设施环境的确认，参与检测结果的质量保证及审核工作；审核并组织实施纠正措施和预防措施；策划管理评审，编制管理评审报告；负责质量记录格式及质量记录的审核工作及允许偏离申请的审核。

质量管理和技术管理是实验室管理的两个方面，岗位不同，工作内容与着重点自然也不同，质量负责人和技术负责人都有具体的职责和权限。技术负责人侧重于技术活动的运作，与检测活动有关的人、机、料、法、环都要达到要求，例如人员的能力、设备的使用、样品和消耗品的控制管理、方法的选择、检测环境的控制等，通过有效的手段和决策，保证实验室检测结果和数据的准确。而质量负责人则侧重于对体系运行的保证和维护，包括管理规定的健全，不符合情况的监控，关注客户的要求，执行客户满意度调查，以及管理体系内部的定期审核评价，接受外部审核，改进跟踪。质量和技术两个方面，权责明确、岗位平等，工作相对独立，是实验室管理的统一方面，从不同的角度共同推进和完善实验室的管理，保证实验室的检测质量。质量与技术相互配合又相互监督，每一个都是整体的一部分。因此如果质量负责人懂技术，技术负责人懂质量，那么在实际工作中，双方的配合与监督将更容易进行，双方的交流容易达成共识，从而高质高效地解决实验室这个整体存在的问题。技术负责人懂质量，就可以用质量管理的手段为技术服务，那么，如何保证检测结果的一致性、准确性，如何控制影响检测的关键环节，如何使先进的技术固化，就更容易实现。而质量负责人懂技术，则对关键质量控制点的选择，对内部检查审核点，对不符合的处理，对纠正措施的验证，都会更准确和有效，也更容易提高质量工作的质量和效率。在实验室管理中，需要培养具备质量知识的技术负责人和具有良好技术背景的质量负责人，复合型人才是最佳的选择。

4.2.4 检验检测机构的授权签字人应具有中级及以上相关专业技术职称或同等能力,并经资质认定部门批准。非授权签字人不得签发检验检测报告或证书。授权签字人是由检验检测机构提名,经资质认定部门考核合格后,在其资质认定授权的能力范围内签发检验检测报告或证书的人员。

授权签字人应满足下列要求。熟悉检验检测机构资质认定相关法律法规的规定,熟悉《通用要求》及其相关的技术文件的要求;具备从事相关专业检验检测的工作经历,掌握所承担签字领域的检验检测技术,熟悉所承担签字领域的相应标准或者技术规范;熟悉检验检测报告或证书审核签发程序,具备对检验检测结果做出评价的判断能力;检验检测机构对其签发报告或证书的职责和范围应有正式授权;检验检测机构授权签字人应具有中级及以上专业技术职称或者同等能力。非授权签字人不得对外签发检验检测报告或证书。检验检测机构不得设置授权签字人的代理人员。

4.2.5 检验检测机构应对抽样、操作设备、检验检测、签发检验检测报告或证书以及提出意见和解释的人员,依据相应的教育、培训、技能和经验进行能力确认。应由熟悉检验检测目的、程序、方法和结果评价的人员,对检验检测人员包括实习员工进行监督。

检验检测机构应对所有从事抽样、操作设备、检验检测、签发检验检测报告或证书以及提出意见和解释的人员,按其岗位任职要求,根据相应的教育、培训、经历、技能进行能力确认。上岗资格的确认应明确、清晰,如进行某一项检验检测工作、签发某范围内的检验检测报告或证书等,应由熟悉专业领域并得到检验检测机构授权的人员完成。检验检测机构必须建立人员的管理程序。明确人员的录用、培训、管理的相关要求。岗位资格的确认是试验检测机构实施管理的重要环节,根据岗位任职要求,结合持证专业领域和实际能力对人员的岗位进行考核,将合适的人放置合适的岗位,避免只看证书就确认岗位,造成人员无法胜任工作的情况。

检验检测机构应设置覆盖其检验检测能力范围的监督员。监督员应熟悉检验检测目的、程序、方法和能够评价检验检测结果;应按计划对检验检测人员进行监督。检验检测机构可根据监督结果对人员能力进行评价并确定其培训需求,监督记录应存档,监督报告应输入管理评审。

监督基于检测活动的特性,可采用现场观察、报告复核、面谈、模拟检验检测以及其他评价被监督人员能力水平的方法。监督人员的水平直接决定了监督工作质量,为了保障监督工作的质量,监督人员应具备相应的资格条件,熟悉检验检测方法、程序、目的和结果评价,满足不同专业、领域的工作要求,按照制定的年度监督活动计划实施监督并形成记录,检验检测机构根据监督记录的结果制定培训需求,同时监督报告应作为必要的信息输入管理评审。

监督计划应明确监督的内容、频次和时间、被监督对象、记录和评价的要求。

监督记录是监督工作质量的具体体现,监督记录中应明确监督工作的范围、时间、监督人与被监督人信息,实际操作过程中熟练程度、规范性以及对规范、标准理解正确性等信息,监督人员填写人员监督记录并放入人员技术(业绩)档案。监督员应按计划实施监督,发现和及时修正偏离和不符合工作。实验室提供的监督活动记录中应规定监督方式(时机)、对检测人员的技术能力、检测操作流程的符合性、检测结果的可靠性进行评价。被监督人员具体的监督项目、监督过程描述。通过查阅监督记录能够充分了解被监督人员的检测能力和水平,为制定培训计划提供依据,因此监督记录的信息需要充分,由于监督人员及专业的差异,检验检测机构应设计合理的监督记录,以便于监督工作质量的统一。

4.2.6 检验检测机构应建立和保持人员培训程序,确定人员的教育和培训目标,明确培训需求和实施人员培训。培训计划应与检验检测机构当前和预期的任务相适应。检验检测机构应根据质量目标提出对人员教育和培训要求,并制定满足培训需求和提供培训的政策和程序。培训计划既要考虑检验检测机构当前和预期的任务需要,也要考虑检验检测人员以及其他与检验检测活动相关人员的资格、能力、经验和监督评价的结果。检验检测机构可以通过实际操作考核、检验检测机构内外部质量控制结果、内外部审核、不符合工作的识别、利益相关方的投诉、人员监督评价和管理评审等多种方式对培训活动的有效性进行评价,并持续改进培训以实现培训目标。检验检测机构应制订人员培训程序和培训计划,明确培训目标,实施的培训应记录。对培训的效果应进行评价;对新进技术人员和现有技术人员新技术活动的培训进行规范,并分析对持续培训的需求,建立相应计划。培训计划包括内部培训、外部培训,内部培训的计划需明确具体时间地点、培训内容、相关人员、培训方式等信息;外部培训要明确需求,培训时间依据培训通知。培训计划要有可操作性,结合机构自身的需要,合理安排计划。培训记录需培训时间、地点、内容、培训方式、参加人员及授课人等具体信息。评价培训活动有效性可通过理论考试、座谈、讨论、回答问题、现场演示等方式验证培训效果。仅凭培训证书或考试结果是不充分的,实验室应分析培训所需要达到的目的,采取相对应的措施。实验室可以通过能力验证结果、内外部质量控制结果、内外部审核、不符合工作的识别、利益相关方的投诉、人员监督评价和考核等多种方式对培训活动的有效性加以验证。

4.2.7 检验检测机构应保留人员的相关资格、能力确认、授权、教育、培训和监督的记录,记录包含能力要求的确定、人员选择、人员培训、人员监督、人员授权和人员能力监控。检验检测机构对试验检测师、助理检测师人员的能力确认后进行授权,建立人员的技术(业绩)档案,信息齐全,具体内容可参考有关文献。授权时对从事国家规定的特定检验检测的人员,应关注特定要求,如:钢结构无损检测从业人员应持有相应专业Ⅰ、Ⅱ、Ⅲ级证书。

4.3.1 检验检测机构应有固定的、临时的、可移动的或多个地点的场所,上述场所应满足相关法律法规、标准或技术规范的要求。检验检测机构应将其从事检验检测活动所必需的场所、环境要求制定成文件。

固定的场所：指不随检验检测任务而变更，且不可移动的开展检验检测活动的场所（例如室内检测）。临时的场所：指检验检测机构根据现场检验检测需要，临时建立的工作场所（例如对公共场所和作业场所环境的噪声检验检测的现场；在高速公路施工阶段的工地试验室和桥梁通车前所建立的检验检测临时场所）。可移动的场所：指利用汽车、动车和轮船等装载检验检测设备设施。可在移动中实施检验检测的场所（例如路面全自动检测车）。多个地点的场所（多场所）：指检验检测机构存在两个及以上地址不同的检验检测工作场所。工作场所性质包括：自有产权、上级配置、出资方调配或租赁等，应有相关的证明文件。

4.3.2 检验检测机构应确保其工作环境满足检验检测的要求。检验检测机构在固定场所以外进行检验检测或抽样时，应提出相应的控制要求，以确保环境条件满足检验检测标准或者技术规范的要求。

检验检测机构应识别检验检测所需的环境条件，当环境条件对结果的质量有影响时，检验检测机构应编写必要的文件。并有相应的环境条件控制措施，确保环境条件不会使检验检测结果无效，或不会对检验检测质量产生不良影响。

4.3.3 检验检测标准或者技术规范对环境条件有要求时或环境条件影响检验检测结果时，应监测、控制和记录环境条件。当环境条件不利于检验检测的开展时，应停止检验检测活动。在检验检测机构固定设施以外的场所进行抽样、检验检测时，应予以特别关注，必要时，应提出相应的控制要求并记录，以保证环境条件符合检验检测标准或者技术规范的要求。

水利水运工程的试验检测包括室内检测和现场检测，室内检测环境条件满足规范标准的要求，如土工试验、土工合成材料等的试验或/和样品调节等均有温度或/和湿度等环境条件要求，实验室应有温湿度状况的监控记录。监控记录应包括原始观测温湿度值、时间、测点位置等信息，当有多个测点时，应分别记录相应温湿度。

4.3.4 检验检测机构应建立和保持检验检测场所良好的内务管理程序，该程序应考虑安全和环境的因素。检验检测机构应将不相容活动的相邻区域进行有效隔离，应采取措施以防止干扰或者交叉污染。检验检测机构应对使用和进入影响检验检测质量的区域加以控制，并根据特定情况确定控制的范围。

检验检测机构应以检验检测标准或者技术规范对检验检测场所的安全和环境的要求为依据，建立内务管理程序。当相邻区域的活动或工作，出现不相容或相互影响时，检验检测机构应对相关区域进行有效隔离，采取措施消除影响，防止干扰或者交叉污染。

检验检测机构应对人员进入或使用对检验检测质量有影响的区域予以控制，

应根据自身的特点和具体情况确定控制的范围。在确保不对检验检测质量产生不利影响的同时，还应保护客户和检验检测机构的机密及所有权，保护进入或使用相关区域的人员的安全。

4.4.1　设备设施的配备。检验检测机构应配备满足检验检测（包括抽样、物品制备、数据处理与分析）要求的设备和设施。用于检验检测的设施，应有利于检验检测工作的正常开展。设备包括检验检测活动所必需并影响结果的仪器、软件、测量标准、标准物质、参考数据、试剂、消耗品、辅助设备或相应组合装置。检验检测机构使用非本机构的设施和设备时，应确保满足本标准要求。

4.4.2　设备设施的维护。检验检测机构应建立和保持检验检测设备和设施管理程序，以确保设备和设施的配置、使用和维护满足检验检测工作要求。检验检测机构应建立和保持检验检测设备和设施管理程序，以确保设备和设施的配置、维护和使用满足检验检测工作要求。检验检测机构应建立相关的程序文件，描述检验检测设备和设施的安全处置、运输、存储、使用、维护等的规定，防止污染和性能退化。检验检测机构应确保设备在运输、存储和使用时，具有安全保障。检验检测机构设施应满足检验检测工作需要。

4.4.3　设备管理。检验检测机构应对检验检测结果、抽样结果的准确性或有效性有影响或计量溯源性有要求的设备，包括用于测量环境条件等辅助测量设备有计划地实施检定或校准。设备在投入使用前，应采用核查、检定或校准等方式，以确认其是否满足检验检测的要求。所有需要检定、校准或有有效期的设备应使用标签、编码或以其他方式标识，以便使用人员易于识别检定、校准的状态或有效期。检验检测设备，包括硬件和软件设备应得到保护，以避免出现致使检验检测结果失效的调整。检验检测机构的参考标准应满足溯源要求。无法溯源到国家或国际测量标准时，检验检测机构应保留检验检测结果相关性或准确性的证据。当需要利用期间核查以保持设备的可信度时，应建立和保持相关的程序。针对校准结果产生的修正信息，检验检测机构应确保在其检测数据及相关记录中加以利用并备份和更新。

4.4.4　设备控制。检验检测机构应保存对检验检测具有影响的设备及其软件的记录。用于检验检测并对结果有影响的设备及其软件，如可能，应加以唯一性标识。检验检测设备应由经过授权的人员操作并对其进行正常维护。若设备脱离了检验检测机构的直接控制，应确保该设备返回后，在使用前对其功能和检定、校准状态进行核查，并得到满意结果。

检验检测机构的大型设备需授权人员操作，设备使用和维护的有关技术资料便于有关人员取用。所有仪器设备和标准物质需有明显的状态标识。检验检测机构应保存对检测/校准有重要影响的设备及其软件的档案，应以"一机一档"的方式建立档案，档案内容符合要求。档案记录至少包括以下内容：设备及其软件的识别;制造商名称、形式标识、系列号或其他唯一性标识;设备是否符合规范;当前的位置(如适用);制造商的说明书,或指明其地点;所有校准报告和证书的日期、结果及复印件,设备调整、验收准则和下次校准的预定日期;设备维护计划以及已进行的维护(适用时);设备的任何损坏、故障、改装或修理、实施档案的动态管理,及时补充相关信息,同类的多只小型计量器具如百分表、测力环等,可以建立一个档案,集中存放相关资料。设备档案的具体内容及格式详见本书第三章第三节。检验检测机构需校准的所有设备都有标识表明其校准状态。脱离检验检测机构直接控制的设备,返回后,恢复使用前,检验检测机构应对其功能和校准状态进行检查并显示满意结果。建立试验仪器设备出入登记簿和设备使用台账,出入登记簿包含外借时间、借用人、设备状态、归还日期等信息。外出设备的登记管理目的不同于使用记录,外出设备登记目的是了解借出和归还时的设备状态及数量、配件等是否一致,明确责任人,因此借用人与设备管理人不同。填写设备使用记录目的是了解使用前后设备是否符合规范要求,即数据采集过程设备是否正常,了解数据是否有效。

设备使用前进行核查或校准,核查结果予以记录存入档案。设备使用记录台账至少包含使用日期、时间、仪器设备使用前后状态、试验内容、样品编号、使用人等信息,确保设备处于受控状态,信息能够再现检测过程。

4.4.5 故障处理。设备出现故障或者异常时,检验检测机构应采取相应措施,如停止使用、隔离或加贴停用标签、标记,直至修复并通过检定、校准或核查表明能正常工作为止。应核查这些缺陷或偏离对以前检验检测结果的影响。仪器设备出现缺陷时,应立即停用并明确标识。修复的仪器设备应经过检定、校准等方式证明其功能指标已恢复;检验检测机构应检查这种缺陷对过去检测/校准的影响。

4.4.6 标准物质。检验检测机构应建立和保持标准物质管理程序。标准物质应尽可能溯源到国际单位制(SI)单位或有证标准物质。检验检测机构应根据程序对标准物质进行期间核查。

4.5 管理体系。检验检测机构根据法律法规、标准或技术规范建立管理体系,应覆盖检验检测机构所有部门、所有场所和涉及检验检测的所有质量管理、行政管理和技术管理所有活动,并有效实施。管理体系中应有本检测机构对诚信建设的相关要求。检验检测机构应建立并有效实施实现质量方针、目标和履行承诺,保证其检验检测活动独立、公正、科学、诚信的管理体系。

4.5.1 总则。检验检测机构应建立、实施和保持与其活动范围相适应的管理体系,应将其政策、制度、计划、程序和指导书制定成文件,管理体系文件应传达至有关人员,并被其获取、理解、执行。

管理体系是指为建立方针和目标并实现这些目标的体系。包括质量管理体系、技术管理体系和行政管理体系。管理体系的运作包括体系的建立、体系的实施、体系的保持和体系持续改进。检验检测机构应建立符合自身实际状况,适应自身检验检测活动并保证其独立、公正、科学、诚信的管理体系。建立措施避免管理体系与实际运行的脱节。为使检验检测工作有效运行,检验检测机构必须系统地识别和管理许多相互关联和相互作用的过程,称为"过程方法"。该方法使检验检测机构能够对体系中相互关联和相互依赖的过程进行有效控制,有助于提高其效率。过程方法包括按照检验检测机构的质量方针和政策,对各过程及其相互作用,系统地进行规定和管理,从而实现预期结果。检验检测机构应将其管理体系、组织结构、程序、过程、资源等过程要素文件化。文件可分为质量手册、程序文件、作业指导书、质量和技术记录表格四类。检验检测机构管理体系形成文件后,应当以适当的方式传达有关人员,使其能够"获取、理解、执行"管理体系。

4.5.2　方针目标。检验检测机构应阐明质量方针,制定质量目标,并在管理评审时予以评审。

质量方针由管理层制定、贯彻和保持,是检验检测机构的质量宗旨和方向。质量方针一般应在质量手册中予以阐明,也可单独发布。质量方针声明应经管理层授权发布。质量目标包括年度目标和中长期目标。各相关部门可以依据检验检测机构的目标制定本部门的质量目标。质量目标应在管理评审时予以评审。质量目标应将指标量化且合理,符合实际。有些机构对最终产品报告的目标规定脱离实际,规定报告差错率为小于 1%,甚至为 0,管理评审时不予评审或评审发现不符合实际情况不予调整。规定仪器设备的检定/校准率 100%,设备完好率 100%,这与《通用要求》规定和实际情况不符。实际情况是在用设备完好率 100%,在用设备检定/校准率 100%。

4.5.3　文件控制。检验检测机构应建立和保持控制其管理体系的内部和外部文件的程序,明确文件的批准、发布、标识、变更和废止,防止使用无效、作废的文件。

检验检测机构依据制定的文件管理控制程序,对文件的编制、审核、批准、发布、标识、变更和废止等各个环节实施控制,并依据程序控制管理体系的相关文件。文件包括法律法规、标准、规范性文件、质量手册、程序文件、作业指导书和记录表格以及通知、计划、图纸、图表、软件等。文件可承载在各种载体上,可以是数字存储设施如光盘、硬盘等或是模拟设备如磁带、录像带或磁带机,还可以采用缩微胶片、纸张、相纸等。检验检测机构应定期审查文件,防止使用无效或作废文件。失效或废止文件一般要从使用现场收回,加以标识后销毁或存档。如果确因工作需要或其他原因需要保留在现场的,必须加以明显标识,以防误用。受控文件应定期审核,必要时进行修订,更改的文件应经过再批准,并加以注明。近年来国家为了落实政府对市场"放""管""服"的要求,在政策、法律、法规方面进行较大的调整,各家机构在查新规范标准的同时,也应确保收集的法律、法规现行有效。

4.5.4 合同评审。检验检测机构应建立和保持评审客户要求、标书、合同的程序。对要求、标书、合同的偏离、变更应征得客户同意并通知相关人员。当客户要求出具的检验检测报告或证书中包含对标准或规范的符合性声明(如合格或不合格)时,检验检测机构应有相应的判定规则。若标准或规范不包含判定规则内容,检验检测机构选择的判定规则应与客户沟通并得到同意。

检验检测机构应依据制定的评审客户要求、标书和合同的相关程序,对合同评审和对合同的偏离加以有效控制,记录必要的评审过程或结果。检验检测机构应与客户充分沟通,了解客户需求,并对自身的技术能力和资质状况能否满足客户要求进行评审。若有关要求发生修改或变更时,需进行重新评审。对客户要求、标书或合同有不同意见,应在签约之前协调解决。对于出现的偏离,检验检测机构应与客户沟通并取得客户同意,将变更事项通知相关的检验检测人员。检验检测机构应制订评审客户要求、标书和合同的相关程序文件,不同情况下的评审规定或要求应明确。检验检测机构应对不同类型的委托书、标书或合同,按照不同的规定实施评审。实验室在评审客户的委托检验要求时,需充分分析客户需求,评估自身是否拥有足够能力与资源(包括人员、设备、设施、资质以及合作方)来满足客户要求,认真地做好沟通和风险防范。合同签订后发生变更的应对变更内容进行评审。经双方签字生效的合同在执行过程中。客户提出修改检测要求或者实验室由于突发的原因无法满足客户的要求时,应当开展对变更内容的评审,并予以记录,并将修改后的内容通知客户和相关人员,防止出现要求未及时传达造成不必要的麻烦或损失。比如在试验的过程中,客户通如要增加测试某个项目,需要对新增的项目进行重新评审,是否样品数量仍然满足测试,是否可以满足之前合同规定的报告交付周期等。再比如实验室的仪器授备出现了故障导致试验无法继续进行时,应当及时将情况通知客户,征得客户的同意后删减项目或者分包项目,重新签署合同或补充文件,并重新进行评审,方可继续检验。复杂或特殊的合同评审应由多人共同参与。对于新样品或者复杂样品的委托检验要求(如质量鉴定、仲裁检验等),可能涉及多个专业或部门,合同评审人员难以判断实验室是否具备能力,或难以协调多个部门的工作。此类合同应申请由业务部门组织多个部门的专业技术人员共同进行合同评审。合同评审人员的素质要求。做好合同评审的关键在于人。实验室的合同评审人员作为实验室的窗口,是一个非常重要关键的岗位,不仅进行合同的评审,往往还要提供检测结果的意见和解释工作,其素质在某种程度上反映了实验室的水平。笔者在从事多年的实验室合同评审过程中,深刻地体会到合同评审人员素质的重要性。

4.5.5 分包。检验检测机构需分包检验检测项目时,应分包给已取得检验检测机构资质认定并有能力完成分包项目的检验检测机构,具体分包的检验检测项目和承担分包项目的检验检测机构应事先取得委托人的同意,出具检验检测报告或证书时,应将分包项目予以区分。检验检测机构实施分包前,应建立和保持分包的管理程序,并在检验检测业务洽谈、合同评审和合同签署过程中予以实施。

检验检测机构不得将法律法规、技术标准等文件禁止分包的项目实施分包。检验检测机构因工作量、关键人员、设备设施、环境条件和技术能力等原因,需分包检验检测项目时,应分包给依法取得检验检测机构资质认定并有能力完成分包项目的检验检测机构,具体分包的检验检测项目应当事先取得委托人书面同意,并在检验检测报告或证书中清晰标明分包情况。检验检测机构应要求承担分包的检验检测机构提供合法的检验检测报告或证书,并予以使用和保存。检验检测机构实施分包前,应制定分包的管理程序,包括控制文件、事先通知客户并经客户书面同意、对分包方定期评价(或采信资质认定部门的认定结果),建立合格分包方名录并正确选用。该程序在检验检测业务洽谈、合同评审和合同签署过程中予以实施。除非是客户或法律法规指定的分包,检验检测机构应对分包结果负责。

4.5.6 采购。检验检测机构应建立和保持选择和购买对检验检测质量有影响的服务和供应品的程序。明确服务、供应品、试剂、消耗材料等的购买、验收、存储的要求,并保存对供应商的评价记录。采购服务,包括检定和校准服务,仪器设备购置,环境设施的设计和施工,设备设施的运输、安装和保养,废物处理等。

4.5.7 服务客户。检验检测机构应建立和保持服务客户的程序,包括:保持与客户沟通,对客户进行服务满意度调查、跟踪客户的需求,以及允许客户或其代表合理进入为其检验检测的相关区域观察。

检验检测机构应与客户沟通,全面了解客户的需求,为客户解答有关检验检测的技术和方法。定期以适当的方式征求客户意见并深入分析,改进管理体系。让客户了解、理解检验检测过程,是与客户交流的重要手段。在保密、安全、不干扰正常检验检测前提下,允许客户或其代表,进入为其检验检测的相关区域观察检验检测活动。

4.5.8 投诉。检验检测机构应建立和保持处理投诉的程序。明确对投诉的接收、确认、调查和处理职责,跟踪和记录投诉,确保采取适宜的措施,并注重人员的回避。检验检测机构应指定部门和人员接待和处理客户的投诉,明确其职责和权利。对客户的每一次投诉,均应按照规定予以处理。与客户投诉相关的人员、被客户投诉的人员,应采取适当的回避措施。对投诉人的回复决定,应由与投诉所涉及的检验检测活动无关的人员做出,包括对该决定的审查和批准。检验检测机构应对投诉的处理过程及结果及时形成记录,并按规定全部归档。只要可能,检验检测机构应将投诉处理过程的结果正式通知投诉人。

4.5.9 纠正措施对风险和机遇的措施和改进。检验检测机构应建立和保持在识别出不符合时,采取纠正措施的程序。检验检测机构应通过实施质量方针、质量目标,应用审核结果、数据分析、纠正措施、管理评审、人员建议、风险评估、能力验证和客户反馈等信息来持续改进管理体系的适宜性、充分性和有效性。检验检测机构应考虑与检验检测活动有关的风险和机遇,以利于:确保管理体系能够实现其预期结果;把握实现目标的机遇;预防或减少检验检测活动中的不利影响和潜在的失败;实现管理体系改进。检验检测机构应策划:应对这些风险和机遇的措施;如何在管理体系中整合并实施这些措施;如何评价这些措施的有效性。

4.5.10 记录控制。检验检测机构应建立和保持记录管理程序,确保记录的标识、储存、保护、检索、保留和处置符合要求。

4.5.11 内部审核。检验检测机构应建立和保持管理体系内部审核的程序,以便验证其运作是否符合管理体系和本标准的要求,管理体系是否得到有效的实施和保持。内部审核通常每年一次,由质量负责人策划内审并制定审核方案。内审员须经过培训,具备相应资格,内审员应独立于被审核的活动。

4.5.12 管理评审。检验检测机构应建立和保持管理评审的程序。管理评审通常 12 个月一次,由管理层负责。管理层应确保管理评审后,得出的相应变更或改进措施予以实施,确保管理体系的适宜性、充分性和有效性。应保留管理评审的记录。

4.5.13 方法的选择、验证和确认。检验检测机构应建立和保持检验检测方法控制程序。检验检测方法包括标准方法、非标准方法(含自制方法)。应优先使用标准方法,并确保使用标准的有效版本。在使用标准方法前,应进行验证。在使用非标准方法(含自制方法)前,应进行确认。检验检测机构应跟踪方法的变化,并重新进行验证或确认。必要时,检验检测机构应制定作业指导书。如确需方法偏离,应有文件规定,经技术判断和批准,并征得客户同意。当客户建议的方法不适合或已过期时,应通知客户。非标准方法(含自制方法)的使用,应事先征得客户同意,并告知客户相关方法可能存在的风险。需要时,检验检测机构应建立和保持开发自制方法控制程序,自制方法应经确认。检验检测机构应记录作为确认证据的信息,使用的确认程序、规定的要求、方法性能特征的确定、获得的结果和描述该方法满足预期用途的有效性声明。

4.5.14 测量不确定度。检验检测机构应根据需要建立和保持应用评定测量不确定度的程序。检验检测项目中有测量不确定度的要求时,检验检测机构应建立和保持应用评定测量不确定度的程序,检验检测机构应建立相应数学模型,给出相应检验检测能力的评定测量不确定度案例。检验检测机构可在检验检测出现临界值、内部质量控制或客户有要求时,报告测量不确定度。

4.5.15 数据信息管理。检验检测机构应获得检验检测活动所需的数据和信息,并对其信息管理系统进行有效管理。检验检测机构应对计算和数据转移进行系统和适当地检查。

4.5.16 抽样。检验检测机构在从事抽样检验检测时,应建立和保持抽样控制程序。抽样计划应根据适当的统计方法制定,抽样应确保检验检测结果的有效性。当客户对抽样程序有偏离的要求时,应予以详细记录,同时告知相关人员。如果客户要求的偏离影响到检验检测结果,应在报告、证书中作出声明。

4.5.17 样品处置。检验检测机构应建立和保持样品管理程序,以保护样品的完整性并为客户保密。检验检测机构应有样品的标识系统,并在检验检测整个期间保留该标识。在接收样品时,应记录样品的异常情况或记录对检验检测方法的偏离。样品在运输、接收、制备、处置、存储过程中应予以控制和记录。当样品需要存放或养护时,应保持、监控和记录环境条件。

4.5.18 结果有效性。检验检测机构应建立和保持质量控制程序,监控检验检测活动的有效性和结果质量。检验检测机构可采用定期使用标准物质、定期使用经过检定或校准的具有溯源性的替代仪器、对设备的功能进行检查、运用工作标准与控制图、使用相同或不同方法进行重复检验检测、保存样品的再次检验检测、分析样品不同结果的相关性、对报告数据进行审核、参加能力验证或机构之间比对、盲样检验检测等进行监控。检验检测机构所有数据的记录方式应便于发现其发展趋势,若发现偏离预先判据,应采取有效的措施纠正出现的问题,防止出现错误的结果。质量控制应有适当的方法和计划并加以评价。

4.5.19 结果报告。检验检测机构应准确、清晰、明确、客观地出具检验检测结果,符合检验检测方法的规定,并确保检验检测结果的有效性。结果通常应以检验检测报告或证书的形式发出。检验检测报告或证书应至少包括下列信息:标题;标注资质认定标志,加盖检验检测专用章(适用时);检验检测机构的名称和地址,检验检测的地点(如果与检验检测机构的地址不同);检验检测报告或证书的唯一性标识(如系列号)和每一页上的标识,以确保能够识别该页是属于检验检测报告或证书的一部分,以及表明检验检测报告或证书结束的清晰标识;客户的名称和联系信息;所用检验检测方法的识别;检验检测样品的描述、状态和标识;检验检测的日期,对检验检测结果的有效性和应用有重大影响时,注明样品的接收日期或抽样日期;对检验检测结果的有效性或应用有影响时,提供检验检测机构或其他机构所用的抽样计划和程序的说明;检验检测报告或证书主要签发人的姓名、签字或等效的标识和签发日期;检验检测结果的测量单位(适用时);检验检测机构不负责抽样(如样品是由客户提供)时,应在报告或证书中声明结果仅适用于客户提供的样品;检验检测结果来自外部提供者时的清晰标注;检验检测机构应作出未经本机构批准,不得复制(全文复制除外)报告或证书的声明。

检验检测机构应准确、清晰、明确和客观地出具检验检测报告或证书,可以书面或电子方式出具。检验检测机构应制定检验检测报告或证书控制程序,保证出具的报告或证书满足以下基本要求:检验检测依据正确,符合客户的要求;报告结果及时,按规定时限向客户提交结果报告;结果表述准确、清晰、明确、客观,易于理解;使用法定计量单位。检验检测报告或证书应有唯一性标识。检验检测报告或证书批准人的签字或等效的标识。检验检测报告或证书应当按照要求加盖资质认定标志和检验检测专用章。检验检测机构公章可替代检验检测专用章使用,也可公章与检验检测专用章同时使用;建议检验检测专用章包含五角星图案,形状可为圆形或者椭圆形等。检验检测专用章的称谓可依据检验检测机构业务情况而定,可命名为检验专用章或检测专用章。检验检测机构开展由客户送样的委托检验时,检验检测数据和结果仅对来样负责。

4.5.20 结果说明。当需对检验检测结果进行说明时,检验检测报告或证书中还应包括下列内容:对检验检测方法的偏离、增加或删减,以及特定检验检测条件的信息,如环境条件;适用时,给出符合(或不符合)要求或规范的声明;当测量不确定度与检验检测结果的有效性或应用有关,或客户有要求,或当测量不确定度影响到对规范限度的符合性时,检验检测报告或证书中还需要包括测量不确定度的信息;适用且需要时,提出意见和解释;特定检验检测方法或客户所要求的附加信息。报告或证书涉及使用客户提供的数据时,应有明确的标识。当客户提供的信息可能影响结果的有效性时,报告或证书中应有免责声明。

当客户需要对检验检测结果作出说明,或者检验检测过程中已经出现的某种情况需在报告作出说明,或对其结果需要作出说明时,检验检测机构应本着对客户负责的精神和对自身工作的完备性要求,对结果报告给出必要的附加信息。这些信息包括:对检验检测方法的偏离、增加或删减,以及特定检验检测条件的信息,如环境条件;相关时,符合(或不符合)要求、规范的声明;适用时,评定测量不确定度的声明。当不确定度与检测结果的有效性或应用有关,或客户的指令中有要求,或当不确定度影响到对规范限度的符合性时,还需要提供不确定度的信息;适用且需要时,提出意见和解释;特定检验检测方法或客户所要求的附加信息。

4.5.21 抽样结果。当检验检测机构从事抽样检验检测时,应有完整、充分的信息支撑其检验检测报告或证书。检验检测机构从事包含抽样环节的检验检测任务,并出具检验检测报告或证书时,其检验检测报告或证书还应包含但不限于以下内容:抽样日期;抽取的物质、材料或产品的清晰标识(适当时,包括制造者的名称、标示的型号或类型和相应的系列号);抽样位置,包括简图、草图或照片;所用的抽样计划和程序;抽样过程中可能影响检验检测结果的环境条件的详细信息;与抽样方法或程序有关的标准或者技术规范,以及对这些标准或者技术规范的偏离、增加或删减等。

4.5.22 意见和解释。当需要对报告或证书作出意见和解释时,检验检测机构应将意见和解释的依据形成文件。意见和解释应在检验检测报告或证书中清晰标注。

(1)检验检测结果不合格时,客户会要求检验检测机构作出"意见和解释",用于改进和指导。对检验检测机构而言,"意见和解释"属于附加服务。对检验检测报告或证书作出"意见和解释"的人员,应具备相应的经验,掌握与所进行检验检测活动相关的知识,熟悉检测对象的设计、制造和使用,并经过必要的培训。

(2) 检验检测报告或证书的意见和解释可包括(但不限于)下列内容:

① 对检验检测结果符合(或不符合)要求的意见(客户要求时的补充解释);

② 履行合同的情况;

③ 如何使用结果的建议;

④ 改进的建议。

4.5.23 分包结果。当检验检测报告或证书包含了由分包方出具的检验检测结果时,这些结果应予以清晰标明。按照4.5.5条款的条文解释进行评审。

4.5.24 结果传送和格式。当用电话、传真或其他电子或电磁方式传送检验检测结果时,应满足本标准对数据控制的要求。检验检测报告或证书的格式应设计为适用于所进行的各种检验检测类型,并尽量减小产生误解或误用的可能性。

(1) 当需要使用电话、传真或其他电子(电磁)手段来传送检验检测结果时,检验检测机构应满足保密要求,采取相关措施确保数据和结果的安全性、有效性和完整性。当客户要求使用该方式传输数据和结果时,检验检测机构应有客户要求的记录,并确认接收方的真实身份后方可传送结果,切实为客户保密。

(2) 必要时,检验检测机构应建立和保持检验检测结果发布的程序,确定管理部门或岗位职责,对发布的检验检测结果、数据进行必要的审核。

4.5.25 修改。检验检测报告或证书签发后,若有更正或增补应予以记录。修订的检验检测报告或证书应标明所代替的报告或证书,并注以唯一性标识。

(1) 当需要对已发出的结果报告作更正或增补时,应按规定的程序执行,详细记录更正或增补的内容,重新编制新的更正或增补后的检验检测报告或证书,并注以区别于原检验检测报告或证书的唯一性标识。

(2) 若原检验检测报告或证书不能收回,应在发出新的更正或增补后的检验检测报告或证书的同时,声明原检验检测报告或证书作废。原检验检测报告或证书可能导致潜在其他方利益受到影响或者损失的,检验检测机构应通过公开渠道声明原检验检测报告或证书作废,并承担相应责任。

4.5.26 记录和保存。检验检测机构应对检验检测原始记录、报告、证书归档留存,保证其具有可追溯性。检验检测原始记录、报告或证书的保存期限通常不少于6年。

(1) 检验检测机构建立检验检测报告或证书的档案,应将每一次检验检测的合同(委托书)、检验检测原始记录、检验检测报告或证书等一并归档。

(2) 检验检测报告或证书档案的保管期限应不少于6年,若评审补充要求另有规定,则按评审补充要求执行。

实验室应按照相关技术规范或者标准要求和规定的程序,及时出具检测和/或校准数据及结果,并保证数据和结果准确、客观、真实。并且应使用法定计量单位。

5.3 检验检测机构资质认定其他相关认证认可行业标准介绍

为了进一步促进检验检测机构资质认定工作的规范开展,中国国家认证认可监督管理委员会(以下简称"国家认监委")在最近几年陆续颁布了一系列认证认可行业标准,建立起了一套较为完整的采用标准管理检验检测机构资质认定工作的标准体系。本节将对在日常工作中运用得较为普遍的部分标准予以扼要介绍。

1.《实验室信息管理系统管理规范》简介

2020 年 8 月,国家认监委发布了《实验室信息管理系统管理规范》(RB/T 028—2020),并于 2020 年 12 月 1 日实施。该项标准规定了实验室信息管理系统的管理策划、建设、运行、维护、退役等管理要求,是检验检测机构设计、建设和使用实验室信息管理系统的重要依据或参考。该标准核心内容包括正文 8 个部分,分别为:范围、规范性引用文件、术语和定义、管理策划、建设管理、运行管理、维护管理、退役管理。实验室信息管理系统(LIMS)是实验室活动及其管理的信息化工具,与实验室活动密切相关,用于收集、处理、记录、报告、存储或检索实验室活动数据和信息。随着信息技术与检验检测工作的结合日益紧密,LIMS 已在检验检测机构中得到广泛推广运用。作为检验检测从业人员,为了适应实验室管理的需要,应有能力正确使用 LIMS,对 LIMS 使用过程中获得和产生的所有信息进行保密,并保存相关记录。因此,应该熟悉和掌握该标准提出的有关管理要求。《实验室信息管理系统管理规范》相关内容的细节请参阅标准原文。

2.《能力验证计划的选择与核查及结果利用指南》简介

2020 年 8 月,国家认监委发布了《能力验证计划的选择与核查及结果利用指南》(RB/T 031—2020),并于 2020 年 12 月 1 日实施。该项标准给出了能力验证计划的选择、核查和结果利用指南,可为实验室开展质量控制提供指导。该标准核心内容包括正文 6 个部分和 6 个附录。其中正文内容分为:范围、规范性引用文件、术语和定义、能力验证计划的选择、能力验证计划核查、能力验证结果利用。6 个附录(附录 A～附录 E)均为资料性附录。参加能力验证是实验室质量保证的重要手段,有助于实验室评价和证明其测量结果可靠性运用,发现自身存在的问题,改进实验室的技术能力和管理水平。能力验证结果可作为证明实验室技术能力的有效证明,为管理部门、客户和其他利益相关方选择、评价和认可有能力的实验室提供依据。

实验室作为参加能力验证的主体,应基于自身需求和外部对能力验证的要求,在综合考虑内部质控水平、人员能力、设备状况、风险、运行成本等因素的基础上，合理策划并积极寻求适当的能力验证计划。鉴于能力验证对于检验检测机构的重要性和普遍性，多数检验检测从业人员均有可能参加某些环节的工作。因此，应该理解掌握该标准的有关知识要点。《能力验证计划的选择与核查及结果利用指南》相关内容的细节请参阅标准原文。

3.《检验检测机构管理和技术能力评价建设工程检验检测要求》简介

2020年8月，国家认监委发布了《检验检测机构管理和技术能力评价建设工程检验检测要求》(RB/T 043—2020)，并于2020年12月1日实施。该项标准规定了从事建设工程检验检测活动的检验检测机构，在机构、人员、场所环境、设备设施、管理体系等管理和技术能力方面的要求，是《检验检测机构资质认定能力评价检验检测机构通用要求》(RB/T 214—2017)在建设工程领域的特殊补充要求。

《检验检测机构管理和技术能力评价建设工程检验检测要求》的核心内容主要体现在正文的6个部分，即范围、规范性引用文件、术语和定义、总则、要求、管理体系；其中"术语和定义、总则、要求、管理体系"是应该掌握的重点内容。①在术语和定义部分，该标准对建设工程和建设工程检验检测进行了定义。②在要求部分，该标准分别对建设工程检验检测机构、人员、场所环境和设备设施等4个方面提出了特殊或补充要求。③在管理体系部分，该标准对机构管理电子记录、检测依据、非标方法、见证试样、不合格台账及不合格结果报告、记录报告保存期限、信息化管理系统等作出了补充规定。该标准适用于对从事房屋建筑业、土工工程建筑业和建筑装饰、装修建筑业的建设工程检验检测机构开展管理和技术能力评价，也适用于此类机构的自我评价。《检验检测机构管理和技术能力评价建设工程检验检测要求》相关内容的细节请参阅标准原文。

4.《检验检测机构管理和技术能力评价授权签字人要求》简介

2020年8月，国家认监委发布了《检验检测机构管理和技术能力评价授权签字人要求》(RB/T 046—2020)，并于2020年12月1日实施。该项标准规定了授权签字人的任职条件、职责、责任，是对《检验检测机构资质认定能力评价检验检测机构通用要求》(RB/T 214—2017)中4.2部分要求的细化和补充。

《检验检测机构管理和技术能力评价授权签字人要求》的核心内容体现在正文的7个部分，即范围、规范性引用文件、术语和定义、总则、任职条件、授权签字人的职责、授权签字人的责任；其中"术语和定义、总则、任职条件、授权签字人的职责、授权签字人的责任"是应该掌握的重点内容。①在术语和定义部分，该标准对授权签字人进行了定义。②在任职条件部分，该标准分别从11个方面对授权签字人任职条件提出了要求，涉及职称、经历、知识、经验、技能、能力等。③在授权签字人的职责部分，该标准从4个角度对授权签字人职责作出了规定。④在授权签字人的责任部分,该标准对授权签字人明确了 3 项责任。《检验检测机构管理和技术能力评价授权签字人要求》相关内容的细节请参阅标准原文。

5.《检验检测机构管理和技术能力评价设施和环境通用要求》简介

2020 年 8 月,国家认监委发布了《检验检测机构管理和技术能力评价设施和环境通用要求》(RB/T 047—2020),并于 2020 年 12 月 1 日实施。该项标准规定了开展检验检测机构管理和技术能力评价时,对机构设施和环境条件的通用要求,是对《检验检测机构资质认定能力评价检验检测机构通用要求》(RB/T 214—2017)中 4.3 和 4.4 两部分要求的细化和补充。

《检验检测机构管理和技术能力评价设施和环境通用要求》的核心内容主要体现在正文的 6 个部分,即范围、规范性引用文件、术语和定义、总则、设施要求、环境条件;其中"总则、设施要求、环境条件"是应该掌握的重点内容。①在设施要求部分,该标准分别对三类场所(固定场所、临时场所、可移动场所)、7 个方面的支持保障设施(给排水、供配电、气体供应、暖通空调、废物处置、安全与防护、网络和通讯)提出了基本要求。②在环境条件部分,该标准对内部环境所涉及的温度和湿度、空气质量、照明、噪声、电磁辐射/静电、振动和冲击等 8 种潜在环境影响因素提出了相应环境条件控制措施要求。与此同时,该标准还规定,当外部环境状况(如化学、生物、噪声、振动、强电磁场和易燃易爆场所等)会对结果有效性和人员健康等产生不利影响时,应采取相应的控制措施,且应设置避免检验检测活动对外部环境空气、水体、土壤造成不利影响的设施。《检验检测机构管理和技术能力评价设施和环境通用要求》相关内容的细节请参阅标准原文。

6.《检验检测机构管理和技术能力评价方法的验证和确认要求》简介

2021 年 11 月,国家认监委发布了《检验检测机构管理和技术能力评价方法的验证和确认要求》(RB/T 063—2021),并于 2022 年 1 月 1 日实施。该项标准规定了标准方法验证和非标准方法确认的要求,是对《检验检测机构资质认定能力评价检验检测机构通用要求》(RB/T 214—2017)中 4.5.14 部分规定的细化和补充。

《检验检测机构管理和技术能力评价方法的验证和确认要求》的核心内容主要体现在正文的 6 个部分,即范围、规范性引用文件、术语和定义、总则、标准方法验证、非标准方法确认。其中"术语和定义、总则、标准方法验证、非标准方法确认"是应该掌握的重点内容。①在术语和定义部分,该标准对标准方法、非标准方法、方法验证、方法确认等进行了定义。②在标准方法验证部分,该标准分别从标准方法验证的基本要求、验证策划、验证的实施、验证的记录和报告、验证的后续活动等方面作出了规定。③在非标准方法确认部分,该标准对非标准方法确认的基本要求、确认的策划、确认的实施、确认的记录和报告、确认的后续活动等提出了相应要求。《检验检测机构管理和技术能力评价方法的验证和确认要求》相关内容的细节请参阅标准原文。

7.《检验检测机构管理和技术能力评价建筑材料检测要求》简介

2021 年 11 月,国家认监委发布了《检验检测机构管理和技术能力评价建筑材料检测要求》(RB/T 064—2021),并于 2022 年 1 月 1 日实施。该项标准规定了从事建筑材料检测活动的检测机构的人员、场所环境、设备设施和管理体系的要求,是《检验检测机构资质认定能力评价检验检测机构通用要求》(RB/T 214—2017)在建材检测领域的特殊补充要求。

《检验检测机构管理和技术能力评价建筑材料检测要求》的核心内容主要体现在正文的 6 个部分,即范围、规范性引用文件、术语和定义、总则、要求和管理体系。其中"术语和定义、总则、要求和管理体系"是应该掌握的重点内容。①在术语和定义部分,该标准对建筑材料进行了定义。②在要求部分,该标准分别对建筑材料检测机构在机构、人员、场所环境、设备设施、管理体系等 5 个方面提出了特殊或补充要求。该标准适用于对从事建筑材料检测活动的检测机构开展管理和技术能力评价,也适用于此类机构的自我评价。《检验检测机构管理和技术能力评价建筑材料检测要求》相关内容的细节请参阅标准原文。

8.《检测和校准结果及与规范符合性的报告指南》简介

2015 年 12 月,国家认监委发布了《检测和校准结果及与规范符合性的报告指南》(RB/T 197—2015),并于 2016 年 7 月 1 日实施。该项标准给出了检测和校准结果在检测报告和校准证书中的报告方法,以及检测和校准结果与规范符合性的判定和在检测报告和校准证书中的报告方法,是对《检验检测机构资质认定能力评价检验检测机构通用要求》(RB/T 214—2017)中 4.5.20 部分规定的细化和补充。

《检测和校准结果及与规范符合性的报告指南》核心内容包括正文 5 个部分和 1 个附录。其中正文内容分为:范围、规范性引用文件、术语和定义、检测和校准结果的报告、规范符合性的评价和报告;1 个资料性附录,即附录 A。其中"术语和定义、检测和校准结果的报告、规范符合性的评价和报告和附录 A"是应该掌握的重点内容。①在术语和定义部分,该标准对规范、通/止规进行了定义。②在检测和校准结果的报告部分,该标准分一般情况和特殊情况两种情形对检测和校准结果的报告进行了阐释。③在规范符合性的评价和报告部分,该标准分别从"GB/T 27025—2008 中有关符合性报告的要求""对单一量的规范符合性报告""多个量的要求或规范符合性报告"等 3 个方面入手,就"规范符合性的评价和报告"的有关规定提出了明确要求。④在附录 A 部分,该标准以图示方式给出了具有规范上限值和规范下限值进行符合性评价的 10 种情况。该标准仅适用于测量结果的不确定度是按 ISO/IEC-98-3《测量不确定度第 3 部分:测量不确定度表述指南》规定的方法评估的情况。《检测和校准结果及与规范符合性的报告指南》相关内容的细节请参阅标准原文。

5.4 管理体系文件编写要点

5.4.1 管理体系的基本概念

"管理体系"是旨在建立方针和目标并实现这些目标的体系。包括质量管理体系、行政管理体系和技术管理体系。质量管理包括技术管理和服务管理,主要起着策划、组织、控制(监督、检查)、持续改进的作用。

管理体系的运作包括体系的建立、体系的实施、体系的保持和体系的改进。

检验检测工作是技术性很强的工作,它是检验检测工作的主干线。质量管理体系与技术工作的关系是:质量管理体系是技术规范正确运行的保证,是技术运行的补充,而不是替代;检验检测机构的支持服务工作是为技术工作服务的,为技术工作做好一切资源上的准备,起后勤和保障作用。质量管理体系与支持服务的关系是支持性服务也是通过质量管理体系来确保的,如对供方、分包方的第二方评审。

检验检测机构的管理过程中,由于依据的检验检测标准及检验检测方式的不同、检验检测机构规模差异,存在着管理形式的不同。因此检验检测机构建立的管理体系必须符合自身的实际状况,必须与自身的检验检测活动相适应,避免"生搬硬套"。检验检测机构应按照本准则建立独立、公正科学、诚信的管理体系,并与检验检测机构开展的检验检测活动相适应。所谓"适应"即与其工作量、工作类型和工作范围相适应,通过检验检测机构建立的管理体系的运行,能够达到保证检验检测数据或结果客观公正、准确可靠的目的。

检验检测机构不但要建立和运作管理体系,而且要把管理体系编制成文件,使有关人员能够"获取、理解、执行"管理体系,明确管理的相关要求,明白自己的职责和职责范围内的各项管理或技术活动,如何去加以实施,达到什么样的要求和目的。通用要求的所有要素都应在文件化的管理体系中加以体现,包括质量方针、目标、承诺、政策、程序、计划、指导书等,它是检验检测机构规范管理的依据和要求,也是评价管理体系、进行质量改进不可缺少的依据。

在建立和完善管理体系的过程中,特别是在规定部门或岗位职责,设计检验检测工作程序时,要充分考虑到各部门之间、岗位之间的相互监督,以保证检验检测工作的公正性和独立性。

所有人员包括管理人员、技术人员,尤其是对检验检测工作质量有影响的人员在实现管理体系质量目标的职责、录用条件都应明确。通过培训、宣贯、内部沟通等形式让每位成员明确自身工作的重要性及与其工作的相关性,确保文件的执行,相互配合、实现组织的质量目标。

5.4.2 管理体系文件的构成

管理体系是将其体系组织结构、程序、过程、资源等过程要素文件化,其文件的构成可分为:质量手册、程序文件、作业指导书等。管理文件从第一层次到第四层次内容逐渐具体详细,下层文件支持上层,上下层相互支持、衔接,内容要求一致,下层文件是对上层文件的补充和具体化。

质量手册:是"规定组织管理体系的文件",是管理体系运行的纲领性文件,按照《检验检测机构资质认定管理办法》《检验检测机构资质认定能力评价检验检测机构通用要求》,制定的质量方针、目标描述了检验检测机构管理体系的管理要求和技术要求,以及各岗位职责和管理途径。

程序文件:描述管理体系所需的相互关联的过程和活动。该文对将管理体系运行各项管理活动的目的和范围,应该做什么,由谁来做,何地做,何时做,怎样做,应该使用什么材料、设备和文件;如何对该活动进行控制和记录等给予了详细、明确的描述。

作业指导书:是"有关任务如何实施和记录的详细描述",用以指导某个具体过程、描述事物形成的技术性细节的可操作性文件。作业指导书可以是详细的书面描述、流程图、图表、模型、图样中的技术注释、规范、设备操作手册、图片、录像、检验清单,或这些方式的组合。作业指导书应当对使用的任何材料、设备和文件进行描述。必要时,作业指导书还可包括接收准则。详见《质量管理体系文件指南》(GB/T19023—2003)对完成各项管理/技术活动的规定和描述。

5.4.3 对管理体系文件的基本要求

检验检测机构的管理体系文件除满足《检验检测机构资质认定能力评价检验检测机构通用要求》及其他相关文件的要求外,还应满足交通运输行业的有关规定,编写时需结合各机构的实际,编写适合自身特点的质量体系文件,真正从源头上做到"做我所写,写我所做"。各层级文件内容清晰,内容不重复,不矛盾,系统性强,各级支持性文件齐全,质量体系文件具有"适宜性、充分性和运行的有效性",实际运用时具有良好的可操作性,并通过运行不断完善质量管理体系文件。最终通过质量管理体系的运行实现质量管理的总体目标。交通运输行业的检验检测机构其管理体系文件的编写依据至少应包括:《检验检测机构资质认定管理办法》《检验检测机构资质认定能力评价检验检测机构通用要求》及涉及的相关补充要求、《检验检测机构诚信基本要求》(CB/T 31880)、《检测和校准实验室能力的通用要求》(GB/T 27025)以及工地试验室管理涉及的规范性文件等水利行业的有关规定。

管理体系文件应具有以下特性:符合性;系统性;协调性;完整性;适宜性,简单易懂;可操作性。

5.4.4 管理体系文件的内容

1.《质量手册》编写要点

《质量手册》是指导检验检测机构实施质量管理的法规性文件,检验检测机构根据《检验检测机构资质认定能力评价检验检测机构通用要求》规定的质量方针、质量目标,描述与之相适应管理体系的基本文件,提出对过程和活动的管理要求,包括说明检验检测机构质量方针、管理体系活动中的政策、管理体系运行涉及人员的职责权限及行为准则和活动的程序。

《质量手册》一般由质量负责人和内部审核人员参与编制,由检验检测机构管理层进行审核,最终由最高管理者或授权负责人予以批准。而一般的技术类作业指导书,可由具体的技术人员编制,由检验检测业务部门的负责人进行审核,最后由技术管理者批准。

（1）质量手册的内容

《质量手册》的条款应包括《检验检测机构资质认定能力评价检验检测机构通用要求》的要求及相关规定。《质量手册》包括质量方针声明、检验检测机构描述、人员职责、支持性程序、手册管理等。

① 质量方针满足《通用要求》相关要求,至少包括五个方面的内容:

a. 管理层对良好职业行为和为客户提供检验检测服务质量的承诺;

b. 管理层关于服务标准的声明;

c. 管理体系的目的;

d. 要求所有与检验检测活动有关的人员熟悉质量文件,并执行相关政策和程序;

e. 管理层对遵循本准则及持续改进管理体系的承诺。

质量方针声明应经管理层授权发布,并让全员了解各自在实现目标中应发挥的作用。明确的质量方针,可测量、具有可操作性的质量目标,质量方针声明和质量方针需简明扼要,便于员工理解;质量目标是质量方针的具体化,应制定管理体系总体目标,并在管理评审时予以评审;既要有中长期目标,也要有年度目标,以便于目标的考核操作。

② 质量职能明确;人员岗位职责、任职资格和使用条件明确。

③ 明确其组织和管理结构、所在法人单位中的地位,以及质量管理、技术运作和支持服务之间的关系。

④ 质量活动处于受控状态;检验检测机构所在的单位还从事检验检测以外的活动,应识别潜在的利益冲突,管理体系能有效运行并进行自我改进。

简明扼要指出各岗位的工作内容、职责和权力、与实验室中其他部门的职务和关系,以及各岗位任职条件。采用职能分配表将各岗位的关系形象地表达出来,职能分配表和组织机构框图中的岗位设置要一致。各岗位的工作描述至少应包含以下内容：

  a. 所需的专业知识和经验；

  b. 资格和培训计划；

  c. 从事检验检测的工作职责；

  d. 从事检验检测策划和机构评价的职责；

  e. 提交意见和解释的职责；

  f. 方法改进、新方法制定和确认的职责；

  g. 管理职责。

（2）《质量手册》的作用

① 检验检测机构管理的依据；

② 检验检测机构管理体系审核评价的依据；

③ 质量管理体系存在的证据；

④ 证明检验检测机构质量管理体系满足有关方面的要求；

⑤ 检验检测机构实现管理规定连续性的保障。

（3）《质量手册》的格式和内容

封面：手册名称、编号，编写、审核、批准人员，发布日期、实施日期，受控识别章和发布单位的全称。

检验检测机构存放的所有外来法律法规、规范、标准及体系文件都应加盖受控章。

（4）质量手册目录（参考格式）

批准页

修订页

1 概述

1.1 检验检测机构描述

1.2 声明

2 质量方针与目标

2.1 质量方针

2.2 质量目标

3 术语与缩略语

3.1 术语（定义）

3.2 缩略语（仅用于本手册）

4 要求

4.1 机构

4.2 人员

4.3 场所环境

4.4 设备设施

4.5 独立、公正、科学、诚信的管理体系

　　4.5.1~4.5.2 管理体系的建立)

　　4.5.3 文件的控制

　　4.5.4 合同评审

　　4.5.5 分包

　　4.5.6 采购

　　4.5.7 服务客户

　　4.5.8 投诉

　　4.5.9 不符合工作控制

　　4.5.10 纠正措施、应对风险和机遇的措施和改进

　　4.5.11 记录控制

　　4.5.12 内部审核

　　4.5.13 管理评审

　　4.5.14 方法的选择、验证和确认

　　4.5.15 测量不确定度

　　4.5.16 数据信息管理

　　4.5.17 抽样

　　4.5.18 样品处置

　　4.5.19 结果有效性

　　4.5.20~4.5.27 检验检测结果管理

4.6 特殊要求(若有)

2.《程序文件》的编写要点

《程序文件》是规定实验室质量活动方法和要求的文件,是《质量手册》的支撑性文件。《程序文件》为完成管理体系中所有主要活动提供了方法和指导,分配了具体的职责和权限,包括管理、执行、验证活动、对某项活动所规定的途径进行描述。《程序文件》的编写要求如下:

(1)需要有程序文件描述的要素,均被恰当地编制成了程序文件;符合《检验检测机构资质认定能力评价检验检测机构通用要求》的要求。

(2)程序文件结合检验检测机构的特点,具有可操作性;交通运输行业具有现场检测、工地试验室检测的特殊要求,程序文件应涵盖该领域。

(3)程序文件之间、程序与质量手册之间有清晰关联,与其他管理体系文件协调一致。特别强调程序文件的协调性、可行性和可检查性。

考虑成立多年的实验室都有相应的管理文件,如规章、制度、工作流程等,由于

缺乏系统性,难免存在不够系统、重复、规定之间相互矛盾或已不符合现行国家规定等问题,因此编写程序文件时必须综合考虑,将已有的规章制度系统化,完善补充,这样,规定的连续性有利于检测机构执行。

需要说明的是,并非所有活动都要制订程序文件。是否需要制订程序文件有两个原则:

(1) 要求中明确提出要建立程序文件时;

(2) 活动的内容复杂且涉及的部门较多,该项活动在质量手册中无法表示清楚,必须制订相应的支持性程序文件。

常见程序文件可包含但不限于以下 32 个方面:

(1) 人员管理程序;

(2) 人员培训控制程序;

(3) 质量监督与监控控制程序;

(4) 安全与环境控制程序;

(5) 测量设备管理程序;

(6) 期间核查控制程序;

(7) 修正因子控制程序;

(8) 计量溯源控制程序;

(9) 标准物质控制程序;

(10) 保证诚信度控制程序;

(11) 保护客户机密信息和所有权程序;

(12) 文件控制程序;

(13) 合同评审控制程序;

(14) 分包管理程序;

(15) 服务和供应品控制程序;

(16) 服务客户程序;

(17) 处理投诉的程序;

(18) 不符合工作的控制程序;

(19) 纠正措施控制程序;

(20) 应对风险和机遇的措施和改进控制程序;

(21) 记录控制程序;

(22) 内部审核控制程序;

(23) 管理评审控制程序;

(24) 方法的选择和确认程序;

(25) 非标方法控制程序;

(26) 测量不确定度评定控制程序;

（27）数据保护控制程序；

（28）抽样控制程序；

（29）样品管理程序；

（30）质量控制程序；

（31）能力验证控制程序；

（32）结果发布控制程序。

交通运输行业实验室由于管理要求不同，大多数试验检测机构都需设立工地试验室，可视需要增加以下程序：

（1）化学试剂、药品的管理程序；

（2）现场检测的管理程序；

（3）工地试验室管理程序。

3.《作业指导书》的编写

《作业指导书》是规定质量基层活动途径的操作性文件，其对象是具体的作业活动。内容包括检测方法、抽样标准和方法（必要时）、测量不确定度评定范围或仪器设备的操作规程、期间核查方法等技术作业文件。

（1）检验检测机构作业指导书

检验检测机构至少应制订以下四方面的作业指导书。

① 方法方面：对规范标准中试验方法的补充或说明，用以指导检测过程。

② 设备方面：设备的使用、操作、维护保养、内部校准、期间核查等方面的规程。

③ 样品方面：包括样品的准备、制备、处置规则。

④ 数据方面：检测数据有效值、修约值、异常值的处理，数据计算与统计、结果的不确定度评定等。

当具体技术操作人员阅读原版外文资料（如仪器设备操作说明书）有困难时，经翻译编成中文受控使用，属于指导书的范围。

指导书的编制，执行谁使用谁编制、谁管理谁审批的原则，旨在明确工作内容、权责归属、作业流程与执行方法，将专业知识和实践经验写成人人可用的作业文件，供大家遵照执行。指导书应效果和效率兼顾，具有以下四个特点：

① 具体清晰。明确规定哪个部门的哪个人员在什么时候做哪些工作，如何做，以及填写哪些表格，形成什么记录。

② 易于理解。

③ 实际可行。简明扼要，容易遵循，可操作性强，不前后矛盾。

④ 达成共识。所有的规定均来自使用者的共识。

说明：如果检验检测机构执行的检测方法和标准详细规定了检测的步骤、方法和顺序，且检验检测机构能够按照这些标准执行时，无需制订作业指导书。

（2）作业指导书的内容

作业指导书是检测、检验活动的技术作业指导文件，包括了检测、检验方法、抽样标准和方法（必要时）、测量不确定度评定范围或仪器设备的操作规程、期间核查方法等技术作业文件。

常用的作业指导书通常应包含的内容：

① 作业内容；

② 使用的材料；

③ 使用的设备；

④ 使用的专用工艺装备；

⑤ 作业的质量标准和技术标准，以及判断质量的标准；

⑥ 检验方法；

⑦ 记录格式；

⑧ 对于关键工序应编制详细的作业指导书。

检测机构等级标准中所列试验项目大多数在交通运输行业的规范、标准、试验规程已详细说明，具有很强的可操作性，无须再编制作业指导书，但对于有些内容易产生理解上的差异时，还需作业指导书进一步说明。这一点不同实验室要根据自己实验室的情况区别对待，并非每一项工作或程序文件都要编制作业指导书，只有在缺少作业指导书可能影响检测和校准结构时，才有必要编制作业指导书。

作业指导书编写的格式可参照交通运输行业的试验规程。

4. 其他质量文件

其他质量文件包括记录、表格、报告、文件。记录一般分为管理记录和技术记录两大类。管理记录指检验检测机构管理体系活动中所产生的记录；技术记录是进行检测所得的数据和信息的积累，也是检测是否达到规定的质量或过程所表达的信息。

委托单、合同评审、质量内审、管理评审、文件发放、设备验收记录、会议签到等均属记录。检测的原始记录应包含足够的信息，能够再现检测过程。对于试验检测规程中所列的检测记录表，还需补充相关内容，保证检测过程可再现。

（1）检验检测机构记录内容

通常检验检测机构的记录可包含但不限于以下内容：

① 管理体系评审记录；

② 合同评审记录；

③ 合格供方记录；

④ 设备验收记录；

⑤ 试验记录；

⑥ 不合格品记录；

⑦ 设备使用、维修、保养记录；

⑧ 不合格品的处置记录；

⑨ 内部审核记录；

⑩ 培训记录及培训效果评价记录；

⑪ 文件修改语录；

⑫ 外出设备出入记录；

⑬ 受控文件发放记录；

⑭ 环境监控记录；

⑮ 人员监督记录；

⑯ 人员岗位确认记录；

⑰ 质量控制记录；

⑱ 方法验证记录、非标方法确认记录；

⑲ 计量溯源结果确认记录。

（2）记录的管理

建立保持有关记录的标识，收集、编目、查阅、归档、储存、保管、回收和处理的文件程序，有永久保存价值的记录，应整理成档案，长期保管，如工程质量试验检测资料，有合同要求时，记录的保存期限按照合同要求；无合同要求时，保存期限不得少于产品的寿命期或责任期；对过期或作废记录的处理方法。

记录出现误记，应遵循记录的更改原则采用杠改法，不得涂改，被更改的原记录内容应清晰可见，更改处应有更改人的签字或盖章。一般情况下，检测记录的更改应为试验检测人。

5.5 实验室认可基础简介

狭义的实验室认可一般是指认可机构依据法律法规，基于国家标准 GB/T 27011《合格评定认可机构通用要求》的要求，并以国家标准 GB/T 27025《检测和校准实验室能力的通用要求》（等同采用国际标准 ISO/IEC 17025）为准则，对检测或校准实验室进行评审，证实其是否具备开展检测或校准活动的能力。认可机构对于满足要求的合格评定机构予以正式承认，并颁发认可证书，以证明该机构具备实施特定合格评定活动的技术和管理能力。

认可与行政许可具有紧密联系。行政许可的执行主体是国家行政机关，依据的是国家法律、法规或规章，并对公民、法人或者其他组织从事特定活动的行为予以批准。根据需要，某一行政许可制度可以将合格评定机构获得认可资格作为行政许可批准的一个必要条件。与此同时，认可与市场准入制度之间也存在关联关系。市场准入通常是与某个具体领域的法规或规章密切联系的，是政府依据一定的规则,允许市场主体及交易对象进入某个市场领域的直接控制或干预。当市场准入将产品通过获认可的合格评定机构的认证、检测或检验作为必要和充分要求时,则该产品在满足认证、检测或检验要求的情况下可以直接进入市场,根据国际认可组织近年来对各国的调查,获认可的合格评定结果被各国政府监管部门采信的程度得到了持续增长。下面主要介绍实验室认可依据的最基本文件——《检测和校准实验室能力的通用要求》的有关知识。

《检测和校准实验室能力的通用要求》(ISO/IEC 17025)是在 ISO/IEC 导则 25 和 EN 45001 广泛实施经验的基础上制定的,它的内容补充了 ISO/IEC 导则 25 在实施中积累的有益经验及 20 世纪 90 年代初因国际上新技术的发展而需补充的内容。因质量体系理念及应用的日益广泛,不少企业要求通过 ISO 9001 或 ISO 9002 质量体系认证,实验室作为企业的组成部分,也要求按照 ISO 9001 或 ISO 9002 运作,因此,《检测和校准实验室能力的通用要求》(ISO/IEC 17025)实质上是 ISO/IEC 导则 25、ISO 9001 或 ISO 9002 和新技术的发展共同要求的结果。CNAS 等同采用《检测和校准实验室能力的通用要求》(ISO/IEC 17025:2017)发布《检测和校准实验室能力认可准则》(以下简称《认可准则》),使认可准则作为对检测和校准实验室能力进行认可的基础。为支持特定领域的认可活动,中国合格评定国家认可委员会(CNAS)还根据不同领域的专业特点,制定一系列的特定领域应用说明,对本准则的通用要求进行必要的补充说明和解释,不增加或减少本准则的要求。鉴于国家等同采用 ISO/IEC 17025:2017 发布了《检测和校准实验室能力的通用要求》(GB/T 27025—2019),以下主要就《检测和校准实验室能力的通用要求》(GB/T 27025—2019)的相关内容进行介绍。

1. 概述

2019 年 12 月,国家市场监督管理总局、国家标准化委员会联合发布了《检测和校准实验室能力的通用要求》(GB/T 27025—2019),并于 2020 年 7 月 1 日实施。《检测和校准实验室能力的通用要求》包含检测和校准实验室为证明其管理体系运行、具有技术能力并能提供正确的技术结果所必须满足的所有需要。同时还包含了 ISO 9001 中与实验室管理体系所覆盖的检测和校准服务有关的所有要求,因此,符合该通用要求的检测和校准实验室也是依据 ISO 9001 运作的。实验室质量管理体系符合 ISO 9001 的要求,并不证明实验室具有出具技术上有效数据和结果的能力;实验室质量管理体系符合该准则,也不意味着其运作符合 ISO 9001 的所有要求。

《检测和校准实验室能力的通用要求》规定了实验室进行检测和/或校准能力(包括抽样能力)的通用要求。这些检测和校准包括应用标准方法、非标准方法和实验室制订的方法进行的检测和校准。该通用要求适用于所有从事检测和/或校准的组织,包括第一方、第二方和第三方实验室,以及将检测和/或校准作为检查和产品认证工作一部分的实验室。

《检测和校准实验室能力的通用要求》适用于所有实验室,不论其人员数量的多少或检测和/或校准活动范围的大小。

《检测和校准实验室能力的通用要求》作为对检测和校准实验室能力认可的基础,CNAS还根据不同的专业领域特点,制定了特定领域应用说明,对通用要求进行必要的补充说明和解释,不增加或减少通用要求。申请认可的实验室应同时满足通用要求和相应领域的应用说明。

依据《检测和校准实验室能力的通用要求》制定的《认可准则》是 CNAS 对检测和校准实验室能力认可的依据,也可为实验室建立质量、行政和技术运作的管理体系,以及为实验室的客户、法定管理机构对实验室的能力进行确认或提供指南。

如果检测和校准实验室按照认可准则的要求,其针对检测和校准所运作的质量管理体系也就满足 ISO 9001 的原则。

《检测和校准实验室能力的通用要求》(GB/T 27025—2019)的核心内容包括正文和附录,其中,正文由 8 个部分组成,即范围、规范性引用文件、术语和定义、通用要求、结构要求、资源要求、过程要求、管理体系要求;附录由附录 A、附录 B 两个附录组成,均为资料性附录。《检测和校准实验室能力的通用要求》(GB/T 27025—2019)正文部分中 5 个方面的要求是应该掌握的重点内容,下面对这 5 个方面要求的要点进行扼要介绍。相关内容的细节请参阅标准原文。

2. 要点介绍

《检测和校准实验室能力的通用要求》(GB/T 27025—2019)将实验室认可评审要求分为通用要求、结构要求、资源要求、过程要求和管理体系要求 5 个方面,其中通用要求包含公正性、保密性共 2 个要素;结构要求 1 个要素;资源要求包括总则,人员,设施和环境条件,设备,计量溯源性,外部提供的产品和服务 6 个要素;过程要求包括要求、标书和合同的评审,方法的选择、验证和确认,抽样,检测或校准物品的处置,技术记录,测量不确定度的评定,确保结果有效性,报告结果,投诉,不符合工作,数据控制和信息管理共 11 个要素;管理体系要求包括方式,管理体系文件(方式 A),管理体系文件的控制(方式 A),记录控制(方式 A),应对风险和机遇的措施(方式 A),改进(方式 A),纠正措施(方式 A),内部审核(方式 A),管理评审(方式 A)共 9 个要素。《检测和校准实验室能力的通用要求》(GB/T 27025—2019)5 个方面要求的组成框架如下所述。

4　通用要求

4.1　公正性

4.2　保密性

5　结构要求

6　资源要求

6.1　总则

6.2　人员

6.3　设施和环境条件

6.4　设备

6.5　计量溯源性

6.6　外部提供的产品和服务

7　过程要求

7.1　要求、标书和合同的评审

7.2　方法的选择、验证及确认

7.3　抽样

7.4　检测或校准物品的处置

7.5　技术记录

7.6　测量不确定度的评定

7.7　确保结果有效性

7.8　报告结果

7.9　投诉

7.10　不符合工作

7.11　数据控制和信息管理

8　管理体系要求

8.1　方式

8.2　管理体系文件(方式 A)

8.3　管理体系文件的控制(方式 A)

8.4　记录控制(方式 A)

8.5　应对风险和机遇的措施(方式 A)

8.6　改进(方式 A)

8.7　纠正措施(方式 A)

8.8　内部审核(方式 A)

8.9　管理评审(方式 A)

鉴于《检测和校准实验室能力的通用要求(GB/T 27025—2019)与《检验检测机构资质认定能力评价检验检测机构通用要求》(RB/T 214—2017)均是水利工程试验检测机构建设、运行、维护的重要遵循,且二者相关内容紧密联系,在实际工作中可对照学习理解。

5.6 检验检测机构实验室技术要求验收及诚信建设相关规定简介

2017 年 9 月,中共中央、国务院发文公布了《关于开展质量提升行动的指导意见》。该指导意见提出,要确保重大工程建设质量和运行管理质量,建设百年工程,必须加强工程质量检测管理,严厉打击出具虚假报告等行为。检验检测机构作为工程质量检测的主力军,其技术能力是获取可靠质量检测数据的基础。因此,检验检测机构必须大力提升自身实验室的技术条件,高标准达成实验室特定功能所提出的工艺要求(即技术要求)。作为检验检测从业人员,应该知晓自己所在实验室需要达到的技术要求,并有能力识别这些技术要求是否符合有关验收规范的规定。2019 年 7 月,国务院办公厅以国办发[2019]35 号文发布了《关于加快推进社会信用体系建设构建以信用为基础的新型监管机制的指导意见》,提出了构建以信用为基础的新型监管机制的指导意见。由此可见,信用管理体系将是国家治理体系的有机组成部分检验检测机构要适应新型监管机制要求,自身必须加强诚信建设。对于公路水运工程试验检测机构来讲,实验室技术要求验收及诚信建设是其技术能力和服务水平保证、提升的重要组成部分,应该予以高度关注。目前国家已发布了相应的国家标准,对检验检测机构实验室技术要求验收及诚信建设进行规范和指导,下面就对有关国家标准进行扼要介绍。

1.《检验检测实验室技术要求验收规范》要点简介

2018 年 12 月,国家市场监督管理总局、中国国家标准化管理委员会联合发布《检验检测实验室技术要求验收规范》(GB/T 37140—2018),并于 2019 年 7 月 1 日实施。该标准规定了检验检测实验室技术要求的验收规范,适用于新建、改建、扩建检验检测实验室的设计和建设,以及建设方对设计文件的审查和使用验收。该标准的核心内容由正文和附录组成。其中正文由 15 个部分组成,即:范围、规范性引用文件、术语和定义、总则、选址及平面布局、建筑结构及装饰装修、给排水系统、供暖通风与空气调节、建筑电气、气体管道、实验室家具、智能与控制安全与防护、节能与环保、设计审查及使用验收;附录由附录 A、附录 B 两个附录组成,均为资料性附录。《检验检测实验室技术要求验收规范》(GB/T 37140—2018)正文部分所有部分的内容均是检验检测从业人员需要了解学习的内容。相关内容的细节请参阅标准原文。

2.《检验检测机构诚信基本要求》要点简介

2015 年 9 月,国家质量监督检验检疫总局、国家标准化管理委员会联合发布《检验检测机构诚信基本要求》(GB/T 31880—2015),并于 2015 年 11 月 1 日实施。该标准规定了检验检测机构诚信建设涉及的基本要求,适用于向社会出具具有证明作用数据和结果的检验检测机构。《检验检测机构诚信基本要求》(GB/T

31880—2015)是《检测和校准实验室能力的通用要求》(GB/T 27025)和《合格评定各类检验机构的运作要求》(GB/T 27020)对检验检测机构在诚信建设方面的细化要求。鼓励检验检测机构在其依据 GB/T 27025 和 GB/T 27020 建立的管理体系基础上,将该标准提出的诚信的基本要求纳入其已有的管理体系中。该标准的核心内容由正文 4 个部分组成,即:范围、规范性引用文件、术语和定义、基本要求。其中,基本要求由总则、法律要求、技术要求、管理要求和责任要求五方面内容组成,其中所规定的法律、技术、管理和责任四方面要求为检验检测机构增强诚信理念、推进诚信建设、防范失信风险、提升社会信任、树立品牌效应提供了指导,是所有检验检测从业人员应该掌握的重点内容。相关内容的细节请参阅标准原文。

第6章

水利工程检测实验室人员管理

6.1 人员组织结构

实验室科研人员对于国家科技创新具有非常重要的作用,构建一支高素质、专业化、有创新能力的实验室人员队伍,是保证检测结果准确可靠、确保实验室高效、专业地完成各项检测任务的关键。实验室人员的配备是为了保证实验室正常运行、有效完成科研任务、确保实验数据准确可靠、符合实验室安全与质量管理规范,以及提升实验室的整体技术水平和服务能力。实验室除科技研发外,也承担着人才培育和交流的职能,需要有一定数量的访问学者、博士后、研究生等,为实验室的发展提供人力资本支撑。根据实验室规模、功能定位、技术需求等因素,实验室的人员配备,应由全职员工、兼职员工、博士后、研究生、访问科学家等多种类型人员构成。通常包括以下几类角色。

6.1.1 管理岗位

管理岗位应设置实验室主任(负责人)、技术负责人和质量负责人。其中,实验室主任(负责人)全面负责实验室日常管理和运营工作,制定实验室发展规划和质量方针;组织编制实验室质量手册、程序文件等管理体系文件,确保实验室符合国家法律法规和技术标准要求;负责承担实验室维修改造工作,实验计划、资源配置、进度监控等,与上级主管部门、客户及合作伙伴的沟通等具体工作安排。技术负责人负责实验室的技术路线规划、检测技术指导、方法确认与验证,以及新项目的开发和技术审核;确保实验室采用的技术标准、检测方法科学合理并及时更新对检测结果进行复核审批,解决技术难题。质量负责人负责实验室的质量管理体系运行、监督和改进,确保检测/校准活动的质量,主管实验室的质量控制体系运行,实施内部审核和管理评审,监督检测过程中的质量控制措施执行情况处理质量投诉和不符合项,组织实验室资质认定和定期复查等工作。

6.1.2 专业技术岗位

专业技术岗位可分为正高级工程(实验)师、高级工程(实验)师、工程(实验)师和助理工程(实验)师。

正高级工程(实验)师。主持或指导实验室建设;负责实验室日常管理制度、环境设施及信息化等建设;负责实验室建设规划制定、资源(实验室、仪器设备、人员、技术文件等)管理。负责实验技术指导,实验过程的组织、协调与管理工作;负责实验技术的设计,编写实验教材与讲义(或手册与使用参考书);解决实验中出现的技术难题,承担实验技术的培训工作。主持仪器和大型设备购置的可行性论证、配置方案总体设计、技术管理系统设计或评审工作;承担大型仪器设备的引进、验收、安装调试、操作规程制定、日常运行、维修维护工作;负责大型设备的分析检测、功能开发、技术开发及新仪器与新装置的研制工作。主持完成实验技术与方法创新、实验室建设与管理改革等项目;或承担本学科重要的科研项目、技术服务项目或为重大科研项目服务,解决其关键技术及工艺等问题;或为社会提供技术咨询、技术服务、技术转化、技术培训等。总结科学研究成果,发表较高水平的著作、论文,或者获得专利、奖励等。

高级工程(实验)师。承担实验室的管理工作,编写适合本实验室建设与发展的实验技术与管理方面的文件,参加制订实验室的中长期规划、管理条例,保证实验室工作的正常运行。主持仪器和大型设备系统配置方案总体设计,先进设备功能开发、推广应用、培训考核及维修保养。承担实验技术指导工作,编写实验教材(或手册),或撰写实验技术、实验教学、实验室管理方面的研究论文。承担本学科重要的教研项目、实验技术项目、科研项目;或为科研项目服务,解决其关键技术及工艺等问题;或为社会提供技术服务、技术转化、技术培训等。指导中级、初级技术人员工作;或根据需要承担其他技术工作。

工程(实验)师。参加实验室设计、维修改造、装备配备等实验室建设工作。承担有关实验室的技术开发工作。根据需要,实现技术升级。参与科研活动,能够设计实验方案,组织和实施一定难度的实验等工作。承担实验室安全、环境、物资管理工作,拟订有关管理制度和运行程序,并付诸实施;承担实验室仪器设备、家具、耗材等日常维护和账、卡、物的管理工作。承担先进设备的技术消化和编写使用手册,拟订大型设备运行管理规程、人员培训大纲等;拟订有关仪器和贵重仪器设备配置方案;承担较大型设备或仪器设备的使用、维修维护、技术服务及培训工作。承担实验准备与协助指导工作,参加实验项目设计,参与编写相应的实验教材(或手册)。组织和指导初级技术人员的工作和学习。

助理工程(实验)师。熟悉实验室有关规章制度、管理办法及有关方针政策,并承担本部门实验室一个方面的管理工作,解决技术管理中一般的业务性问题。掌握有关实验项目的实验原理和技术,独立完成实验的准备工作,设计实验方案,帮助处理实验中出现的技术问题,对实验结果进行常规分析和处理。掌握有关仪器设备的工作原理、操作规程、使用保养方法以及调试技能,对一般故障能够诊断和排除,填写仪器设备的使用、保养记录。承担仪器设备的技术管理工作,独立进行一般实验的测试工作,完成实验报告。协助做好实验室的仪器设备、家具、耗材等的账务、账目管理。

6.1.3 支持性岗位

支持性岗位可分为仪器设备管理员、安全管理员、质量控制专员、行政辅助人员,其中仪器设备管理员专门负责实验室仪器设备的日常维护保养、故障排查与维修,负责样品接收、流转、保存等;安全管理员保障实验室安全,执行和监督安全规程;质量控制专员参与质量控制体系的建立和实施,负责样品接收、处理、结果审核等环节的质量监控;行政辅助人员负责实验室物资采购、财务管理、文档管理等工作;实习人员与学生一般指博士生、硕士生等,在指导下进行实验研究、学习实验技能。

6.2　人员资格

实验室人员不仅要有较高的专业素养,还要有严谨的工作态度、高度的责任心和持续学习进取的精神,以适应不断变化的科研需求和社会挑战。按照 CNAS 和 CMA 等相关认证的要求,实验室人员需要考虑人员的专业背景、学历、技术职称、工作经验以及是否具备相应的资格认证,以确保实验室人员能满足认可准则所规定的各项要求。水利工程检测实验室的人员除了要有扎实的专业知识基础外,还需符合一定的实践经验和职业资格要求,确保实验室能按照规范高效地完成各类检测任务。

6.2.1　基本素质

遵守国家法律法规,具有一定的教育背景、良好的职业道德和职业素养。执行国家的法律、法规及规章制度,具有良好的思想政治素质。在科学研究中坚持诚信原则,尊重科学,崇尚真理,实事求是,严谨求实,不弄虚作假,不抄袭剽窃,严格遵守学术道德规范和实验室伦理。具备高度的保密意识和责任感,严格执行信息保密制度。严格遵守实验室安全管理规定,熟悉各类安全操作规程,注重实验室安全与环保,严格执行实验室安全管理规定。团结同事,乐于助人,具有良好的团队协作精神。

6.2.2　专业素质

拥有水利、土木工程、环境科学等相关专业的中专及以上学历,具有一定的专业技术职务或技术等级。实验室一般采用主任负责制,由学术水平较高、社会影响较大的知名学者专家担任,主要负责人和技术负责人一般需具备正高级工程师及以上职称。

1. 专业知识与技能。实验室人员需要具备扎实的专业理论知识,掌握相关领域的基础知识和必要的实验操作技能,具有实验设计、数据分析、结果解读以及科研论文撰写等方面的能力。能够熟练使用各种实验设备和技术方法,并了解相关标准和规范,保证实验数据的准确性和可靠性。具有自主学习新知识、新技术的能力,能紧跟学科发展前沿,具备一定的科研创新思维和解决问题的能力。

2. 专业技术职务或技术等级。检测工程师或技术人员需要取得相应的工程技术职称,不同的岗位具有不同职务等级,如助理工程(实验)师、工程(实验)师、高级工程(实验)师、正高级工程(实验)师等。

3. 工作经验。熟悉并掌握相关的检测标准、规程和方法,具备独立进行检测的能力,具有相关仪器设备的操作资格认证。定期参加继续教育培训,保持专业知识的更新和提高。专业技术岗位应本科毕业并从事质量检测试验工作至少1年以上,大专或中专毕业相应工作经验年限应至少3年以上。

4. 资质要求。需要通过国家统一的职业资格考试,持有水利工程质量检测员资格证书,并在有效期内。通常不超过规定年龄(如60周岁),无违法违规记录,未发生过重大检测责任事故。

5. 组织管理能力。实验室负责人还需具备一定的管理能力,包括实验室日常管理、物资采购与库存控制、设备保养与维修计划制定等。同时,实验室人员还需要不断接受新的技术和法规培训,以适应行业发展的需求。并应满足不同级别检测机构的人员配备条件,例如甲级、乙级检测机构对于中级及以上技术职称人员数量的具体要求。

6.2.3 岗位任职条件

管理岗位中,实验室主任(负责人),拥有工程技术领域等相关学科本科以上学历,具有正高以上专业技术职务任职资格,持有试验检测资格证书,担任实验室技术负责人3年以上,具备较强的组织管理能力和团队领导力,熟悉并掌握实验室检测工作相关的法律法规、技术标准、操作规程和质量管理规定。技术负责人,拥有工程技术领域等相关学科本科以上学历,具有正高以上专业技术职务任职资格,持有试验检测资格证书,熟悉并掌握实验室检测工作相关技术标准、操作规程和质量管理规定。质量负责人,拥有工程技术领域等相关学科本科以上学历,具有正高以上专业技术职务任职资格,持有试验检测资格证书,熟悉并掌握实验室质量手册、程序文件和作业指导书,确保实验室活动符合相关规定和标准。

专业技术岗位中,正高级工程(实验)师,具有大学本科以上学历或学士以上学位,受聘副高级专业技术职务5年以上且至少在现岗位工作1年。主持设计完成新实验设施并在实验中应用,使用效果良好;或研制改造实验仪器设备、大型应用系统或开发大型仪器设备功能并获省部级一等奖奖励1项以上;或作为项目负责人完成实验技术或实验室条件建设项目1项以上;或主编或副主编公开出版本专业具有较高学术价值的著作或实验教材1部以上,公开发表本学科领域研究论文3篇以上;或获得省部级以上科研、实验技术奖励1项以上;或获得与本人从事专业相关的国家发明专利1项以上;或作为主要成员制定国家(行业、地方)标准2项以上。

高级工程(实验)师的受聘实验师(工程师)职务 5 年以上且至少在现岗位工作 1 年。作为主要参加人完成实验技术或实验室条件建设项目 1 项以上;或主编或副主编公开出版本专业具有较高学术价值的著作 1 部以上,公开发表本学科领域研究论文 2 篇以上;或获得厅局级以上科研、实验技术奖励 1 项以上;或获得国家发明专利 1 项以上;或参与制定国家(行业、地方)标准 1 项以上。

工程(实验)师,博士学位获得者,通过岗位培训并获得合格证书;硕士学位获得后受聘助理实验师(助理工程师)职务 2 年以上(含累计);大学本科毕业后,受聘初级专业技术职务 4 年以上且至少在现岗位工作 1 年。参加实验技术或实验室条件建设项目 1 项以上;或参加科研项目 1 项以上;或者参与研发、调试、运维信息系统 1 套以上;获得厅局级科研、实验技术奖励 1 项以上;公开发表本学科领域学术论文 1 篇以上;参加编写实验教材或讲义 1 部以上;获得国家专利、软件著作权 1 项以上;或者参与起草制定标准 1 项以上。

助理工程(实验)师,硕士学位获得者或本科毕业见习 1 年期满,通过岗位培训并获得合格证书。熟悉并能正确运用与本岗位业务有关的基础理论知识和专业技术知识,掌握本岗位常规工作的原理、方法与步骤。能熟练地使用与本岗位工作有关的仪器设备,了解其工作原理和性能,对相关仪器设备具有简单的维修维护技能。能配合制定并实施实验工作方案,提供准确的实验数据和结果,写出实验报告。

支持岗位要求具有一定的教育背景、良好的职业道德和高度的责任心,能够按照岗位要求开展相关工作。

6.3 人员培训(继续教育)

实验室人员的培训(继续教育)旨在确保实验室工作人员具备必要的专业技能、安全操作知识、法律法规理解以及质量管理意识,以保证实验室工作的高效性、准确性和安全性。这是确保其专业知识与技能持续更新、保持行业竞争力和遵守相关法律法规要求的重要手段。实验室人员的培训体系建设是一项系统工程,既要针对不同层次实验室人员提供分阶段、分层次的教育培训,还要结合科学合理的评价机制和激励政策,真正有效地实施基础理论、实验技能、前沿技术、科研伦理和安全规范等全方位培训,打造一个多元化、开放性、持续改进的实验室人员培训体系,促进实验室人员能力的全面提升。

6.3.1 培训体系的建立

1. 培训需求分析。要根据实验室的功能定位、技术领域、相关法规要求、行业标准以及实验室内部的操作规程,确定不同岗位人员所需掌握的知识点和技能要求。收集实验室人员现有能力和水平的信息,根据实验室人员的专业背景、研究方向以及个人职业发展需求,制定个性化的培训计划,确保培训内容与实际工作紧密结合,提升培训效果。

2. 培训体系设计。设计分层次、分类别的培训体系,包括但不限于基础技能培训、专业技术培训、安全管理培训、质量管理体系培训、职业道德与行为规范培训等。制定详细的培训课程大纲,涵盖理论学习、实操练习、案例分析等内容。建立从入职培训到持续专业发展的全周期培训机制。

3. 培训资源建设。搭建线上线下相结合的学习平台,整合内外部培训资源,如邀请专家授课、开发内部教程、购买网络课程等。提供充足的实训设备和材料,确保实操训练得以有效开展。通过邀请国内外知名专家、学者进行专题讲座或短期课程教学,组织参加高级研修班、研讨会、学术会议等活动,拓宽实验室人员的学术视野。

4. 培训实施与管理。制定年度或季度培训计划,按照计划组织培训活动并记录参与情况。对培训过程进行严格的质量控制,包括培训效果评估、考核验证、证书发放等。定期修订和完善培训内容,确保其与最新的法规标准和技术发展趋势相适应。

5. 绩效评价与反馈。建立培训后的绩效评价机制,通过考试、技能考核、日常表现等方式,对培训效果进行定期考核评估,了解实验室人员的学习进度和技能掌握程度,及时收集培训人员反馈意见,并根据反馈结果及时调整培训方案。设立奖励机制,鼓励实验室人员积极参加各类培训活动,对于培训成绩优异者给予相应的职业晋升、奖金或其他形式的激励。

6. 持续改进。根据评价结果和实验室业务发展变化,定期审查和更新培训体系,实现动态管理和持续改进。以科研项目为载体,让实验室人员在解决实际问题的过程中不断积累经验,提升科研创新能力。

6.3.2　培训内容

培训(继续教育)工作应注重理论与实践相结合,关注行业发展动态,同时加强道德品质和职业素养培养,确保实验室人员始终保持较高的业务能力和技术水平。

1. 基础理论培训。定期组织学习最新的水利工程质量检测相关的法律法规、标准规范和技术规程,如《水利工程质量检测单位资质等级标准》《水利工程质量检测管理办法》等。学习水利工程建设的基础知识和质量控制原理,了解南水北调工程、堤坝建设、渠道建筑物等各种水利工程的特点和常见质量问题。

2. 专业技术技能培训。针对新的检测技术、方法和设备操作进行培训,包括新材料性能检测、新型施工工艺质量控制等方面的知识。更新和完善已有的检测技术和流程,以适应行业发展趋势及工程技术进步的要求。根据不同的检测领域

（如土工合成材料性能检测、混凝土强度检测、金属结构焊缝质量检验、防腐蚀处理效果评估等），开展具体检测方法和技术操作的培训。重视实验室操作技能培训，通过实操演示、模拟演练、导师指导等方式，学习使用各种精密仪器设备的操作规程和维护保养知识，提高实验室人员的实际动手能力和仪器设备的操作水平。

3. 质量管理培训。熟悉实验室认可体系和其他相关质量管理体系，掌握实验室内部审核和管理评审的程序和要求。强化实验室管理体系（例如 ISO/IEC 17025）的理解和应用，强化质量控制意识，提升实验室内部审核新技术，优化学习和实践质量控制新理念、检测过程中的质量保证措施。

4. 安全环保培训。增强实验室人员的安全防护意识，面向工作人员开展安全主题教育，学习实验室安全管理规定，对实验室安全操作规程、应急预案以及实验室废弃物处理规定等进行定期复习和演练，增进其关于检测试验安全要求的了解和掌握程度，确保其落实好各项安全要求，切实提高检测实验室的安全水平，避免发生意外安全事故导致人身和财产安全受到威胁。理解环境保护政策，学习绿色检测技术和节能减排的方法，提高实验室人员对环境保护的认识。

5. 职业道德教育。强化诚信检测、公正公平的职业道德观念，严禁出具虚假检测报告，提高社会责任感和行业自律性。加强职业操守和诚信教育，强调检测数据的真实性和公正性。

6. 继续教育培训。定期组织或参加行业内技术研讨会、专业讲座等活动，及时更新专业知识，跟进行业发展动态。鼓励员工参与高级别检测资格考试，提升个人资质等级。参加由中国水利工程协会或其他权威机构组织的水利工程质量检测员资格考试、验证延续手续办理及相关继续教育课程，确保个人资质有效并符合从业要求。完成规定的学时，通过在线学习、面授课程、研讨会、学术交流等形式获取继续教育学分。

检测人员是执行试验检测工作的主体，其素质与能力发展状况，直接影响着试验检测结果的科学性和准确性。通过系统的培训，帮助工作人员实现素质与能力的提升，确保其在实践中落实好各项操作要点，从而增强结果的准确性和可靠性，保障检测试验工作朝着规范化和有序化方向发展。

6.4　人员信用评价

实验室人员信用评价是对其在工作中的职业道德、专业能力、服务质量以及遵守相关法律法规情况等方面表现进行的综合评估。信用评价旨在规范实验室人员的行为，确保实验数据的真实性和准确性，维护实验室的公信力和检测结果的有效性，提升整个行业的诚信水平。

6.4.1 信用评价内容

1. 法律遵从性。指个人、组织或企业在日常运营及商业活动中,严格遵守和执行国家法律法规、行业规定以及监管要求的状态。法律遵从性意味着在日常生活中要自觉遵守各项法律法规,尊重他人的合法权利,履行自己的法定义务。如果在实验检测中存在被司法部门认定构成犯罪的行为,可能导致严重的法律后果,并严重损害实验室的社会形象和信誉度。

2. 职业操守。职业操守是指从业人员应当遵循的道德准则和行为规范,它体现了职业道德的核心价值,关乎个人诚信、公正、责任、尊重与服务等多方面内容。良好的职业操守有助于维护行业的正常秩序,提升行业的社会公信力,促进从业人员之间的和谐共处,同时也对个人的职业生涯发展有着深远的影响。在实验检测中出具虚假数据报告一类行为将导致严重的信誉扣分,因为这直接关系到工程质量,可能带来安全隐患。

3. 技术能力与业绩。技术能力和业绩是衡量一个员工或者企业综合素质与工作效果的两个重要维度。技术能力是指在特定领域内掌握的专业技能、知识水平和技术解决问题的能力。业绩是对实际工作成效的直接反映,是评估工作效率和贡献大小的关键依据。所以,个人参与检测项目的工作质量、技术水平和实际贡献等会被纳入评价范围。

4. 服务质量与客户满意度。服务质量是指在提供产品或服务过程中,所表现出来的满足客户需求、解决客户问题、超越客户期待的能力水平,涵盖了产品本身的质量、销售服务、售后服务等多个环节。服务质量越高,意味着能够更好地满足甚至超越客户的期望,从而更容易获得客户的认可和满意。因此,实验室人员的服务态度、响应速度、报告出具效率及服务过程中客户的反馈等也是评价的重要内容。

5. 持续教育与资质更新。持续教育可以及时跟进行业动态,吸收新的理论知识和实践经验,以便更好地适应职业发展需求和履行岗位职责。只有不断地接受教育培训并通过考核,才能确保从业者的专业水平与时俱进,满足行业发展的高标准要求,才能延续或更新其已有的资质证书。因此,是否定期参加继续教育培训,保持知识技能更新,及时获取并维持有效的资格证书也是影响评价的重要内容。

6. 安全与合规管理。安全与合规管理是指按照国家法律法规、行业标准、监管要求以及内部规章制度,建立起一套完善的体系,确保企业的所有业务活动都在安全、合法、合规的前提下进行。安全管理体系能够帮助组织有效防范风险,满足合规性的技术要求。在实验操作过程中是否严格遵守实验室安全管理规定,有无重大安全事故记录是重要的评价内容。

7. 行业贡献与荣誉。行业贡献与荣誉是评价一个企业、组织或个人在特定行业内所做出的积极影响及其因此得到的社会认同与表彰。行业贡献是实质性的付出和努力,荣誉则是这些付出得到的肯定与回馈,二者共同反映了企业和个人在所在行业内的地位与影响力。因此,参与制定标准、发表论文、获得科研成果和荣誉表彰等方面的成就也会对信用评价产生正面影响。基于以上各项指标,实验室管理者可以构建一套量化或定性相结合的评价体系,通过定期考核、内部审核、同行评议等手段,对实验室人员进行信用评价,评价结果可作为晋升、奖励、培训安排及纪律处分等决策依据。同时,信用评价体系也可以与行业或政府主管部门的信用信息系统对接,形成统一的信用档案,对实验室人员进行全面、动态的信用管理。

6.4.2　信用评价结果运用

实验检测人员的信用评价结果主要用于衡量他们在试验检测工作中的诚信程度、专业能力和工作质量。这个评价结果对实验检测人员的职业生涯以及所在检测机构的信誉和业务开展具有重大影响。

1. 职业发展。对于个人而言,信用评价可能影响到个人在学术界的声誉和职业晋升,如申请课题、评聘职位、获得荣誉奖项等。信用评价结果优异的实验检测人员可能会享有更好的职业晋升机会,如职务升迁、薪资待遇提高、获得更多重大项目参与机会等,在招聘、转岗、续聘时更具竞争力,良好记录会被视为一种无形资产。信用状况差的人员可能难以获得科研项目的资助,或在项目评审中处于不利位置。

2. 资质保持与升级。信用评价也是实验检测人员保持或提升职业资格、许可证件等的重要依据,信用不良可能导致资质暂停或撤销。

3. 市场准入与资质认定。对于跨区域从业的检测人员,信用评价结果可能影响他们在其他地区的执业许可和市场接纳程度。信用评价不佳的实验室可能无法获得相应级别的资质认证,影响其业务范围和市场认可度。在承接工程项目、招投标时,其检测人员的信用评价好坏会直接影响到项目方的选择,信用好的团队更易赢得信任和合同。

4. 行政监管与行业自律。监管部门根据信用评价结果实施差异化管理,对信用评价差的人员加大检查频次,甚至限制从业活动;行业协会也可能依据信用评价实行惩戒或奖励措施。对信用评价低下的实验室,监管部门可能进行严厉的处罚,甚至取消其经营资格。

5. 社会声誉与信任。公示的信用评价结果增加了行业透明度,有助于提升社会公众对实验检测结果的信任度,同时也是对企业品牌形象的一种维护,有助于提升实验室在行业内的地位,吸引更多的业务合作机会。

6. 政策支持与补贴。政府部门在项目申报、资金支持等方面,可能会参考实验室信用评价结果进行筛选。实验检测人员信用评价差,可能面临诸如扣分、警告、暂扣或吊销资格证书、公开通报批评等一系列处罚,严重的失信行为还可能受到行政处罚甚至追究法律责任。反之,保持良好信用评价的人员和机构将获得更多的业务机遇和行业赞誉。

6.5 人员管理与激励

实验检测人员的管理与激励是一个综合性过程,有效的管理措施和激励方式,可以调动试验检测人员的积极性,提高整体团队的工作效能和凝聚力,确保工程质量控制和检测结果准确、公正和有效,保障试验检测工作的高水平运行,确保检测机构能够持续提供优质、可靠的检测服务,保障工程建设质量和社会公共安全。

6.5.1 人员管理

1. 加强人员进出管理。对进入和退出实验检测岗位的人员进行严格的管理,包括人员入职前的背景调查、试用期考核以及离职后的交接手续和权限回收等。

2. 资格认证与培训。实验检测人员应持有有效的从业资格证书,如检测员证、注册工程师证等,符合国家和行业的任职资格要求。组织定期或不定期的专业技能培训和再教育,确保人员熟悉最新的检测标准、方法和技术进展。

3. 岗位职责与权限。明确每位实验检测人员的岗位职责,确保每个岗位都有清晰的责任边界和工作内容。设立合理的岗位权限,包括对实验检测数据的记录、审核、批准等权限,以及对实验检测设备的使用和保养权限。

4. 操作规范与质量控制。制定并严格执行试验检测操作规程,确保每一步操作符合国家、行业和地方标准要求。确保实验检测人员能够正确使用和维护设备,定期对仪器设备进行校准和检定。实施质量管理体系,如 ISO/IEC 17025 实验室认可体系,对实验检测全过程进行质量控制,包括样品采集、存储、处理、测试、结果判定、报告编制等环节。

5. 行为规范与诚信建设。强调职业道德和诚信教育,杜绝篡改数据、出具虚假报告等违法行为。建立和完善试验检测人员信用评价体系和信用记录档案,对人员的诚信记录进行跟踪和管理,对诚信行为进行累积,对失信行为进行记录并依规惩处。

6. 工作环境与福利保障。提供良好的工作环境和必要的技术支持,保持实验室环境条件适宜,符合检测要求,确保检测结果不受环境因素干扰,保障实验检测人员能够高效、安全地完成检测任务。保证稳定的经费投入,提供健全的福利保障体系,包括合理薪酬、社保、健康关怀等,增强人员稳定性。

6.5.2 个人职业发展

实验室人员的职业发展路径是多元化的,可以通过不断提升自身专业技能、拓宽知识领域以及增强管理能力,在不同层次和方向上实现个人价值和发展。随着我国对水利工程质量的日益重视和相关法规政策的不断完善,该领域的人才需求也将持续增长,为实验室人员提供广阔的发展空间。

实验室人员的职业生涯发展通常涉及以下几个阶段和方向:

1. 初级助理工程(实验)阶段,初入职者首先从基础的样品处理、仪器操作和常规检测任务做起,通过实践掌握基本技能。参加相关的技能培训课程和实习项目,获得初步的工作经验和水利工程质量检测员资格证书。

2. 中级工程(实验)师阶段,在积累一定工作经验后,通过专业考试或评审取得工程(实验)师职称,负责更复杂的检测工作和部分项目的质量控制。可能会承担一定的项目管理职责,如组织检测计划、审核检测报告等。

3. 高级专家(正)高级工程(实验)师阶段,拥有丰富实践经验和技术水平的工程师可进一步晋升为高级工程师或相关领域的技术专家。在此阶段,不仅负责技术指导和复杂问题解决,还可能参与行业标准制定、技术研发与创新,并在业内具有较高影响力。

4. 技术(质量)负责人,经过长期锻炼和业务能力提升,一些人员可以成为实验室的技术负责人或质量负责人,负责整个实验室的技术路线规划、管理体系建立与维护等工作。技术(质量)负责人可以参与到实验室资质认定、扩项申请及复审等相关事务中。

5. 实验室主任(负责人),有一定管理能力和沟通技巧的人员可以考虑向实验室主任或负责人岗位发展,负责整个实验室的运营和战略规划。科研与咨询方向。对于学术研究兴趣浓厚且具备较强创新能力的人员,可以通过继续深造,从事水利工程材料、结构安全、检测新技术等方面的科研工作,或进入咨询公司提供专业技术服务。

6.5.3 绩效与激励

检测实验室的绩效管理与激励机制设计对于确保实验室的高效运作、提升检测质量和提升员工积极性与创新能力具有重要意义。要建立科学的绩效考核体系,考察实验检测人员的工作效率、工作质量以及对检测结果的准确性、及时性等方面的表现。设置合理的激励机制,鼓励和表彰优秀的实验检测人员,激发工作积极性和创造性。

绩效管理要求对实验检测人员的考核评价方式和指标要有利于实验检测创新和实验检测水平的提高。要明确绩效指标(KPIs),有检测精度与质量:错误率、重复测试的一致性、外部比对结果、内部质量控制合格率等。工作效率:单个样品的处理时间、每天或每周的检测数量、周期性任务的完成进度。成本控制:耗材消耗、试剂浪费减少、仪器设备的维护保养状况。创新能力:新技术的学习与应用、优化现有检测方法、开发新检测技术、参与科研项目、撰写科研论文、申请专利等。客户服务：响应速度、客户满意度、投诉处理情况。安全与合规：无重大安全事故、遵循SOP（标准操作程序）、符合 ISO 17025 等质量管理体系要求。对于绩效评估周期与方式：可以按照月度、季度、年度进行工作量统计与质量评估，年度进行全面综合考核。使用量化考核与定性评价相结合的方式，既有客观的数据衡量也有主观的评价反馈。定性评估采用自我评估、同事互评、上级评定相结合的方式，定量由自动化系统收集的数据进行客观衡量。定期开展绩效面谈，给予员工正面和建设性的反馈，帮助他们理解自己的优点和待改进之处，共同制定个人成长计划。

薪酬激励方面应设计基于绩效的工资结构，将一部分工资转化为绩效工资，按照员工达到的绩效指标发放。在绩效工资，应根据上述 KPI 完成情况进行调整，超额完成任务者可获得额外的绩效奖金。在年终奖金，应根据年初设定的绩效目标实现情况调整年终奖或奖金池。基于全年总体绩效评分，优秀员工可以获得高于基本比例的年终奖。

在职业发展方向，将绩效考核结果与职位晋升、职称评定挂钩，优秀者优先推荐进修培训或承担重要项目。对于连续表现出色的员工，提供更多的职业发展空间，如转任管理职务、担任技术专家等。职位晋升：依据绩效表现，提供职务晋升机会，如从初级检测员升至高级检测工程师或项目负责人。或者把业务和组织能力强的技术骨干选拔到实验室管理岗位上来，全面负责实验室建设和管理工作。培训与发展：提供丰富的内外部培训资源，为高绩效员工提供更多的专业培训和继续教育机会，支持其个人职业成长。

在非经济激励中，定期举行优秀员工评选活动，设立"最佳检测员""技术创新奖"等荣誉奖项，颁发荣誉证书或公开表扬，宣传优秀员工的事迹。改善工作环境，提供舒适的工作空间和良好的设施，增加员工福利待遇，如弹性工作制、带薪休假、员工关怀活动等。

同时在团队激励方面，鼓励合作精神和跨部门协同，对整体表现优秀的团队给予额外奖励。有效的绩效管理和激励机制，应符合单位的整体战略目标，兼顾公平与激励性，能够更好地激发员工潜能，优化资源配置，提升实验室的整体效能和服务质量。并且具有一定的灵活性，以便随着内外部环境变化作出相应调整。同时，还需关注团队合作与个体贡献之间的平衡，避免过度竞争而导致团队协作精神受损。

6.6　人员管理典型案例

实验室人员管理往往围绕着规范化管理、教育培训、安全文化建设和制度执行力等方面展开，通常涉及如何有效管理实验室人员以确保实验室的安全运行、提升工作效率、维护实验数据准确性以及培养科研人员的良好职业习惯等方面。

案例1：人员岗前培训与资格认证不足

某检测实验室新招录了一批技术人员，由于急于开展业务，实验室管理者忽视了对他们进行全面系统的上岗前培训和相关资质认证，尤其是对于特定仪器操作和标准操作程序（SOP）的学习，导致部分人员对检测标准、方法理解不清，操作不规范。结果，在实际工作中，一名新手技术人员操作失误，导致一批样品检测结果严重偏差，最终产生了无效或错误的检测报告，不仅影响了实验室的公信力，也造成了经济损失。

分析：实验室忽略了人员培训和资质管理的关键性，没有确保每位工作人员具备相应的专业知识和技能，所以造成了影响和损失。实验室应建立健全人员培训体系，包括新员工入职培训、在岗继续教育和定期考核认证，执行上岗前的资质审查和授权确认。确保所有新进员工在正式开始工作前，获得必要的技术和安全培训，并通过相应的考核认证，防止因人员素质不达标而导致质量事故。

案例2：实验室人员技能更新不及时

某第三方检测实验室，在经历了一次重大设备升级和技术标准更新之后，部分实验室人员未能及时跟进新的操作规程和技术要求，导致出具的检测报告出现误差，客户投诉增多。

分析：实验室在引入新技术或更新标准时，未能有效实施针对现有人员的技术培训，使得部分人员在实际操作中仍沿用旧方法，无法满足新的技术规范要求。这突显了实验室人员管理在技能培训方面的不足，实验室应当建立动态的培训体系，通过定期培训、考核和证书更新，确保实验室人员熟练掌握最新技术和标准，维持人员技术能力的先进性和合规性。

案例3：实验数据造假与诚信问题

某实验室有研究人员篡改实验数据或捏造研究成果，严重影响了研究项目的质量和学术声誉。

分析：此案例揭示出实验室人员职业道德教育与监督机制的缺失，实验室应强化科研诚信体系建设，通过完善的实验记录管理、数据审核流程以及对违规行为的严肃追责来确保科研数据的真实性。

案例4：实验室安全培训与考核失效

实验室尽管制定了详细的安全管理制度和培训计划，但在实际执行过程中流于形式，未能真正落实到每个员工的具体工作中，导致在一次常规实验操作中发生安全事故。

分析：实验室人员管理中，安全培训不能仅停留在理论层面，而应确保每名成员都能切实掌握并应用到日常实践中。为此，实验室需加强对培训效果的考核验证，并实施定期的安全演练和检查。

案例 5：实验室人员绩效与激励机制设计不合理

某检测实验室虽然拥有高水平的技术团队，但由于缺乏有效的绩效考核和激励机制，导致部分员工工作积极性不高，责任心减弱，缺乏工作动力和进取心，工作懈怠现象严重，出现了报告延迟、数据质量下降等问题。

分析：有效的人员管理不仅包括严格遵守规章制度，还包括科学的绩效评价和激励机制的设计。实验室可以通过设定与岗位职责相关的量化考核指标，结合定期的职业发展规划沟通和晋升通道建设，以及设立绩效奖金、荣誉表彰等奖励方式，构建公平、透明且富有激励性的绩效管理体系，激发员工的工作热情和创新精神，从而提高整体团队效率和检测服务质量。

案例 6：实验室人员流动频繁

某检测实验室由于薪酬待遇较低且晋升通道不明晰，导致人才流失严重，新老交替频繁，这不仅增加了实验室的人力成本，还因为不断培训新人而影响了整体检测效率和结果稳定性。

分析：实验室人力资源规划需长远考虑，通过提供具有竞争力的薪酬福利、良好的职业发展路径以及和谐稳定的工作环境，降低人员流动率，保持团队的稳定性和经验传承，这对于维持实验室的运营质量和长期发展至关重要。

通过以上案例分析，可以看出实验室人员管理培训、资格认证、绩效和薪酬激励等方面的必要性和重要性，有助于我们理解各个环节可能出现的问题，并从中提炼出改进措施，如加强培训、严格遵守安全规定、设计科学的绩效体系和优化人力资源策略等，还应注意人员的道德规范教育、团队协作培养等多个方面，以全方位提升实验室的人力资源管理水平，确保实验室高效、安全、合规运作。

第 7 章

水利工程检测实验室仪器设备管理

7.1 概述

仪器设备是指用于实验、检测、分析和测量等活动的各种仪器、设备和设施。仪器设备是实验室的重要的固定资产,扮演着非常重要的角色,担负着人才培养、科学研究、服务社会等重任。这些设备的好坏直接影响着实验结果的科学性、准确性,因此,做好实验室仪器设备的维护和日常管理工作十分重要。

工程质量是水利工程的生命,水利工程检测实验室的仪器设备直接用于为水利工程提供检测结果或辅助检测进行,是实验室的重要资产,也是实验人员的重要工具,对保证检测结果的准确可靠起着至关重要的作用。水利工程检测实验室仪器设备管理是指对实验室中的各种检测仪器设备、试剂等进行全面、科学、规范的管理,意义在于提高工作效率、保障数据准确性、延长设备寿命、降低运营成本、提升安全防护水平、加强质量控制与质量保证,并提升实验室形象与竞争力。

水利工程检测实验室仪器设备管理遵循的基本原则具体包括以下几点。

(1)合规性原则。水利工程检测实验室的仪器设备管理应符合相关法律法规、标准和规范要求,同时设备采购、验收、维护和报废等各个环节都应遵循合规程序。

(2)安全性原则。水利工程检测实验室仪器设备管理应结合实际情况,制定安全操作规程和提供必要的个人防护装备,确保设备在操作过程中不会对人员和环境造成危害。

(3)可靠性原则。水利工程检测实验室的仪器设备既要能够稳定运行并满足实验要求,又需定期进行仪器设备的检定校验和维护保养,以确保仪器设备始终处于良好状态。

(4)规范性原则。水利工程检测实验室应制定相关的管理制度、仪器设备操作规程和文件,并对人员进行培训与指导,以保证遵循规范化的操作流程和标准化的管理。

(5)经济性原则。水利工程检测实验室应对仪器设备进行定期检查、维修与更新,以延长其寿命和提高使用效率,降低运营成本。

(6)效率性原则。水利工程检测实验室仪器设备管理应追求高效率,即:通过高质量的管理,助力实验室工作效率与质量的提升;同时,合理安排仪器设备使用时间,避免闲置或过度使用。

(7)追溯性原则。水利工程检测实验室应建立完善的仪器设备台账和相关记录,保证仪器设备管理具有追溯性,以便查询、分析和评估。

为了提高水利工程检测实验室仪器设备管理水平,应主要开展仪器设备的购置管理、仪器设备的日常使用管理、仪器设备的维护与保养管理和仪器设备的维修与报废管理四方面的工作。

7.2 仪器设备的购置和验收

7.2.1 引言

GB/T 27025—2019《检测和校准实验室能力的通用要求》和 CNAS-CL01《检测和校准实验室能力认可准则》中 6.4.1 条款规定:"实验室应获得正确开展实验室活动所需的并影响结果的设备,包括但不限于:测量仪器、软件、测量标准、标准物质、参考数据、试剂、消耗品或辅助装置。"RB/T 214—2017《检验检测机构资质认定能力评价检验检测机构通用要求》中 4.4.1 条款规定:"检验检测机构应配备满足检验检测(包括抽样、物品制备、数据处理与分析)要求的设备和设施。用于检验检测的设施,应有利于检验检测工作的正常开展。设备包括检验检测活动所必需并影响结果的仪器、软件、测量标准、标准物质、参考数据、试剂、消耗品、辅助设备或相应组合装置。"

仪器设备是保证检测工作质量、获取可靠测量数据的基础,因此仪器设备购置和验收是检测实验室管理体系建设中的一个重要环节。

7.2.2 仪器设备的购置

检测仪器设备的精密程度和科技含量较高,在购置新的仪器设备时,要做到理性、客观,具有前瞻性,注重实用,应根据检测实验室实际情况,依据先进、适用原则,确定购置仪器设备的类型和性能,用较少的经费购置性能和精度能够充分满足工作需要的仪器设备。在把握购置原则的基础上,可以对购置计划的审核依据加以细化,使之更科学、更合理、更具可操作性,避免盲目地强调仪器设备的高性能指标和先进性。

检测实验室仪器设备购置一般可分为购置计划制定、供应商评价、仪器设备调研与选型、购置实施等步骤。

(一)购置计划制定。检测实验室根据工作需要或计划开展的新的检测项目,制定仪器设备购置计划,并明确所要求的设备类型、主要性能指标和大致预算,如名称、型号规格、量程、准确度等级、数量、用途、参考价格和推荐的供应商等。购置计划中的需求是否明确、适当,对将来仪器设备是否能够正常使用、满足工作要求至关重要,因此提出的需求应该清晰、具体、具有可操作性。如果对某些仪器设备没有使用经验,可以通过向有关供应商咨询或向有经验的使用者学习。购置计划应以书面的形式提出,购置大型检测仪器时,由使用单位有关人员参加设备效益论证,并填写仪器设备购置可行性调查报告。

（二）供应商评价。对提供影响检测质量的主要仪器设备的供应商，设备采购部门应组织使用部门、质量保证部门等对其进行评价。供应商评价一般包括：供应商的资信能力、供应商的质量保证能力、供应商的服务能力、交货情况等。对供应商进行评价的形式多种多样，可以让供应商提供有关材料、也可以委托第三方机构进行评价、还可以亲自对供应商进行实地考察，对有过多次合作、可靠的供应商可以简化有关程序。

（三）仪器设备调研与选型。由于新原理、新技术、新材料和新工艺的广泛采用，检测仪器设备向小型化、智能化方向迅速发展。在提出仪器设备购置申请时，需从使用者的角度出发，对仪器设备的功能指标、生产厂家和市场使用情况进行调研。

仪器设备选型应优先选择有质量保证、信誉可靠的供应商的仪器设备，同时，仪器设备的重要指标也必须符合检测需求。如果有特殊要求，应选用有 CMC 标志的或经计量部门认可的仪器。

（四）购置实施。设备采购部门应按确定的技术要求、服务要求和交货日期，与供应商签订采购合同，应在合同中注明只接受国家计量部门检定或校验合格的产品，说明厂家对仪器设备所负有的培训人员、保修、维护等责任和义务，并跟踪采购进度。仪器设备购置的主要方式包括直接采购和招标采购，对大型或特定设备的购置实行招标采购。

7.2.3　仪器设备的验收

仪器设备到货后，设备采购部门应尽快组织使用部门进行验收，验收时应认真对照申购单、采购合同（协议）和到货清单等进行核对，如发现有遗漏或其他重要问题，应立即与供货商联系。对于一些重要的仪器设备，只有在安装完成和测试全部通过以后，使用部门才能签字验收。对于验收内容，应在采购设备的时候与供应商达成一致意见，并形成书面材料，作为采购合同的一部分。

仪器设备在投入使用前，必须经过安装确认、运行确认和性能确认三个步骤，以便为仪器设备的正常使用提供充分的保证。

（一）安装确认。安装确认是指对供应商所提供技术资料的核查，对设备、备件的检查验收以及设备的安装检查，以确认其是否符合认可认证准则、厂商的标准及实验室特定技术要求的一系列活动。安装确认一般包括以下内容。

（1）按订货合同核对所到货物正确无误，并登记仪器名称、型号、生产厂商名称、生产日期、本实验室固定资产登记号、计量器具号以及安装地点等。

（2）检查并确保已收到该设备的合格证、使用说明书、维修保养手册、系统软件和备件清单等。

（3）确认该设备被正确安装，如设备的安装位置是否合适，管路连接是否顺畅,安装是否符合供应商提出的安装条件等,特别要注意大型设备供电线路的安全与适用。

(二)运行确认。运行确认是指通过按标准操作规程进行单机或系统的运行试验,是证明设备各项技术参数能否达到设定要求的一系列活动。运行确认的方法和限度可参照生产厂家推荐的方法和限度,也可根据本实验室的要求自行制订。进行运行确认时特别要注意关键运行功能的测试以及安全性能的测试。如仪器生产厂家派人进行运行确认,实验室应保留测试的原始记录或复印件。

(三)性能确认。性能确认是为了证明设备、系统是否达到设计标准和认可准则等有关要求而进行的系统性检查和试验。进行性能确认时尤其要注意特定应用的测试,以及设备运行的可靠性、主要参数的稳定性和结果的重现性。

7.2.4　仪器设备档案的建立和管理

对于检测仪器设备,应当建立起科学化、规范化的仪器设备管理档案。仪器设备档案应齐全完整、分类清晰、管理规范、查询方便,包含但不限于设备验收单、使用说明书、检校证书、使用记录、维护记录、维修记录等信息。仪器设备管理涵盖了从仪器设备购买,验收,使用,直到报废的完整的生命周期过程,档案资料的完整程度,直接影响到仪器设备使用人员对仪器设备的正确使用、维护与维修等。

为提高仪器设备档案管理水平,主要需做好以下几点。

(1)配备仪器设备档案专业管理人员。检测实验室需要组建由仪器设备管理部门总体监督管理,仪器使用部门分派专人协助的专业的档案管理队伍,明确各个部门以及员工在仪器设备档案管理工作过程中的分工,做好设备档案的整体建立工作。明确仪器设备在采购、使用、保养、维修全流程的档案资料以及数据信息,做好档案的归档工作,实现对仪器设备的动态管理,及时调整档案资料和档案信息内容,更新档案资料。同时,还需要加强对设备档案管理人员的培训以及学习,提高仪器设备档案管理人员自身的档案管理能力,提高档案管理效率。

(2)建立完善的档案管理制度。科学系统的仪器设备档案管理制度是保证检测实验室仪器设备顺利使用的前提,因此,必须要制定严谨科学的档案管理操作程序,规范档案资料的收集、使用、销毁等工作流程,确定档案归档时间以及归档内容。同时,还需要制定系统科学的考核机制以及监督管理机制,加强对各项档案管理工作的监督和约束。

(3)建立动态仪器设备台账。在检测实验室仪器设备档案管理工作中,加强档案管理工作最重要的目的是更好地利用档案对仪器设备的使用和保养进行规范,确保检测结果的可靠性,延长设备的使用寿命,充分发挥仪器设备的使用价值。因此,需要建立动态仪器设备台账,在实验室内部建立起随时可以调整和更新的设备台账,为使用者信息的统计以及查阅提供便利,更好地保证仪器设备档案管理质量和管理效率。另外,需要建立系统的档案借用和归还制度,避免出现档案丢失问题,更好地保证仪器设备档案资料的完整性和系统性。

7.3 仪器设备的使用管理

7.3.1 引言

GB/T 27025—2019《检测和校准实验室能力的通用要求》中 6.4.8 条款规定:"所有需要校准或具有规定有效期的设备应使用标签、编码或其他方式予以标识,以使设备使用者方便地识别校准状态或有效期。"6.3.1 条款规定:"设施和环境条件应适合实验室活动,不应对结果有效性产生不利影响。"对仪器设备的标识和仪器设备的日常使用管理等提出了要求。

检测机构应指定专人进行仪器设备管理,每台仪器设备均需贴有标签标识,并有规定的存放或安装地点,仪器设备领用需有完备的领用程序。仪器设备操作人员需进行技术培训并考核合格后才能上岗,主要检测仪器设备需制定相应的操作规程,仪器设备操作人员需按照操作规程使用仪器,并填写仪器设备使用记录。

7.3.2 仪器设备的标识管理

仪器设备应有明显的标识表明其"检定/校准"或验收状态,由设备管理员根据检定、校准等的结果粘贴状态标识,状态标识一般可分为以下几种:"合格证"。常为绿色标识,表明设备功能完好,经检定/校准合格,可正常使用。"准用证"。常为黄色标识,表明经检定/校准,仪器设备某一量程或精度或功能不合格,但限制其使用范围仍能使用;"准用证"上需标明限用范围。"停用证"。常为红色标识,表明仪器设备已经损坏、过载或误操作、显示不正常、功能出现可疑情况、超检定/校准周期等。操作人员不得使用贴有"停用证"的计量仪器。"状态完好"。可采用其他颜色予以区分,仅显示数值不作为检测数据的试验设备,或不显示检验数据的辅助设备,经检查,其使用功能正常的张贴"状态完好"标志。说明标识。新的仪器设备一旦进入实验室,设备管理部门应立即张贴适当的说明标识,表明该设备尚不可使用。待该设备安装、调试结束后并通过校准或检定合格,设备管理部门贴好"合格证"后,方可使用。

仪器设备标识上均应写明检定/校准/测试人员、检定/校准/测试日期、有效日期等。实验室所使用或存放的所有对检测结果有影响的仪器设备,都应标识完整、状态明确,而不应出现无标识或状态不明的情况。

7.3.3 仪器设备的日常使用

（一）仪器设备放置。实验室温度、湿度、机械振动、灰尘、电磁干扰等都影响仪器设备的稳定性，因此，实验室仪器设备合理布局，减少干扰，特别是对比较复杂、精密度高、对环境有特殊要求的仪器，更应该注意保护，确保检测环境条件的受控。

仪器设备放置应排除安全隐患。仪器设备应放置在平稳的地面或支架上，以避免设备倾斜或移动。使用水的设备和电器应分开放置，容易引起爆炸的设备和易燃品应单独放置。仪器设备放置应方便操作。仪器设备放置应便于检测人员取用和开展工作，避免使用时空间不足或对旁边仪器设备造成影响。仪器设备放置应避免相互影响。大型仪器设备工作时的振动等易对其余仪器设备造成影响，大型仪器设备与其余仪器设备的放置应保持一定距离或单独放置。仪器设备放置、使用环境应符合技术资料或仪器设备使用说明书的规定，如仪器设备本身对环境有要求时，其放置的房间应有环境监测、控制手段，并有专人或自动记录仪每天进行环境的监控记录。

（二）仪器设备领用。仪器设备外出使用或检测人员借用仪器设备开展工作时，领用人需提出申请，并由技术负责人审批通过。领用人需填写仪器设备出入库记录表，出入库记录表应包括借出时间、仪器名称、型号规格、领用人姓名、仪器完好情况、归还日期等，由设备管理员统一负责仪器设备借出工作。领用人应负责借出期间仪器设备的保管和维护工作，确保仪器设备的功能正常，归还仪器设备时设备管理员对仪器设备状态进行检查，如有损坏现象，领用人应负责修理或赔偿。

（三）仪器设备使用。仪器设备操作人员的技术水平是影响检测结果准确性非常重要的因素，仪器设备操作人员应经过培训，详细了解使用说明书的内容，熟练掌握仪器设备的性能和操作规程，考核合格后方可上机操作。大型精密仪器设备必须由经过培训的专人操作，未授权人员不准随意使用。

实验室主要检测仪器设备，或在使用操作过程中有一定潜在危险的仪器设备，均应编制设备操作规程。对一些辅助的检测设备，如果操作简单的没有潜在安全风险的可以不编制设备操作规程。仪器设备操作规程的结构、格式以及详细程度应当适合于实验室检测人员使用的需要，能指导经培训的检测人员按操作规程进行实际操作，防止误操作；文字表达应准确、简明、通俗易懂，逻辑严谨，避免产生不易或不同理解的可能；操作规程与相关检测标准相协调，术语、符号、代号应统一，与有关标准相一致。操作规程一般包括标题、适用范围、安全警示及注意事项、操作方法、维护保养、故障排除等部分。

仪器设备操作人员应严格按照设备操作规程操作，并在使用前、使用中、使用后作好必要的检查，必要时记录相关信息，对于没有按操作规程使用仪器设备而造成的损坏,要追究责任,给予处罚。

仪器设备使用记录是实验室管理体系文件的一个组成部分。仪器设备的使用记录信息应包含检测样品编号、使用时间、试验前后仪器设备状况、使用人等。仪器设备的使用记录必须是测试人员在实验室进行测试时现场填写,不得事后抄写。记录应该真实、准确,记录时发现错误应立即在原记录上修改。

仪器设备使用过程中发生异常或损坏时,应立即停止使用,加贴停用标识,将情况记录于仪器设备使用记录中。

7.4 仪器设备的检定和校准

7.4.1 引言

检测实验室通过开展对检测仪器设备的检定、校准,确保检测实验室测量结果的溯源及准确,检测实验室测量结果准确与否,直接影响到出具报告的准确性和公正性。检定是一种法制管理行为,是对检测设备进行强制性全面评定,是自上而下的量值传递过程,通过评定检测设备的误差范围是否在规定的误差范围之内,来判定检测设备是否合格。校准是按计量标准所复现的量值来确定被校准检测设备的示值误差,属于自下而上量值溯源。

GB/T 27025—2019《检测和校准实验室能力的通用要求》中 6.4.6 条款规定:"在下列情况,测量设备应进行校准:当测量准确度或不确定度影响报告结果的有效性;和(或)为建立报告结果的计量溯源性,要求对设备进行校准。"RB/T 214—2017《检验检测机构资质认定能力评价检验检测机构通用要求》4.4.3 条款规定:"检验检测机构应对检验检测结果、抽样结果的准确性或有效性有影响或计量溯源性有要求的设备,包括用于测量环境条件等辅助测量设备有计划地实施检定或校准。"因此,检测实验室做好仪器设备定期检定和校准工作是实验室资质认定所要求的。

7.4.2 检定或校准方式和周期

检测实验室负责制定检测仪器设备的检定或校准方式和周期。

检定或校准方式的确定原则包括:属国家强制检定管理的检测设备应实施检定;可溯源到国家或国际计量基准的非强制检定检验检测设备应实施校准,检测实验室应尽可能选择有资质的专业计量部门实施外部校准;对少量特殊检验检测设备可实施内部校准。

检定或校准周期的确定原则:检测设备检定周期应按国家规定执行;实施外部校准的校准周期可在参考计量部门的校准建议的同时,依据检测设备的使用频次及稳定性等确定,一般为一年,对使用频次较低、稳定性较好的检验检测设备可适当延长校准周期;实施内部校准的检验检测设备校准周期一般定为两年。

7.4.3 检定或外部校准机构选择

检定或外部校准机构的选择同样对设备仪器的检定与校准有着重要的影响。选择恰当的检定或外部校准机构,不但能够降低成本,还能够提高检定与校准效率,对检测实验室的正常运行有着重要意义。

选择的检定或外部校准服务机构应具备以下条件。资格:法定计量检定机构或授权机构,出具的证书有授权证书号;政府授权的或实验室认可的校准机构,出具的校准证书上应有认可标识和证书号。测量能力:应在授权范围内,出具检定证书;应有政府授权的资质认定范围内,出具校准报告或证书,校准报告证书应有包括测量不确定度和/或符合确定的计量规范声明的测量。溯源性:测量结果能溯源到国家或国际基准。满足检测实验室检测要求:校准证书或报告应提供溯源性的有关信息和不确定度及包含因子的说明。

检定或外部校准尽量就近并集中在一个机构,对一个机构不能满足检定或校准要求的少量仪器设备再选择其他机构。

7.4.4 检定或校准计划制定

检测实验室在每年年底前,依据已确定的仪器设备检定或校准方式、周期、机构等制定下年度检定或校准计划。仪器设备检定或校准计划内容至少应包括:设备名称、型号、编号、准确度等级或允许误差、测量范围;原检定或校准证书有效期;使用部门;检定或校准机构名称;计划检定或校准时间。

7.4.5 检定或校准实施

检测实验室负责按检定或校准计划实施检定或校准工作。检定或外部校准的仪器设备,固定检测设备应要求检定或校准机构到检测实验室实施;便携检测设备一般采用集中送取形式。

对于采用内部校准的仪器设备,内部校准时应注意以下几点:优先采用标准方法。当没有标准方法时,使用检测实验室自制的或设备制造商推荐的非标准方法,经技术论证或测量结果相互比较等方式进行证实,确认其测量结果及可信度符合要求,并形成作业指导书经技术负责人批准。由经过授权的人员按作业指导书实施内部校准,校准记录随仪器设备档案保存。进行内部校准的检测设备应当是非强制检定的,并满足计量溯源要求。内部校准环境和设施应满足校准方法要求。质量控制和监督应覆盖内部校准工作。

7.4.6 检定或校准结果的确认

检测实验室负责组织有关人员对仪器设备检定或校准结果的符合性进行确认。填写仪器设备检定或校准结果确认表。仪器设备检定或校准结果确认表应包括以下内容：检定结果是否合格。校准结果给出的准确度信息（如准确度等级、误差等）是否符合设备使用说明书规定及检测依据标准的规定。检测设备是否满足检测方法的要求。是否有修正信息（如修正因子、修正值、修正曲线），如有应记录。经检定或校准的检测设备，由仪器设备管理员依据检定或校准确认结果进行状态标识，仪器设备管理员将检定或校准的证书或报告、仪器设备检定或校准结果确认表等相关资料存档。

7.5 仪器设备的期间核查

7.5.1 引言

期间核查是根据规定程序，为了确定计量标准、标准物质或其他测量仪器是否保持其原有状态而进行的操作。GB/T 27025—2019《检测和校准实验室能力的通用要求》中6.4.10条款规定："当需要利用期间核查以保持对设备性能的信心时，应按规定进行核查。"水利工程检测实验室对容易发生偏离的试验仪器设备需进行期间核查，即在检定/校准周期内对仪器设备的检定/校准状态进行检查，确保在下一次检定/校准时仪器设备的示值误差或修正后的示值不确定度不会超差，确保设备给出的测得值准确可靠。

期间核查是在正常工作环境条件下，对预先选定的试验仪器进行定期或不定期的测量，考核其稳定性是否持续可信。检定或校准是在参考工作条件下，通过计量标准确定仪器示值的准确性，即确定仪器是否符合规范要求。期间核查是由实验室按照自己制定的核查方案进行，并不是对全部量程进行核查，而是对常用到的量程或部分指标核查。检定或校准必须由有资质的计量机构用考核合格的计量标准按照规程或规范的要求对仪器进行评价。期间核查是在正常工作环境条件下考查试验仪器的计量特性，所使用的核查标准不必经过量值传递，所以不具有溯源性。而检定或校准具有溯源性，因此，期间核查不能代替检定或校准。期间核查不是缩短检定或校准周期后的另一次检定或校准，而是用自己制定的简便方法对试验仪器是否依然保持稳定状态进行的确认；检定或校准是要评价仪器的计量性能，必须经溯源的计量标准来实现量值的准确可靠。期间核查也是为制定合理的校准间隔提供依据参考，用较少的时间和较低的成本保证仪器设备计量性能稳定。

水利工程检测实验室应选择的期间核查对象应包括：对检验检测结果的准确

性质量起重要作用的关键仪器设备;数据容易出现飘移、配件磨损严重、数据不稳定且使用频率高的仪器设备;经常携带到现场检测的试验仪器设备;使用频次高的和使用环境恶劣的检测设备;曾经过载或对仪器设备检测数据有疑问,经检定或校准个别指标不合格但使用指标合格的仪器;经过校准修正值/修正因子特别大或接近规范规程要求最大限度边缘的仪器设备;检验检测标准或仪器说明书中对仪器指标有明确规定的仪器设备。

7.5.2　期间核查的方法

应根据各实验室及具体仪器设备的特点,遵循简单实用、方法可靠、经济合理的原则,确定期间核查方法,一般包括以下几种。实验室间比对。可以参加外部比对或内部组织的比对。实验室间比对,由于不同实验室操作人员不同,其结果的可靠性对实验室的技术水平和人员能力要求较高,试验周期较长,数据收集和分析工作量大。标准物质比对。应保证两次核查使用合格的同批次标准物质,以减少不同批次标准物质之间差异的影响。仪器比对。采用相同准确度等级的另一台设备或几台设备的量值进行比较,适用于电子天平、力学类试验仪器、烘箱、水浴温控设备等,方法简单成本低廉。稳定的被测件量值重新测定。利用检查标准进行期间核查,其可靠性取决于被测件的稳定性和均匀性。实验室需具备有保存核查标准的环境条件及保证其稳定性和均匀性的措施。

7.5.3　期间核查计划及实施

为确保水利工程检测实验室期间核查按时及合理开展,实验室应根据工作量和仪器的使用条件、使用环境和仪器设备的稳定性等综合考虑编制期间核查计划。

期间核查可按核查的时间性质分为定期核查和不定期(即随机)核查。定期的期间核查是在两次检定或校准周期内的最长时间间隔内进行核查。不定期(即随机)的核查应根据检测任务及实际状况实施,不定期核查时间一般依据如下情况确定:用于重要的检验检测(如参加比对试验前后)或高精度、测量结果接近或达到仪器最大量程限值时;用于外业工作的检验检测设备出库前和入库前需进行核查;长时间(大于 3 个月以上)未使用,环境温度、湿度或其他条件发生了变化时,使用前后进行核查;仪器设备在检测过程中突然停电、发生了意外事件后对仪器设备性能有怀疑时,如碰撞、跌落、打击等。期间核查计划由设备管理员或技术人员制定,检测实验室技术负责人审批后实施,期间核查计划应主要包括:核查对象、核查方法、核查时间、核查实施人。

水利工程检测实验室应根据期间核查计划,开展仪器设备期间核查。期间核查考核仪器设备的系统误差,应排除或尽可能减小随机误差的影响。通过多次独立重复测量(通常大于 10 次),取测量结果的算术平均值作为测得值。

期间核查的主要步骤如下：

（1）仪器设备经检定或校准后，应在短时间内（一般在检定后一个星期内）对试验仪器进行一组赋值测量，有利于确定仪器设备初始校准状态，便于观察后期数据变化。将参考值 X_s 赋予核查标准。由检定或校准证书查找仪器相应的示值误差 δ。用下式确定参考值 X_s：

$$X_s = \overline{X}_0 - \delta$$

式中，$\overline{X}_0$ 是仪器设备对核查标准进行该组 m 次（$\geqslant 10$）独立重复测量结果的算术平均值。

检定或校准后短时间内赋值测量的目的是防止仪器设备引入因不稳定带来的误差，进行 m 次重复测量是为了尽可能减小随机误差因素，如人员、环境条件、核查标准等其他因素的影响。

（2）根据实验室制定的核查计划，进行仪器设备期间核查，记录 m 次（$\geqslant 10$）独立重复测量结果的算术平均值 $\overline{X}_1$。

（3）采用下式计算 $\overline{X}_1$ 与参考值 X_s 的差值，此差值即设备示值的系统误差：

$$\overline{X}_1 - X_s = \overline{X}_1 - (\overline{X}_0 - \delta)$$

（4）期间核查的判定可采用下式：

$$H = |(X_1 - X_s)/\text{MPEV}| \quad \text{适用于检定仪器设备}$$
$$\text{或 } H = |(X_1 - X_s)/U_{95}| \quad \text{适用于校准仪器设备}$$

式中，MPEV 为最大允许误差，U_{95} 为扩展不确定度。

按计划实施期间核查后，应出具相应的核查报告或记录，并对核查数据进行分析。数据分析参考以下原则：

接受原则：$H \leqslant 0.7$，表明仪器设备的可信度，稳定可靠在受控范围内即仪器系统误差未超过最大允许误差；拒绝原则：$H > 1$，表明被核查的仪器设备的可信度超出了规范要求的误差范围即系统误差超出了最大允许误差规定值。应停止设备的使用，结合仪器设备使用记录及上一次核查结果，查找原因采取纠正措施，如及时检定或校准、升级改造、仪器老化更换新设备等；预防原则：$0.7 < H \leqslant 1$，表明被核查的仪器设备可信稳定度处于临界界限，应查找原因并采取适当的预防措施：首先增加核查次数，如果回到接受准则区域，则可继续使用，应密切关注并增加核查次数。如果没有回到接受准则区而一直在临界预防区，则应考虑将该设备重新校准或检定。

核查的记录应尽量使用表格表达，直观易懂。核查信息应充分完整能再现核查过程便于溯源，分析仪器的变化趋势。应针对需要核查的仪器设备分别编制相适应的核查记录表格,其内容应完备,最少包含仪器名称、仪器编号、规格型号、核查方法、核查时间、核查标准信息、结论分析、记录编号、核查操作者及复核者等。

期间核查的对象主要是针对仪器设备的关键性能指标、稳定性差、使用频率高和经常携带运输到现场工作及使用环境恶劣的仪器设备。在实际应用中应根据试验仪器的特性及计量检定部门出具的检定或校准证书,选择适合的核查方法,科学合理,经济适用。保证试验仪器设备的测量精度和稳定性,为提供准确可靠的数据提供足够的保障。

7.6 仪器设备的维护保养和维修

7.6.1 引言

为了确保检测数据的准确可靠,除了对仪器设备按周期检定、校准、期间核查外,还要做好仪器设备的日常维护保养和维修工作。仪器设备的维护保养能够使设备保持良好的性能,延长设备使用寿命,并保证其具有稳定的状态,从而为实验提供准确、可信的检测结果。仪器设备的维护保养应根据仪器设备的运行和使用情况,制定维护保养计划,定期按照保养计划对检测仪器设备进行保养,并填写设备保养记录。检测仪器设备进行定期维护保养时,若发现异常或出现故障,要及时进行维修并记录,维修送回后要进行验收,符合技术要求时进行重新送检,检定合格后方可继续使用。

GB/T 27025—2019《检测和校准实验室能力的通用要求》和 CNAS-CL01《检测和校准实验室能力认可准则》中 6.4.3 条款规定:"实验室应有处理、运输、储存、使用和按计划维护设备的程序,以确保其功能正常并防止污染或性能退化。" 6.4.13 条款规定应记录:"与设备性能相关的维护计划和已进行的维护"。RB/T 214—2017《检验检测机构资质认定能力评价检验检测机构通用要求》中 4.4.4 条款规定:"检验检测设备应由经过授权的人员操作并对其进行正常维护。"

7.6.2 仪器设备的维护保养

仪器设备维护保养是保护仪器、降低仪器故障率的需要。仪器在使用过程中,随着外界环境的变化、设备的老化或人员超载使用,极容易产生杂物、灰尘、受潮、漏气、内部介质减少或变质等情况,从而导致设备运转不正常,显示不准确,故障频发等。定期对设备进行维护保养,可保护好仪器,使仪器各项参数正常,降低设备故障率,保证检测数据的准确可靠。仪器设备的维护保养主要包括维护保养计划制定、维护保养实施和维护保养记录三个步骤。

制定仪器设备维护保养计划的关键步骤和内容主要包括明确维护保养的范围

和内容：确定需要维护保养的仪器设备种类，明确维护保养的具体内容，如清洁、检查、润滑、紧固、更换磨损零件等。确定维护保养周期：根据仪器设备的使用频率、工作环境和使用寿命来设定维护保养的周期，对于特殊环境下工作和使用频次高的仪器设备，应适当增加维护保养次数。确定维护保养的具体方法和要求：对于每一项维护保养工作，制定详细的操作方法和要求，确定所需的材料和工具。确定维护保养人员：确定每台仪器设备对应的维护保养人员，并进行必要的培训，确保他们了解并能够执行维护保养计划。对于大型、精密或特殊的仪器设备，应由专门人员进行维护保养。

对于所有仪器设备：使用、维护人员在开箱后，应认真研读随机带的说明书，掌握其结构、原理、功能、操作要点，维护保养要求。仪器内外保持清洁，注意防潮，防锈，防干扰。精密仪器要轻取轻放。光学部件要用擦镜纸，不能使用湿布擦抹。对电子线路板要除尘，检查仪器接地情况；机械及传动部分要除锈迹、污物和润滑上油。对于使用频次高的仪器：按照仪器的特性，属于热交换的，要定期检查通风口，及时清理灰尘及燃烧杂物；属于油压机械的或内有介质溶液的，要定期检查介质变色或界面下降，及时更换介质或适量添加；属于易损件的，要及时清理更换，如气相色谱仪的隔垫。有水循环的仪器，要防止因粉尘、浮游物等聚集，导致水流量不足，影响冷却效果或者因电导率升高影响仪器的性能。使用气源的仪器，要定期用肥皂水检查气路接头，防止漏气引起事故，或影响结果的准确性。对于使用频次低的仪器：电子仪器和设备要定期通电预热，防止电解电容变质，电子线路板局部短路或性能不良，影响仪器使用效果；对于用干电池的仪表，长期不用时要将电池取出后存放，防止电池腐烂损坏电极；微安表要将输入端短接后存放，灵敏检流计要将输入线圈锁住后存放；经常检查仪器的干燥硅胶，以防内部部件受潮，影响仪器的稳定性指标。光学通道要定期除尘，除污及霉点。对于某些大型仪器及高精尖贵重设备，需定期安排专业人员对其进行维护保养，一般此类设备的维护保养常需要专业人员和设备使用保管人员的对接与配合操作。

仪器设备的维护保养记录是维护管理过程中的关键组成部分，它详细记录了仪器设备维护保养的历史和状态，为仪器设备的管理和未来的维护工作提供了重要依据。仪器设备维护保养记录应主要包含以下内容：仪器设备基本信息：仪器设备名称、型号和仪器设备编号。维护保养日期：维护保养的具体执行和完成时间。执行和审核人员：执行维护保养的人员和维护保养记录的审核人员。维护保养内容和结果：进行的具体维护保养项目，如清洁、检查、润滑、更换部件等。维护前后设备的状态比较，任何异常情况的记录和处理。

维护保养记录应当以书面或电子形式保存，以便于随时查阅和分析。这些记录不仅有助于确保设备的可靠性和安全性，还可以在仪器设备出现故障时提供重要的故障诊断信息。此外，良好的维护保养记录也是质量管理体系和合规性审核的重要组成部分。

7.6.3　仪器设备的维修

仪器设备产生故障时,应按实验室的管理规定进行报修,由外部或内部机构进行维修。维修工作可以包括常规的故障排除、零件更换、性能优化等。有效地进行仪器设备的维修工作,可以确保仪器设备恢复到最佳工作状态,并延长其使用寿命。

仪器设备维修前,首先要对仪器设备进行全面的检查和故障诊断,确定故障的性质和原因。根据故障诊断结果,制定维修计划,包括所需更换的零件、维修方法和预计完成时间等;对于精密或高价值的仪器设备,需要联系专业的人员或制造商提供维修服务。仪器设备维修时,记录维修的详细信息,包括维修日期、执行人员、更换的零件、故障原因和解决方案等。维护记录有助于未来的维护工作和仪器设备的长期管理。对于维修后的设备,实验室应确保其故障已经修复并对其使用状态和计量状态进行验收,在验证其能满足相关标准后方可再次投入使用。同时,实验室应在发现设备发生故障后,对之前使用该设备进行的检验结果进行排查,检查设备故障对实验的影响,必要时作废之前的实验数据,并在设备能够再次投入使用后再次进行实验。

7.7　仪器设备的报废

随着仪器设备使用时间的增加,设备部件会逐渐老化、损耗,导致设备性能下降,甚至失效,仪器设备老化是设备报废的主要原因。设备在使用过程中,可能会由于各种原因出现故障或损坏,无法进行修复,有些设备虽然可以修复,但维修费用过高,超过了设备本身的价值,此时就没有维修的必要,也会导致设备报废。此外,随着科技的不断进步和更新换代,一些设备可能由于安全性能不达标或不符合环保要求,一些设备虽然仍能工作但其功能已经落后、无法满足现代检测或生产的需求,就需要对这些设备进行报废处置。

正确合理地对检测仪器设备进行报废管理对提高检测实验室管理水平具有重要意义,通过报废管理,实验室可以清晰地了解哪些设备已经过期或无法修复,从而作出合理的资源分配决策。这有助于避免在已无法使用的设备上浪费资源,确保资源得到最优利用。报废管理有助于减少因设备故障或老化而导致的停机时间,从而提高实验室的工作效率。及时报废并替换老旧设备,可以确保实验室工作的连续性和高效性。对于存在安全隐患的设备,及时报废是预防事故的重要手段。报废管理有助于识别和消除潜在的安全风险,保护实验室人员和财产的安全。报废管理可以推动实验室采用更先进、更高效的仪器设备,从而促进技术进步和创新。通过引入新技术和新设备,实验室可以提升其检测能力和水平,更好地满足客户需求。

检测仪器设备报废管理,首先,实验室需要明确仪器设备报废的标准。这包括设备的老化程度、损坏情况、维修成本、技术更新、安全环保要求等方面。明确报废标准有助于实验室合理判断设备是否需要报废。实验室应定期对仪器设备进行检测和评估,了解设备的性能状况和使用情况。对于性能下降、损坏严重或无法满足实验需求的设备,应及时考虑报废。当设备达到报废标准时,应由实验室主管或仪器设备管理员填写报废申请表,详细说明设备的情况和报废原因。报废申请需上报实验室领导审核和批准。实验室领导应对报废申请进行审核,确认设备确实需要报废,并签字批准。经批准报废的设备,应由实验室或设备管理部门负责回收。在回收过程中,应注意保护环境和避免设备进一步损坏。对于报废设备,应根据其种类、质量和价值,采用不同的处置方式。实验室应确保报废设备处置的符合法律法规,并对相关处理作出相关的记录和跟踪。实验室应建立报废设备档案,记录设备的报废原因、时间、处置方式等信息。这有助于实验室了解设备的使用情况和报废情况,为未来的设备采购和管理提供参考。

7.8 典型案例

某水利科研院所为通过中国计量认证的检验检测机构,同时作为水利部基本建设工程质量检测中心,制定了较为详细的仪器设备管理办法,对仪器设备进行了规划、购置、安装、验收、使用、维护、改造、报废等全过程规范管理。本节以该单位的仪器设备管理办法作为典型案例。

7.8.1 管理职责

第一条 成立科研仪器设备管理领导小组,由分管领导、办公室、科研管理处、财务与资产处、监察与审计处、综合服务中心以及研究部门负责人等组成,主要职责是:审核仪器设备购置规划和仪器设备购置论证报告,指导仪器设备管理工作;审议仪器设备管理规章制度制定、仪器设备管理、实验人才队伍建设等重大事项;指导科研仪器设备使用绩效考核评估,协调仪器设备等资源共享和优化配置。

第二条 科研管理处负责仪器设备归口管理,主要职责是:制定科研仪器设备管理相关办法;组织编制和论证仪器设备购置规划、年度仪器设备基金计划;优化仪器设备资源配置,协调仪器设备资源共享;负责组织仪器设备使用管理考核评估;负责按质量体系运行管理要求,检查和监督仪器设备的维修维护、检定/校验等工作;负责组织仪器设备管理系统的建设和维护。

第三条 财务与资产处负责资产综合和价值管理,主要职责是:组织编报年度资产配置预算,编制单台套价值 50 万元及以上通用设备和单台套价值 100 万元及以上专用设备预算;负责组织仪器设备政府采购预算编制、政府采购信息统计、政府采购方式及其变更上报;负责仪器设备购置、运行维护、升级改造、开放共享、报废处置等相关经费管理和会计核算工作;负责仪器设备资产财务入账工作,审核资产配置、使用、处置等事项,并按规定向主管部门报批报备;负责汇总及报送仪器设备资产信息和年度报告。

第四条 综合服务中心负责仪器设备采购、验收及台账管理,主要职责是:负责仪器设备采购审核,合格供方的选择、评审和管理,以及采购、委托采购的组织协调和管理;负责仪器设备的单项验收,配合仪器设备安装调试和项目验收,建立仪器设备台账,配合申报固定资产,按要求对仪器设备采购过程相关资料进行归档;负责年度仪器设备盘点,查明分析盘盈、盘亏原因,并与财务与资产处、研究部门核对,做到账实、账卡相符;负责组织进口仪器设备的免税申报、免税办理等工作,跟踪监管进口仪器设备采购过程,以及监管期管理等工作;负责仪器设备报损报废后的回收处置相关工作。

第五条 办公室主要职责是:负责仪器设备购置审核;负责仪器设备档案资料归口管理。

第六条 监察与审计处负责对仪器设备采购方式、采购组织、合同签订及资金使用等进行跟踪监督和审计。

第七条 研究部门是仪器设备管理的主体责任部门,部门主要负责同志为第一责任人,主要职责是:组织编制部门仪器设备建设规划、年度实施计划,以及项目建议书等;审核部门仪器设备购置申请;参与仪器设备采购、验收、安装调试等工作;制定部门仪器设备管理实施细则;组织编制仪器设备操作规程和校验方法;组织落实仪器设备检定/校验、维护保养和升级改造年度计划;组织仪器设备使用相关培训;合理配备人才队伍,负责部门仪器设备统筹管理,包括:登记建档、日常使用、维修维护、信息维护、资产核查、年度报告编制等工作;负责部门仪器设备的验收和分类登记建卡建账管理,监督检查仪器设备的保管、使用、维护;配合质量管理体系认证、计量认证、平台建设、资质申请与维护、绩效评估等涉及的仪器设备管理工作。

7.8.2 规划论证

第八条 按照"轻重缓急、优化配置、资源共享"的原则,科研管理处组织各部门编制仪器设备规划,报领导小组审定后确定年度购置计划并纳入预算。

第九条 财政资金和自筹经费购置仪器设备,均需按批复计划填写购置申请表,经审批后方可实施。同等条件下,优先购置国产仪器设备。

第十条 大型仪器设备申购须组织专家进行论证,并提交论证报告,报告主要内容包括:拟购置仪器设备的性能指标、购置的必要性、先进性、适用性、工作量预测分析、场地需求等。单台套价值200万元及以上的,由研究部门负责组织查重评议,科研管理处会同研究部门等组织专家论证;单台套价值200万元以下的,由研究部门负责组织专家论证。

第十一条　进口仪器设备按《政府采购进口产品管理办法》和院有关规定执行。

7.8.3　采购验收

第十二条　仪器设备采购须符合国家法律、法规和院有关规定,遵循"公开、公平、公正"的原则,接受监察审计部门的监督检查。

第十三条　仪器设备采购须先申请后采购,研究部门负责统筹安排财政项目仪器设备的采购实施,确保执行进度。

第十四条　研究部门应于仪器设备到货前准备好仪器设备安装测试条件,包括场地、水电以及符合要求的使用环境,并安排专人配合供应商进行安装调试直至正常交付。

第十五条　部门设备管理人员应督促采购人员及时办理验收手续,将相关信息录入仪器设备管理系统,服务中心办理固定资产卡片及台账登记,科研管理处和研究部门登记确认相关信息,财务与资产处办理固定资产财务入账。仪器设备验收完成并办理登记手续后方可投入使用。

第十六条　仪器设备验收应成立验收小组,验收小组成员包括:使用部门负责人或所办负责人、院仪器设备管理人员、部门设备管理人员、采购人、保管人、档案管理人员等。

第十七条　仪器设备验收应严格按照合同约定的要求完成,验收主要内容包括:开箱清点、外观验收、安装调试、试运行、技术指标测试、验收报告签署等。进口仪器设备须按国家海关进口设备有关规定,在索赔期内完成验收和资料报送。

第十八条　验收合格的仪器设备,综合服务中心和研究部门应分别逐台建立设备档案和台账,办理资料归档。综合服务中心将设备申报材料、购置批件、采购文件、合同、发票复印件、验收单、图片及随机全部资料,以及其他记录和证明材料等送档案室归档。产品说明书随仪器设备存放,研究部门留存全套材料复印件。

第十九条　凡验收不合格的仪器设备,要及时办理退货、退修或索赔事宜。

7.8.4　使用维护

第二十条　建立统一的仪器设备管理系统,按照分级、分类原则,实现仪器设备精细化管理。研究部门采取"专人负责、专(职)兼(职)结合"的方式对仪器设备进行统筹和集中集约管理,院采取后补助方式对部门仪器设备管理人员给予一定经费支持。

第二十一条　研究部门应明确每台仪器设备的保管人,大型仪器设备须明确使用管理人,负责定期对仪器设备进行维护保养和使用管理。部门设备管理员负责本部门仪器设备归口管理,包括:档案管理、台账管理、信息维护、编报年度总结等,并监督提醒保管人行使日常管理职责。

第二十二条 实验人员上岗前须掌握仪器设备的性能指标和技术参数,熟悉仪器设备操作规程和相关管理要求。大型、精密、贵重且操作复杂的仪器设备,研究部门应组织实验人员进行仪器设备操作岗前培训,考核合格授权后方可上岗。

第二十三条 仪器设备需经检定/校验合格后投入使用,保管人应做好仪器设备的检定/校验、使用、借用、损坏、维修等履历记录。使用履历本、作业指导文件、仪器设备检定校准确认表等应随仪器设备同步存放;仪器设备的使用信息应及时在使用履历本上记录。

第二十四条 每年下达院、所科研设备基金,主要用于仪器设备的检定/校验、日常维修维护、配件购置及升级改造、资质维护所需仪器设备购置等相关事项,不得挪作他用。其中,仪器设备的检定/校验费用,经审核后由院、所科研设备基金各支出50%,检定/校验证书经确认后需归入部门仪器设备档案。

第二十五条 涉及辐射安全、化学安全和生物安全等特殊仪器设备在使用和处置时,须严格遵守国家法律法规及安全管理相关规定。

7.8.5 维修报废

第二十六条 仪器设备保管人应对仪器设备定期检修和维护保养,降低仪器设备故障发生率,把故障排除在使用之前,确保仪器设备处于正常工作状态。

第二十七条 仪器设备发生故障或损坏时,部门负责组织或督促相关人员及时修复,防止长期闲置。不能及时维修的仪器设备应标识并分开存放。

第二十八条 仪器设备日常维修费用由研究部门根据使用情况,确定由部门设备基金或项目等相关经费支出。大型仪器设备的重大维修或重要配件更换需由研究部门提出申请,研究确定由院、部门设备基金或其他相关经费支出。人为因素造成仪器设备损坏或损失的,应追究当事人的相关责任,限期修复或赔偿。

第二十九条 仪器设备技术指标已严重落后,或丧失使用功能不能维修或无维修价值的,按国有资产处置办法有关要求处置。

7.8.6 检查考核

第三十条 每年组织对部门仪器设备使用管理进行检查考核。考核主要内容包括:仪器设备使用率、完好率、检定/校验、维修保养、规范管理、人员配置等。

第三十一条 考核结果将作为部门年终考核的重要因素。对使用管理组织较好的部门和个人给予表彰和奖励,并通过增加部门设备基金、仪器设备购置基金、安排后补助经费等方式给予倾斜支持和激励;对于管理责任落实不到位、仪器设备使用考核结果较差的,将核减该部门仪器设备经费投入。

第 8 章

水利工程检测实验室样品管理

8.1 概述

对水利工程而言,样品管理是检测成败的关键,检测样品的代表性、有效性和完整性将直接影响检测结果的准确度,因此必须对样品的取样、贮存、识别以及样品的处置等各个环节实施有效的控制和监督,确保检测对象符合规范要求,从而使检验结果准确、可靠。

样品管理是贯穿整个检测过程的关键环节,其管理的规范性、公正性和客观性决定检测报告是否准确、公正、客观。《检测和校准实验室能力的通用要求》(GB/T 27025—2019)和《检测和校准实验室能力认可准则》(CNAS-CL01)中都将样品管理纳入其中,并作为检测机构资质认定的考核内容或考核要素之一。所以,加强检测实验室的样品管理工作,对检测实验室的自身能力建设、实验室计量认证和行业认证、工程质量等方面显得尤为重要。

样品管理的目的是对样品的运输、接收、处置、保护、存储、保留、清理或返还等各个环节实施有效控制,确保样品在整个检测过程中的准确性、可靠性和可追溯性,保证检测实验室所出具的检测结果科学、准确、公正。

样品管理贯穿于检测实验室的整个管理体系,对于提高实验室的建设和管理水平具有重要意义。首先,通过合理科学的样品管理,可以确保后续实验的正常开展。这包括对样品的接收、制备、保管和处理等各个环节进行有效的质量控制,以保证样品的代表性、有效性和完整性。其次,样品管理有助于实现样品信息的可追溯和可跟踪。通过对样品进行分类和编码,建立起涵盖样品基本信息和检测记录的数据库,可以确保各个实验室都能够根据编码快速查询到对应的样品信息。这样,一旦出现质量问题或争议,可以迅速追溯到源头,为问题的解决提供有力的支持。最后,样品管理还有助于提升实验人员的安全意识和应急处理能力。通过建立健全的实验室管理体系,确保实验室安全有序运行,可以降低实验过程中的安全风险,保障实验人员的人身安全和设备的正常运行。

8.2 样品接收与标识管理

8.2.1 样品的接收管理

样品接收是样品管理的第一个环节。不管是委托样品还是抽样样品的接收,收样人员都必须对样品的适用性进行认真检查,记录异常情况或偏离情况。在整个检测样品接收管理过程中,需要严格遵守相关规定,确保样品的完整性和可追溯性。同时,需要注重与客户的沟通和协作,确保样品的接收管理符合客户的要求和期望。

接收前确保接收区域干净、整洁,无可能对样品造成污染或损害的因素。准备好必要的接收工具和设备,如标签、笔、记录本、拍照设备等。检测人员或样品管理员在接收委托方送达的样品时,应根据委托检测项目的要求,查看样品状况(包装、外观、数量、规格、颜色、气味、形状、完整性等),清点样品,并对样品进行唯一性编号,填写常规检测任务委托单。查验样品的性质和状态是否满足检测项目的要求。有些样品还应检查采用的包装或容器是否可能造成样品的特性变异,并进行详细记录。检测人员或样品管理员在接收样品时,应检查样品是否异常、是否与相应的检测方法中所描述的试样状态有所偏离等;如有异常或偏离或与提供的说明不符,应详细询问委托方,要求作进一步说明并予以记录。对接收的样品进行编号,并在样品登记表中进行详细登记,包括样品编号、送样人信息、样品类型、检测项目等。记录样品的接收日期、时间、状态(如未检、待检、已检等)等信息。

8.2.2　样品的标识管理

实验室应有清晰标识检测样品的系统。样品在实验室负责的期间内应保留该标识。标识系统应确保样品在实物上、记录或其他文件中不被混淆。适当时,标识系统应包含一个样品或一组样品的细分和样品的传递。

标识的内容应包括但不限于样品的名称、编号、接收日期、存放条件、管理人员等。编号应是唯一的,以便于追踪和管理。标识的格式应统一规定,采用标准字体和字号,确保内容排版清晰。同时可以考虑使用条形码、二维码等自动识别技术,以确保每个样品都可以被快速、准确地识别和追踪。对于过期或变动的样品,必须及时更新标识内容,确保信息的有效性和准确性。在接收样品时,标识应粘贴或标注在样品上。样品在不同的实验状态,即样品的接收、流转、储存、处置等阶段,应根据样品的不同特点和不同要求(如样品的物理状态、样品的制备要求、样品的包装状态)或其他特殊要求,根据检测工作的具体情况,做好标识的转移工作,注意保持样品标识的清晰度。可根据专业特点进行标识,应保证样品标识在整个检测流转过程中的唯一性和有效性。如果标识损坏或丢失,应及时更换或补充。

8.3　样品储存与流转管理

8.3.1　样品的储存管理

样品储存是样品管理的重要组成部分,贯穿于整个样品流转过程。样品储存的规范性对检测结果复核、质量仲裁以及质量监控留样复测都有重要影响,也是各类资质认证认可的重要审查内容。样品储存涉及多个方面,主要包括检测前储存、检测过程储存、留样储存等。

检测样品的储存管理主要体现在以下几个方面：

（1）保持样品的完整性和准确性：样品储存管理需确保样品在储存期间不会受到污染、损坏或变质。适当的储存条件（如适宜的温度、湿度、光照等）可以保持样品的原始状态和性质，从而确保检测结果的准确性和可靠性。

（2）增强样品的可追溯性：通过有效的储存管理，可以为每个样品建立详细的记录，包括样品的来源、接收日期、储存位置、检测状态等信息。这些记录使得在需要时能够迅速追踪到样品的历史和流向，有助于解决潜在的问题或争议。

（3）提高实验室工作效率：储存管理使得样品能够有序地存放和检索。通过合理的分类和标识，实验室工作人员可以快速找到所需的样品，从而节省时间和精力。此外，有序的储存还有助于减少混乱导致的错误或延误。

（4）降低成本和风险：有效的储存管理可以减少样品损坏、丢失或变质而导致的重新采样和检测成本。此外，通过避免样品混淆或误用，还可以降低错误结果导致的损失和风险。

8.3.2 样品的流转管理

样品流转贯穿于样品管理的整个过程，是样品管理工作的重要环节。笔者认为应对流转过程中的状态标识、样品保护、流转记录三个方面予以重点关注。各个检测机构的质量体系文件对样品的状态标识都有相关规定，一般采用"未检（或待检）""在检""已检（或检毕）""留样"等标签加以标识。从收样开始，历经领样、样品制备、样品检测、样品交回、样品留存，直至样品销毁或返还，样品状态随着样品流转不停变化。

样品流转需要重点关注以下几个方面。为每个样品分配唯一的编号或条形码，并在整个流转过程中保持标识的完整性和清晰性。样品管理人员、检测人员应做好样品标识的转移工作，不仅实物上的状态标识要及时更新，样品放置区域、信息化管理系统的样品状态也要对应进行调整。流转过程中，定期检查样品的状态，确保样品没有损坏、被污染或丢失。对于需要特殊条件保存的样品，确保其在流转过程中保持适当的温度和湿度等条件。建立详细的流转记录，记录样品的流转时间、流转人员、流转路径、检测状态等信息。使用电子系统或纸质记录本进行记录，并确保记录的准确性和及时更新。在样品传递和接收时，双方应进行确认并签字，确保样品的准确性和可追溯性。对于外部传递的样品，还应确保样品的包装和运输符合相关法规和标准要求。

8.4 样品处置管理

样品处置是样品管理的最后一个环节,一般包括清理、返还、延期留存、长期留存等。因为正式的实验检测结果已出具,所以很多检测机构往往容易忽视这项工作,经常存在未到期处理、处理过程不记录、影响环境的样品随意丢弃、重要样品没有进行再留存评估、返还样品损坏等问题,导致整个管理流程不完善,有时也会造成严重的实验检测事故。

检测机构质量管理体系应对样品留样期和过期处置要求进行明确规定,特殊样品应根据检测性质或客户要求另行确定。对达到留存期要求的样品,应分类确定处置方式。

样品处置可按以下分类开展:

(1)客户要求返还的样品:留存期满后,样品管理人员应联系客户及时领回并做好记录;客户要求在留样期内提前返还样品时,应要求其提供必要的书面说明,然后由样品管理人员办理退样手续。

(2)检测机构可自行处置的样品:检测机构相关负责人审批后,交给样品管理人员统一处理,并做好样品处置记录。

(3)具有危害性的样品:应交给专业废弃物处理机构处置,若检测机构已建立经验证审批的危害性样品处置程序,也可按照规定自行进行无害化处理并做好记录。

(4)主要质量特性不合格、事故鉴定、能力验证、仲裁试验的样品:留存期满后宜再行评估是否延长留存时间或长期留存。

(5)一些贵重、稀有或质量特性明显的样品:可考虑长期留存,作为资质评审或留样再测样品备用。

8.5 典型案例

某水利检测单位作为通过中国计量认证的检验检测机构,该单位质量体系程序文件中包含了较为详细的样品管理办法,对样品的抽取、接收、流转、贮存、处置及样品的识别等各个环节进行了全过程规范管理。本节以该单位的样品管理办法作为典型案例。

8.5.1 目的和范围

(1)检测样品的代表性、有效性和完整性直接影响检测结果的准确性,因此,必须对样品的抽取、接收、流转、贮存、处置及样品的识别等各个环节实施有效的质量控制。应根据委托方的要求做好样品的保密工作。

（2）本程序适用于中心各类检测工作中检测样品的抽取、接收、流转、贮存、处置、识别等项目的管理。

8.5.2 引用文件

《检验检测机构资质认定评审准则》；

《检验检测机构资质认定能力评价检验检测机构通用要求》。

8.5.3 职责

（1）中心技术负责人对检测样品的管理实施总体控制。

（2）样品管理员负责记录接收样品的状态，做好样品的识别及样品的贮存、流转处置过程中的质量控制。

（3）检测人员对抽样、制备、测试、传递过程中的样品加以防护。

（4）中心办公室协助技术负责人检查、督促样品的规范管理。

8.5.4 程序内容

1. 抽样

（1）凡要求进行工程或整体质量判断或分部、分项工程验收的检测项目，应进行抽样。抽样应根据规程、规范和检测要求制订抽样计划，抽样计划应包括抽样程序、抽样样本的大小、抽样人的识别、环境条件（如果相关）、抽样位置的图示或其他等效方法、抽样程序所依据的统计方法。

（2）检测人员赴现场按抽样计划进行抽样，当客户要求对已有文件规定的抽样程序进行添加、删减或其他有所偏离行为时，检测负责人应审视这种偏离可能带来的风险。根据任何偏离不得影响检验检测质量的原则，要对偏离进行评估，经批准后方可实施偏离。具体按《允许偏离控制程序》执行。应详细记录这些要求和相关的抽样资料，并记入包含检测结果的所有文件中，同时告知相关人员。如果客户要求的偏离影响到检验检测结果，应在报告、证书中做出声明。

（3）取样后，取样人以适当方式封样，并编号、登记，登记内容包括工程名称、取样地点和日期、环境条件、取样人、封样人等。必要时有抽样位置的图示或其他等效方法。

（4）样品运送应保证样品的完好性和完整性。

2. 样品的接收

（1）委托样品的接收应遵循下列程序：

样品管理员应根据委托检测项目的要求查看样品的完整性、包装情况、标识信息等是否符合规定。

核对样品与送样单或委托合同上的信息是否一致,包括样品名称、编号、数量、规格、性状等。如发现样品不符合要求或存在异常情况,应及时与客户沟通并协商解决方案。

对接收的样品信息进行登记,包括样品信息、接收信息、接收人员等。

(2)样品入库管理应遵循以下程序:

样品入库应由样品管理员办妥交接手续。

对于有时间限制的样品,检测负责人应督促检测人员在有效期内进行检测。

3. 样品的贮存保管

(1)应有专门的样品贮存场所,并分类存放,标识清楚。

(2)应保证样品有适宜、安全、可靠的贮存环境条件。

(3)对要求在特定环境条件下贮存的样品,应严格控制环境条件,并加以记录。

(4)样品管理员负责保管样品的完好性、完整性。

4. 样品流转

(1)样品管理员根据样品特性与委托方的检测要求填写检测任务单,送交检测人员,并保存好相应的记录。

(2)检测人员领取样品进行检测前的制备和制样时,应检查检测项目的样品标识,并查看样品的状况。

(3)在检测人员检测工作开始前,实验室应确认样品是否按要求(包括委托方的要求)完成了必要的准备工作。

(4)样品在制备、检测、传递过程中,应加以防护,避免受到非检测性的损坏并防止丢失。

(5)检测人员在检测工作完成后,应按规定要求处置样品。若要求保留,应交回给样品管理员,由样品管理员注明样品保留期后贮存并做好记录。

5. 样品的识别

(1)样品的识别包括不同样品的区分识别和同一样品不同试验状态的识别。

(2)样品区分识别号可贴在样品上或贴(写)在样品袋(器皿)上。

(3)样品所处的状态用"天然""扰动"或"未试""试毕"标签加以识别。

(4)样品在不同的试验状态,即样品的接收、流转、贮存、处置等阶段,应根据样品的不同特点和不同要求(如样品的物理状态、样品的制备要求、样品的包装状态)或其他特殊要求,根据检测工作的具体情况,做好标识的转移工作,注意保持样品标识的清晰度。可根据专业特点进行标识,应保证样品标识在整个检测流转过程中的唯一性和有效性。

6. 样品的处置

(1)需要保留的试毕样品保留期不得少于报告申诉期,一般保留期不超过

90天。特殊样品根据标准要求或协议进行处理。如委托方要求保留检测的样品，则按委托方的要求期限保留。

（2）试毕样品的处置按以下程序执行：

对于破损性检测的试毕样品，检测室在对样品进行破坏性状描述后即可处理。

委托方要求领回的样品，检测室应通知委托方及时领回。领回样品时，签注"对本检测报告无异议"之后，方可办理退样手续。

对委托方无需领回的留样过期的样品（包括部分报废、报损样品），由检测室主任审核、批准后处理，并对处理方式、日期进行记录，特别是涉及委托方所有权的样品应作详细的记录。

对污染环境及造成危害的样品，应按规定的办法监护处理，并有监护处置记录。

第 9 章

水利工程检测实验室环境管理

水利工程检测实验室环境管理的目的是保证各实验室的设施、检测场地以及能源、照明、采暖和通风等环境条件能满足有关标准规定和检测工作要求,确保检测结果的有效性和准确性。

主要职责安排分配情况如下:

1. 实验室主任负责检测所需资源(场地、设施等)环境的配置。2. 实验室质量负责人负责对各实验室设施和环境条件的检查与监督。3. 各检测组负责人负责对实验室设施和环境条件的实施。4. 检测人员负责对实验室设施和环境条件的监测、控制和记录。

实验室应根据有关标准和检测工作要求配备对环境条件进行有效监测、控制和记录的设施和装置。检测人员在进行检测前,应检查实验的设施和环境能否满足检测有效性和准确性的要求,如果不符合检测要求,应采取措施使之满足要求后方能进行检测工作。

对有特殊要求的试验场所,检测人员工作时首先检查环境条件是否符合工作要求,并做好相应的环境监控记录。尤其在非固定场所进行检测时,应对外部环境做详细的记录描述,如果外部环境不能满足检测的可信度要求,应了解其对检测结果的影响程度,并采取相关措施,必要时应进行有关影响因素的测定,并提供测试证明和验证报告。

当检测工作室的环境条件发生突变,满足不了标准和检测工作要求时,检测人员应停止检测工作,待环境条件恢复正常后,再重新开始检测工作,以确保检测结果的有效性。

相关仪器设备应配置稳压电源及通风设备等,以保护仪器设备正常运行及工作人员的安全和健康。

当检测过程中有不能停电、停水等特殊要求时,应配备应急设施或装置。互不相容的活动区域必须有效地隔离,并采取措施来防止交叉干扰。相邻区域内的工作相互之间有不利影响时,应采取有效的隔离措施。

实验室所涉及的有特殊要求的场所均应在进入该场所的门前标有明显的标志。进入和使用对检测有影响的区域,必须得到控制。为保证检测工作质量和做好保密工作,与检测无关的人员不得进入试验区,如外来人员需进入试验区域,必须经实验室负责人批准签字后,由检测人员陪同方可进入实验区域。

实验室的内务管理包括:

1. 实验室的检测设施及物品应摆放合理、整齐,满足检测要求。2. 对实验室的废物、废液、废气的处理,必须符合有关环保的要求。3. 中心试验场所应配备消防灭火器材,由院保卫部门定期对器材进行检查。任何人不得私自挪动位置,不得挪作他用。4. 检测人员必须持证上岗,无上岗证人员不得上岗操作。5. 进行剧毒、高压电等方面的危险作业时,不得少于二人在场。如必须带电处理电器设备时,也应有两人在场,以防触电。

第 10 章

检测过程管理

10.1　样品管理

样品管理在检测全过程中是十分重要的,样品的真实性、代表性和其性能的稳定传递是保证检测结果真实可靠的关键,参照本书第8章相关内容。

10.2　检测方法管理

检测方法是实施检测的技术依据。为保证检测工作正常进行并满足相关标准的要求,使检测工作各个环节始终处于受控状态,确保检测质量符合有关检测标准的要求,应对检测方法制定相关控制规定,确保检测方法的正确性、有效性,主要涉及标准检测方法(国家、行业标准检测方法)和非标准检验方法的选择、使用和管理。

机构技术负责人负责审批检测方法,质量负责人对检测标准有效版本的使用实施监督和控制。检测负责人负责编制、审核非标准检测方法。

10.2.1　标准检测方法

在资质认定的参数范围内接受客户的委托检测。检测参数使用以下标准或方法的有效版本:

(1)国际标准或方法;

(2)国家标准或方法;

(3)行业标准或方法。

当以上标准或方法尚不能准确指导检测工作时,应编制作业指导书来规范检测工作。

检测人员在初次使用标准方法前,应验证是否能够正确运用标准方法。若标准方法发生变化,应重新予以验证,并提供相关证明材料。

10.2.2　非标准检验方法(含自制方法)

无标准检测方法时,要尽量选择知名技术组织推荐或有关科技文献、杂志上公布的检测方法。使用非标准检验方法时应注意以下几方面:

(1)检测人员在使用非标准方法前应进行确认,以确保该方法适用于预期用途,并提供相关证明材料。如果方法发生了变化,应重新予以确认,并提供相关证明材料。

(2)选择非标准检测方法时,应经检测负责人确认,并征得客户书面同意。必要时可在检测委托书上注明。

（3）所采用的非标准检测方法应在检测报告中注明。

（4）检测人员应记录作为确认证据的信息：使用的确认程序、规定的要求、方法性能特征的确定、获得的结果和描述该方法满足预期用途的有效性声明。

10.2.3 客户指定检测方法

当客户指定的方法是企业的方法时，则不能直接作为资质认定许可的方法，只有经过试验室相关人员转换为试验室的方法并经确认后，方可申请检验检测机构资质认定。

当客户建议的方法不适合或已过期时，应通知客户。如果客户坚持使用不适合或已过期的方法，检验检测机构应在委托合同和结果报告中予以说明，同时应在结果报告中明确该方法获得资质认定的情况。

当客户有特殊要求或其他原因需进行某些特殊试验，在既无标准检测方法，又无非标准检测方法时，检测负责人应根据检测项目的实际情况，组织编制作业指导书，形成非标准检测方法，报技术负责人批准，并征得客户同意。

检测人员要熟悉和掌握所承担检测项目的检测方法（标准、检测细则或有关资料）、检测步骤、仪器操作规程、仪器状态、环境条件要求、数据计算分析和检测结果的判断方法。

10.3 检测记录与报告管理

检测记录和检测报告是记录试验过程的载体，其所记录信息的完整性、科学性、规范性，图表的可阅读性至关重要。目前，记录、报告格式和信息品种繁多，内容格式不统一，不便于质量监控和信息交流，一定程度上制约了实验室信息化、智能化、标准化建设的步伐。

10.3.1 记录

记录是机构质量体系运行和检测工作开展是否正常的一种客观反映，是证实性文件，也是委托方和第三方对中心工作质量进行评估的依据之一。

记录分为质量记录和技术记录。

质量记录是指管理体系活动中的过程和结果的记录，包括合同评审、分包控制、采购、内部审核、管理评审、纠正措施、预防措施和投诉等的记录。

技术记录是指进行检测活动的信息记录，应包括原始记录，导出数据和审核、检测和环境条件控制、人员和方法确认、设备管理、样品和质量监控等记录及检测报告。无论是电子记录还是纸面记录，应包括从样品的接收到出具检测报告证书过程中观察到的信息和原始数据，并全程确保样品与检测报告的对应性。

（1）记录要求

记录要求主要包括以下几方面：

a. 抽样、样品出入库记录应按预先设计好的格式填写；原始观测记录应按试验规程、规范规定和中心的统一格式填写；应正确应用法定计量单位。

b. 每项检测的记录应包含充分的信息，以便在需要时，识别不确定度的影响因素，确保检测活动在尽可能接近原始条件的情况下能够重复进行。

c. 记录原则上应用墨水笔填写，字迹清晰，内容完整，特殊情况下可用铅笔填写；记录应有抽样人员、检测人员和结果校核人员的签字或等效标识。

d. 观察结果、数据应在产生时予以记录，不允许补记、追记、重抄。

e. 书面记录形成过程中如有错误，应采用杠改方式，并将改正后的数据填写在杠改处。实施记录改动的人员应在更改处签名或标记等效标识。

（2）记录内容

a. 样品描述；

b. 样品唯一性标识；

c. 所用的检测方法；

d. 环境条件（适用时）；

e. 所用设备的信息；

f. 检测过程中的原始观察记录以及根据观察结果所进行的计算；

g. 从事相关工作人员的标识；

h. 检测报告的副本；

i. 其他重要信息。

（3）记录的保存和归档

a. 所有记录的存放应有安全保护措施。对电子存储的记录也应采取与书面记录相同的措施，并加以保护及备份，防止未经授权的侵入及修改，以避免原始数据的丢失或改动。

b. 记录可存于不同媒体上，包括书面、电子和电磁。

c. 存放记录的场所应保持干燥整洁，具有防盗、防火设施。

d. 检测记录由检测负责人负责整理和保管，在检测报告提交审核签发时，必须将完整的原始记录一并送审，并交机构专人负责统一保管，下一年年初由机构统一随检测报告送档案室存档。如无特殊要求，保管期限一般为6年。

e. 管理评审、内部质量审核等质量活动的相关记录由机构统一保管，保存期一般为6年。投诉处理记录、文件控制记录、合格供方评审记录、监督检测记录等保存期限视实际情况确定。

f. 人员技术档案由中心办公室长期保存并实施动态管理。

g. 仪器设备档案由各分中心仪器设备管理员长期保管，并实施动态管理。

（4）记录的查阅

机构应设专柜保管质量记录、检测报告、原始记录等，做到安全贮存，并为委托方保密，未经机构许可，任何人不得以任何理由查阅。需要查阅归档质量记录时，按照科技档案借阅制度办理借阅手续，并填写"科技档案借阅登记表"。

（5）记录的销毁

保存的记录如超过保存期，由资料管理专员提出销毁申请，经相关人员审核后，报机构负责人批准，由资料管理专员执行销毁。

10.3.2 报告

报告是试验检测产生的最终产品，反映了被检对象的质量信息，客户根据报告信息判定产品质量，做出科学结论和决策。故报告编写需规范、通俗易懂，涵盖信息完整全面，图表清晰，数据、图片、术语等准确无误，结论准确，符合法律法规及行业规范。报告信息来源于委托单或合同、原始记录，应具有可追溯性。所有检测报告均应采用法定计量单位。检测报告应能按照检测方法中的规定准确、清晰、明确、客观地表述检测结果。

机构建立并保持《检测报告编制和管理程序》，对报告的格式、形式、审批、发放和更改等作出规定，确保提交合格的检测报告。检测项目负责人编写检测报告，具有相应资历的人员审核。技术负责人或经评审机构考核通过的授权签字人批准签发检测报告。机构派专人负责检测报告的日常管理。

（1）检测报告内容

检测报告至少应包含如下内容：

a. 标题，如"检测报告"；

b. 机构名称和地址、进行检测的地点（当与实验室地点不同时）；

c. 标注资质认定标志，加盖检验检测专用章（适用时）；

d. 报告的唯一性标识（如序号）和页码的标识，以便能够识别该页属于报告的哪一部分，表明报告结束的清晰标识，报告的硬拷贝应当有页码和总页数；

e. 委托方的名称和联系信息；

f. 被检样品的标识和说明；

g. 样品的特性、描述、状态和标识；

h. 对检验检测结果的有效性和应用有重大影响时，应注明样品的接收日期和进行检测的日期；

i. 采用的检测方法所依据的标准，或者是采用非标准方法的明确说明；

j. 当参与抽样时，抽样日期和涉及的抽样程序对检验检测结果的有效性或应用有影响时，提供检验检测机构或其他机构所用的抽样计划和程序的说明；

k. 检测环境条件等与相应检测方法的标准规定有增加或减少等以及其他与

检测有关的信息；

l. 测量、检查和导出的结果（适当地辅以表格、图加以说明），以及对结果失效的说明；

m. 当合同内容有要求时，对估算的检验不确定度予以说明；

n. 检测报告相关人员的签字、职务或等效标识以及签发日期；

o. 检验检测机构接受委托送检的，其检验检测数据、结果仅证明所检验检测样品的符合性情况；

p. 当检验检测结果来自于外部提供者时，应清晰标注；

q. 注明未经中心书面批准，不得复制机构的检测报告（完整复制除外）；

r. 检验检测结果的测量单位（适用时）。

（2）检测报告附加内容

需要对检测结果做出解释说明，或者检测过程中已经出现的某种情况需在报告中做出说明，或对其结果需要做出说明时，应对检测报告给出必要的附加信息。这些信息包括：

a. 对检测方法的增加或删减等的说明，以及特定检测条件的信息，如环境条件。

b. 相关时，符合（或不符合）要求、规范的声明。

c. 适用时，评定测量不确定度的声明。当不确定度与检测结果的有效性或应用有关，或客户的指令中有要求，或当不确定度影响到对规范限度的符合性时，还需要提供不确定度的信息。

d. 适用且需要时，提出意见和解释。

e. 特定的检验检测方法或客户所要求的附加信息。

f. 当报告涉及使用客户提供的数据时，应有明确的标识。当客户提供的信息可能影响结果的有效性时，报告中应有免责声明。

（3）包含抽样环节的检测任务出具检测报告时，应包含如下内容：

a. 抽样日期；

b. 抽取的材料或产品等的清晰标识（适当时，包括制造者的名称、标示的型号或类型和相应的系列号）；

c. 抽样位置，包括简图、草图或照片；

d. 所用的抽样计划和程序；

e. 抽样过程中可能影响检验检测结果的环境条件的详细信息；

f. 与抽样方法或程序有关的标准或者技术规范，以及对这些标准或者技术规范的增加或删减等信息。

（4）当需要对报告或证书做出意见和解释时，应将意见和解释的依据形成文件。意见和解释应在检验检测报告或证书中清晰标注。对检验检测报告或证书做出意见和解释的人员,应具备相应的经验,掌握与所进行检测活动相关的知识,熟悉检测对象的设计、制造和使用,并经过必要的培训。检测报告的意见和解释可包括(但不限于)下列内容:

    a. 对检测结果符合(或不符合)要求的意见;

    b. 履行合同的情况;

    c. 如何使用结果的建议;

    d. 改进的建议。

（5）当检测项目中包含了分包方的检测结果时,在检测报告中需明确注明任何分包内容及分包方的名称、地址,分包方应以书面或电子方式报告结果。

（6）常用检测结果判断及结论

① 监督抽检按产品标准或检验评定标准对其代表样本的质量合格与否做出判定。

    a. 当对产品的全部项目进行检验或检测且均符合标准时,判断该产品为合格;

    b. 当全部项目中出现不符合标准的项目时,则判断产品为不合格;

    c. 对产品的部分项目进行检验检测时,仅对所检项目的结果做出判定,不得判定产品是否合格。

② 委托检测按委托合同(委托单)的要求决定是否进行判定;无需判定时,仅提供检测数据,若需判定时,应按如下规则判定。

    a. 做全项检验检测时,对样品做出判定,符合判定标准时,判定该产品为合格。

    b. 仅对部分项目进行检验检测时,分别表述符合规定和不符合规定的项目,出现不符合时,则判断产品为不合格。

    c. 对于委托送样检测的,应当声明检测报告仅对来样负责。

    d. 对于委托抽样检测的,如工程现场检测、工地试验室检测所出具的检验检测报告,其结论应当对所检现场工程或样本负责。如压实度检测,由检测人员自行进行抽样,抽样应具有代表性,其检测数据应对所抽检的桩号段落负责,而不是仅对抽检的点位负责;同理,结构物混凝土抗压强度回弹检测时,因由检测人员自行对结构部位进行抽样,其检测结果代表整个结构物的回弹抗压强度,而不是抽检部位的回弹抗压强度。

③ 检验检测结论

结论样式如下:依据××标准,所检××项目或所检××参数符合或不符合××方法或产品标准要求。

（7）当委托方要求用电话、电传、图文传真或其他电子和电磁设备传送检测结果时,应遵循《保护客户秘密和所有权程序》中规定的发送程序,并进行记录;同时在发送前应对委托方进行确认,并保证发送内容的保密性。检验检测报告的格式应设计为适用于所进行的各种检验检测类型,并尽量减小产生误解或误用的可能性。

(8) 当已向委托方发出的检测报告要作更正或增补时,将另外颁发一份对××××编号检测报告的修改报告或补充报告,重新发布修订的检验检测报告有区别于原报告的唯一性标识,且表明所代替的报告,有修订审批、修订过程和发放记录,将原报告收回销毁,并办理登记手续。当无法将原报告收回时,则发表声明或发出××××编号报告的检测数据修改单作为补充,并取得相应委托方收到声明或修改单的回执,归档以备查。当需要发新报告时,应重新编号,并注明替代的检测报告。

(9) 当发现诸如因检测仪器设备有缺陷而对以往的检测数据和检测报告给出的结果有疑问,对已发出的检测报告的有效性产生怀疑时,机构能立即以书面形式通知委托方,并留下委托方已得到通知的记录。

(10) 当出现法制规定或委托方要求等特殊情况时,检测报告的格式和内容可按照满足法制规定或委托方要求为原则。

(11) 检测机构应当对检测原始记录、检测报告、检测合同或委托书等相关资料进行留存,保证其具有可追溯性。保存期限通常不少于 6 年。

除检测方法、法律法规另有要求外,实验室应在同一份报告上出具特定样品。

(12) 为了方便检测报告的管理与查询,应建立检测报告登记台账和报告印章使用台账,内容应包含序号、报告编号、项目名称、委托单位、合同金额、审批人、报告领用日期。检测报告归档时,应将委托单(合同)、任务单或检测通知单、原始记录、检测报告等材料一并归档。

第 11 章

水利工程工地试验室建设与管理

11.1 建设意义

工地试验室是为满足水利工程建设过程中的质量控制要求,由施工单位、监理单位或项目法人委托具有相应检验检测资质的机构在工程现场设立的临时试验室,是工程质量管理的重要组成部分,承担着工程原材料及中间产品、混凝土实体工程、岩土工程、金属结构、机械电气设备等方面的试验检测工作。

工地试验室提供的试验检测数据是工程质量评判的重要依据,为工程质量控制提供科学依据,同时也为工程施工提供了技术指导,是工程质量验收的重要支撑。工地试验室的建设与管理水平将直接影响试验检测数据的客观性和准确性,对提高工程建设整体质量具有重要意义。

11.2 基本规定

1. 母体机构应具备与承担工程项目等别、检测专业相匹配的水利工程质量检测资质等级。

2. 母体机构应将管理体系覆盖工地试验室,对其实施全过程的管理,并对工地试验室的行为承担全部责任。

3. 工地试验室应在母体机构授权范围内开展检测工作。

4. 工地试验室应当按照检测合同、现行技术标准和设计文件等要求开展检测工作,并对其出具的检测报告负责。

5. 工地试验室应严格执行水行政主管部门、市场监督管理部门的管理规定。

11.3 设立与授权

工地试验室的设立应根据合同要求、工程建设规模及重要性、各省和地区对工地试验室建设的相应要求进行,确定授权业务范围、检测参数,建设相匹配的试验场所,配备符合要求的试验检测人员,并购置相应的仪器设备。

工地试验室的设立应得到母体机构的正式授权,母体机构出具授权文件并加盖公章,授权文件应明确工地试验室的组织结构、关键岗位人员、检测项目参数、依据的规范标准、授权期限,并授权工地试验室启用检验检测专用章。

工地试验室得到母体机构授权一般需满足一定条件,并通过母体机构的验收:

1. 工地试验室建设用房、整体布局是否满足要求。

2. 工地试验室各功能室设置、布局是否满足试验检测要求。

3. 试验检测人员资格条件和配备数量是否满足检测要求。

4. 工地试验室仪器设备配置、适用性、计量检定是否满足要求。

5. 工地试验室环境条件是否满足规范标准的要求。

6. 工地试验室质量管理体系文件、各项管理制度是否健全和适用。

7. 工地试验室所用试验检测规范、规程、标准等是否齐全合规。

8. 工地试验室的消防、用电、防汛、防风、废液废物处理等方面的安全性是否满足要求。

11.4 场所建设

11.4.1 选址要求

工地试验室的建设选址应充分考虑安全因素,环境条件,交通、水电、通信以及工程质量管理等多种因素。

1. 安全因素

工地试验室应避开易发生地质灾害、洪涝灾害、大风雷电的区域;与高压电线、通信光缆、输油管道、地下管线等保持一定的安全距离;不应建设在临近易燃易爆品生产及存储的区域;不宜建设在有其他安全隐患的区域。

2. 环境条件

工地试验室不应建设在化工厂、垃圾站(厂)等易产生干扰的区域;应避开噪声、振动、电磁干扰、尘烟、液(固)废物污染等不利的环境影响。

3. 管理要求

工地试验室应提前规划好工作区、办公区和生活区,场地空间应能满足试验检测、办公及生活等各方面需求。

工地试验室应建设在交通便利、水源充足、通信信号稳定、电力保障可靠的区域,防止试验室因资源或其他外在因素对自身运行产生很大影响。

工地试验室建设场地宜选在距离项目部驻地、工地现场相对较近的位置,方便项目集中统一管理,同时能缩短到达工地现场的时间,节约各项成本。

对于长距离线性工程,标段跨度较大、距离较远时,可根据条件设置分支试验室,作为工地试验室的组成部分,接受监督机构的监管。

11.4.2 规划布局

工地试验室应根据试验检测、工作生活的实际需求,结合场地的地形、地貌、地物、空间以及已有设施进行整体规划,规划设计方案应满足试验检测和标准化建设的相关要求,规划设计方案需经过建设单位批准。

1. 基本原则

工地试验室应设置工作区和生活区，并分开布置。工作区包括功能室、办公室、档案室等，生活区包括宿舍、食堂等。各功能室应根据试验检测用途不同分开独立设置，并根据试验检测流程合理布局，保证试验样品的流转程序顺畅，便于整个试验的开展。会相互干扰或影响的检测项目，其功能间不应邻近设置。

2. 功能室设置

工地试验室应根据工程类型、试验检测项目以及工程量来设置功能室。对于水利工程，一般可设置胶材室、骨料室、拌和室、耐久性室、标准养护室、样品室、留样室、力学室、土工室、外检室、高温室、化学室（可选）、沥青室（可选）等。各功能室应相对独立，布局合理，能够满足仪器设备安装和试验操作要求，并应考虑检测活动需要的操作台、排水槽、沉淀池、洗手池等。

对于涉及的水利附属工程或特殊专业，如交通设施、路桥工程、电气等，如有单独设立功能室的需求，可根据实际情况增设。

11.4.3 房屋建设

工地试验室用房主要分为两种，一种是新建房屋，另一种是租用既有房屋。

1. 新建房屋

工地试验室新建房屋应安全、坚固、实用、环保、美观，能满足试验检测、办公及生活的要求。

房屋应该根据场地空间和面积设计，考虑台风、暴雨、暴雪等极端天气的影响，必要时采取加固措施，保证在整个工期内房屋安全可靠，能够正常使用。

房屋地基应做夯实处理，必要时可进行专门的基础处理，工地试验室内外场地应进行硬化处理，院内及四周需设置排水沟，保证雨季排水正常，试验室院内及外侧可适当种植花草树木。

板房建筑应采用坚固、环保、安全度高的保温材料，不得使用石膏板房、帐篷等。板房室内地面宜高于室外地面，室内地面可铺设瓷砖等平整硬质材料。板房应在前后设置窗户和窗帘，保证天然采光，但养护室不设置窗户。

2. 租用既有房屋

工地试验室如租用既有房屋，需要考虑以下方面：

（1）房屋周边环境及本身结构是否满足安全、环保的要求。

（2）房屋是否有足够的空间安装仪器设备，并保证操作空间，同时满足办公与生活要求。

（3）房屋布局是否便于改造划分不同功能间，且各功能间之间相对独立，不相互干扰。

（4）房屋内水、电、暖、采光、通风、通信等设施是否具备或者改造后能否满足标准化建设要求。

（5）房屋租用期应满足工期需求。

11.4.4 环境与设施

1. 温度和湿度

功能室环境应能满足技术标准规定的温湿度要求,功能室内应安装空调、加湿机等温湿度控制设备,室内应悬挂温湿度计,且须经过计量检定部门的检定或校准。

2. 给水和排水

功能室内应设给水、排水设施,符合安全、适用、卫生、方便的要求,满足试验检测的需求。

功能室内应根据试验需求,设置上下水管、水龙头、水池、排水口等。拌和室内地面应设泄水槽,室外设置沉淀池,并能保持排水通畅。如排污水,则应根据污水的类型、排放量等,按相关标准要求设置排水系统。

3. 通风和采光

功能室应建立顺畅的通风窗口,如试验过程中产生有毒有害的气体,则需要根据废气类型、污染严重程度、排放量等因素,按相关标准要求配置合适的通风设施,满足环境和人身安全防护要求。

功能室内应安装满足试验检测照明要求的灯具,还需安装窗帘。根据室外光线的强弱,调节试验室内的光照,以满足工作要求。

4. 供电设施

工地试验室所用电气设备和临时用电设施应符合《供配电系统设计规范》(GB 50052—2009)、《施工现场临时用电安全技术规范》(JGJ 46—2005)等有关规定,应铺设接地线路并做好接地管理,保证用电安全。

根据各功能室及办公生活区的用电设备计算出工地试验室的用电总功率,采用独立的专线集中配电,用电设备按照三级负荷供电。

工地试验室应设电源总闸,各功能室、办公区、生活区之间应铺设独立的供电线路,并配备独立的空气断路器开关和漏电保护器。工地试验室主要仪器设备接线应一机一闸,有金属外壳的设备应采取设置接地保护等措施。根据工程实际,宜配备备用电源。

标准养护室的电路及照明灯具应具有相应的防水等级,保证电路安全。

5. 安全设施

工地试验室的安全防护设施应严格遵守国家、行业以及甲方合同的有关规定,同时满足工地试验室安全运行的要求,主要包括保障试验室设备安全、人员安全、防火防盗安全、危化品安全,设置安全标识等。

（1）试验设备如万能材料试验机、压力机、钢筋弯曲试验机等大型力学仪器设备应安装钢制安全防护网,防护网应坚固耐用、安装牢靠,满足安全要求。

(2) 试验人员开展室内高温操作试验时,应佩戴防烫伤安全手套,使用安全工具操作,禁止无防护措施直接接触高温仪器或样品。当进行带电设备维护时,操作人员应佩戴绝缘防护用品。检测人员开展工地现场试验时,应按要求佩戴安全帽,穿反光衣,试验室采购的安全帽质量应符合有关国家标准要求。

(3) 工地试验室应配备消防箱、灭火器等消防设施,同时储备一定量的应急消防物资。灭火器的种类和数量配置应严格遵守《建筑灭火器配置设计规范》(GB 50140—2005)的要求,功能间和办公室主要为干粉灭火器,档案室、样品室宜采用二氧化碳灭火器。灭火器应选用正规厂家的合格产品,生产日期等标识应齐全,保险装置完好,瓶体正常无损伤,灭火器应摆放于明显、便于取放的位置。试验室人员应定期检查,确保灭火器在有效期内,可以正常使用。

(4) 工地试验室应安装大门,有条件时可设人脸识别装置,以免外部非工作人员随意进入。试验室应设监控室,场区内安装监控探头,监控范围覆盖整个场区。功能室、档案室及办公室窗户应安装防盗网,保证仪器设备、档案资料、办公材料和物资的安全。

(5) 化学室如存储易燃、易爆、腐蚀性的化学品,应设置有害废气、废液、废固物收集处理设施,或委托专门的环保单位进行处理。使用或存储化学试剂、化学危险品、放射性设备时,应符合安全防护和安全存储的管理要求,以免造成泄漏污染。

(6) 工地试验室应张贴必要的安全标识,如"当心触电""高压危险""当心机械伤害""严禁烟火""当心高温烫伤""当心夹手""危险废料"等。

6. 办公设施与交通工具

工地试验室应配备办公设施,创造舒适、整洁、安全、环保的办公环境,同时配备必要的交通工具,便于往返工地现场开展试验检测工作。

(1) 办公室应按实际需求设置单间和开放工位,试验室主任、技术负责人等主要管理人员宜有独立办公区。

(2) 办公室应配备办公桌椅、电脑、打印机、扫描仪、文件柜、宽带网络、空调等设施,为试验检测及管理人员提供良好的办公环境。

(3) 档案室应购置满足质量和数量要求的文件柜,配备空调、抽湿机等设备,采取防盗、防火、防潮、防蛀等措施。

(4) 工地试验室可设立会议室,配备相应的会议桌椅、投影仪等办公设施。

(5) 工地试验室应根据工程标段距离、工作内容以及工作量,配备一定数量的车辆,用于现场取样、现场检测、参加会议等。

7. 其他设施

(1) 样品架

样品架一般放置于样品室、留样室、养护室。样品架应坚固耐用,具有一定的承重能力,一般采用钢材制作。总体高度为 1.5~1.8 m,多层设置,可根据放置样品种类、大小设置每层高度。样品室和留样室内的样品架应标明样品架编号及样品名称。养护室内的样品架一般按顺序进行编号。

(2) 操作台

各功能室应根据试验检测需要配备操作台,操作台可买成品柜台,也可现场砌筑。柜台应坚固、平整、抗折、耐久,台面铺设橡胶台垫,操作台下安装柜门,保持统一美观,根据功能间需要不同,台面上设水槽,便于取用水。

操作台台面宽度一般为 60~80 cm,高度为 70~90 cm,也可根据仪器设备的大小,适当调整操作台的高度和宽度。

(3) 设备基座

对于需要混凝土基座的仪器设备,如万能材料试验机、压力机、振动台、摇筛机、击实仪等,在板房施工前,应提前规划基座的位置和尺寸,以便为功能室的设计提供依据。基座的设计应符合相关规范、标准及仪器设备说明书。

(4) 标识标牌

工地试验室标识标牌制作材料应结实、不易变形;标牌颜色和字体应考虑整体视觉效果,既要美观大方、整体协调,又要满足企业文化要求。

工地试验室的标识标牌主要包括工地试验室名称牌匾,各功能室门牌,组织机构图、岗位职责、管理制度和操作规程等的上墙图框,以及质量标牌、安全警示标识、企业文化宣传牌等。

工地试验室名称一般采用铜或木制牌匾,悬挂于门口醒目位置,牌匾内容与工地试验室印章内容一致(母体机构名称+建设项目标段名称+工地试验室名称)。

工地试验室应悬挂母体机构质量方针和工地试验室组织机构图、岗位职责、管理制度、主要仪器设备操作规程等的图框。尺寸一般为高×宽=80 cm×60 cm 或高×宽=70 cm×50 cm,固定于功能室和办公室的侧墙上。

各功能室门牌尺寸一般为高×宽=10 cm×20 cm 或高×宽=15 cm×30 cm,固定于功能室门正上方,也可根据门的大小适当调整尺寸,但宽高比一般为 2。

对存在安全风险和环境保护管理要求的对象,宜设置醒目的安全、环保警示标识。对限制人员进入的工作区域应在其明显位置设置限入提醒标识。

11.5 人员配置

水利工程工地试验室应根据项目合同要求、工程规模和特点、检测内容、工期要求等因素,按照检测专业配备相应的试验检测和管理人员,人员应具有一定的教育背景,具备良好的职业道德和职业素养。

11.5.1　基本素质

工地试验室人员应树立正确的人生观、世界观和价值观,具有良好的政治素养和高度的责任心。人员应严格遵守国家的法律、法规及各项规章制度,坚持诚信,实事求是,坚守底线,廉洁公正,具有高度的责任感和保密意识。

11.5.2　岗位设置

工地试验室人员应根据检测专业需求和管理要求进行配备,必须涵盖工程所涉及的所有专业,以满足试验检测要求。

工地试验室人员根据职责不同分为项目负责人、技术负责人、质量负责人、授权签字人、试验检测人员、安全员、样品管理员、设备管理员、档案管理员等。各岗位人员应具备相应的资格和能力,保证能满足岗位要求。

试验室人员应与母体机构签订正式劳动合同,在母体试验室注册登记,不得同时受聘于两家及以上的机构或工地试验室。

11.5.3　能力要求

1. 项目负责人(试验室主任)全面负责工地试验室的运行管理和试验检测工作。应具有高级及以上专业技术职称,持有水利工程质量检测员证书。具有良好的全局观和责任心,具备较强的组织管理能力和团队领导能力。

2. 技术负责人负责试验室的技术规划、检测技术指导、技术确认审核等工作。应具有高级及以上专业技术职称,持有水利工程质量检测员证书。熟悉并掌握试验室检测工作相关技术标准、操作规程和技术质量规定,具有较强的技术分析和总结归纳能力。

3. 质量负责人主要负责试验室质量管理体系的运行、监督和改进,确保检测/校准活动的质量。应具有高级及以上专业技术职称,熟悉并掌握试验室质量手册、程序文件和作业指导书的内容,确保试验室活动符合相关规定和标准。

4. 授权签字人主要负责其授权范围内的报告签发,授权签字人应具有高级及以上专业技术职称,持有水利工程质量检测员证书。应掌握所承担签字领域的检验检测技术,熟悉所承担签字领域的相应标准或技术规范,熟悉资质认定相关法律法规,熟悉《检验检测机构资质认定能力评价 检验检测机构通用要求》(RB/T 214—2017)及相关技术文件的要求。

5. 试验检测人员主要负责各自专业范围内的试验检测工作。检测人员应持有相关专业的水利工程质量检测员证书或具有中级及以上相关专业技术职称,并得到母体机构授权。能够正确按照相关技术标准开展试验检测工作,并能对检测结果进行合理分析、判断和评价。

6. 样品管理员主要负责试验室的样品管理,应具有样品管理的相关专业知识,熟悉样品管理制度,掌握样品管理工作流程,能够对样品流转过程和处理进行有效控制。

7. 设备管理员主要负责试验室仪器设备的管理,应熟悉试验室仪器设备的管理制度,了解仪器设备的工作原理、性能结构和操作规程,掌握仪器设备的检定/校准、维修保养等专业知识和能力。

8. 档案管理员主要负责工地试验室的档案资料管理,应熟悉试验室档案管理制度,掌握相关档案管理知识,能合规合法地完成档案资料整理和归档工作。

11.6 仪器设备

11.6.1 设备配置

1. 工地试验室应在母体机构授权范围内,按照检测项目、参数以及合同要求配备相适应的仪器设备,以满足工程试验检测要求。

2. 仪器设备的功能、准确度和技术指标应满足相应的技术标准要求。对于使用频率较高的仪器,应配备足够的数量以满足需要。不同功能室使用同精度的仪器设备应分别配置,原则上不允许同一设备在不同功能室移动使用。

3. 工地试验室可根据实际需要配备标准物质、设置参考标准。工地试验室的仪器设备由母体机构负责配置时,工地试验室应根据实际需要制定仪器设备需求清单和配置计划,提交母体机构审核。如试验室配置的设备均为新购置设备,则应按照母体机构的采购、验收程序进行,工地试验室主任、设备管理员及母体机构设备管理人员应共同对仪器设备进行验收,形成验收记录,建立仪器设备档案。

11.6.2 设备布局

1. 仪器设备的布局应遵循布局合理、操作便捷、便于维护保养的原则。

2. 根据功能室划分,仪器设备应集中、合理地安装摆放,保证一定的操作空间和距离,尽可能减少相互间交叉干扰。

3. 按照试验检测工作流程,同一检测项目或参数所使用的仪器设备应就近摆放在同一或相邻功能室,方便操作和管理。

4. 重型的、需要固定在基础上的、易产生振动的仪器设备,应在一楼安装摆放;通过基础固定安装的,以及有后盖、需在背面操作、有散热排气要求的设备距墙至少保持 50 cm 距离。

11.6.3　安装调试

仪器设备进场后,应由设备供应商的专业人员和试验室设备管理人员,按照安装使用说明书及相关标准对仪器设备进行安装与调试,并满足安全、环保等要求。

1. 有固定要求的仪器设备,如万能试验机、击实仪、摇筛机等,应按使用说明书及有关规范标准进行固定。

2. 电动仪器设备调试前应检查输入电压是否正常,应有漏电保护和接地装置,使用三相电的仪器设备应检查电机正转、反转。

3. 电动仪器设备调试前,应首先进行预热,并检查控制器、计算机连接和控制程序等是否符合要求。

4. 标准养护室在安装调试完成后,应对整个温湿度控制系统进行核验,系统运行后,温湿度应能够控制在规范要求范围内。

5. 仪器设备在调试时,环境条件应满足要求,调试完成后填写仪器设备调试记录。

11.7　信息化建设

根据合同要求及工程实际,工地试验室可建立试验检测管理系统,系统应覆盖试验室授权的所有检测项目和参数,包含委托、取样、样品管理、仪器设备管理、试验检测、检测报告管理等环节中的关键过程信息。

工地试验室试验检测管理系统应具备对原材料、中间产品、工程实体等检测数据进行存储和管理的功能,保证数据传输的安全可靠,防止数据丢失和人为篡改,实现试验检测过程及检测数据的可回溯。

工地试验室主要仪器设备,如万能试验机、压力机、抗折抗压一体试验机等力学仪器设备宜设置数据接口,与试验检测系统的数据接口连通,保证检测数据通过网络实时上传系统数据库。

试验检测管理系统宜设计算分析程序模块,可对采集和录入的原始数据进行计算,避免人为计算失误,提高检测结果的准确性。可从整体上对检测数据进行归纳分析,为工程质量监管提供数据支撑。

11.8　工地试验室管理

工地试验室应按照《检验检测机构资质认定能力评价 检验检测机构通用要求》(RB/T 214—2017)和母体机构管理体系文件,结合工程实际,制定工地试验室管理体系文件和管理制度,包括质量管理体系文件(质量手册、程序文件、作业指导书)、安全管理体系文件,并对工地试验室人员、仪器设备、标准物质、样品、场所环境、标准和方法、档案等进行规范管理。

11.8.1 管理体系文件

1. 质量管理体系文件

质量手册是工地试验室质量体系的文字阐述,是质量体系法规性、纲领性文件。从颁布实施之日起,试验室全体人员应切实遵守手册中的各项规定,认真贯彻执行手册要求。

程序文件是规定某项活动或过程的途径的文件,是质量手册的支持性文件。包括具体的质量活动或过程的流程、职责、记录要求等。

作业指导书是质量管理体系文件的组成部分,用于阐明过程或活动的具体要求和方法,是质量手册、程序文件的支持性文件,也是对质量手册和程序文件的进一步细化与补充。作业指导书通常包括作业内容、实施步骤及方法、操作要点、质量控制要求等,它是一种程序文件,但比程序文件规定的程序更详细、更具体,而且更具操作性。作业指导书可以是规范、规程和标准,针对标准中未明确的试验检测方法和要求,工地试验室应编制相应的作业指导书,进一步规范试验检测流程、方法、要点和相关控制要求。

2. 安全管理体系文件

工地试验室应制定安全管理体系文件,可包括安全生产责任制、安全保证体系、安全保证措施、应急预案、环境保护等方面的内容。

11.8.2 人员管理

1. 工地试验室应建立试验检测人员管理制度,保持人员相对稳定,如因特殊原因,关键岗位人员需变更时,应以书面形式向建设管理单位提出申请,经审查批准后进行更换。

2. 建立健全人员档案资料,一人一档,档案内容应包括个人简介、身份证、毕业证书、职称证书、检测资格证书、劳动合同等。

3. 定期开展试验检测人员专业技术、职业道德培训教育,严格遵守国家法律法规和行业规定,确保试验检测工作公正、客观、科学、规范、准确。

11.8.3 仪器设备管理

1. 工地试验室应建立仪器设备管理制度,严格按要求开展仪器设备检定/校准工作,根据仪器设备的实际使用情况,遵循科学、量值准确和就近原则,确定科学合理的检定/校准周期,确保仪器设备工作性能良好,量值准确,满足试验检测要求。

2. 工地试验室仪器设备应张贴管理标识和使用状态标识。在不影响使用的位置贴仪器设备管理卡，包含设备名称、编号、型号、生产厂家、出厂编号、购置日期、管理人员等基本信息。使用状态标识即三色（绿、黄、红）标签，对应"合格""准用""停用"三种。

3. 仪器设备应按照使用说明书、试验规程等编制设备操作规程，并制成上墙图框，试验检测人员应严格按照规程操作仪器设备，并填写使用记录。

4. 仪器设备应定期进行维护保养，确保仪器设备工作状态良好。

5. 仪器设备发生故障时，应由专业人员进行维修调试，并经检定/校准合格后，方可继续使用，并填写维修记录。

6. 工地试验室应定期开展仪器设备期间核查管理，制订期间核查计划，确保试验检测数据准确可靠。

7. 工地试验室应建立仪器设备档案，一机一档，档案内容一般包括设备履历表、说明书、合格证、出厂验收记录、检定/校准证书、维修养护记录、期间核查记录等。

11.8.4 标准物质管理

1. 工地试验室应建立标准物质管理制度，标准物质应由专人管理。

2. 标准物质使用人员应严格按照程序使用，定期进行维护保养，如有异常，应及时上报并重新检定，根据检定结果判断是否可以继续使用，不合格的标准物质应报废或销毁，并应及时填写相应记录。

11.8.5 样品管理

工地试验室应建立样品管理制度，对样品的取样、运输、标识、流转、留样及处置等全过程实施严格控制和管理。

1. 取样应严格按照相关规范、标准的要求执行，取样数量满足试验检测需求，另外还要考虑留样数量要求。

2. 取样时应填写委托单或取样单，取样人、见证人应在表单上签字。

3. 样品在运输过程中不应泄漏或被损坏、污染、丢失，保证样品的完好性，不对试验检测结果产生影响。

4. 样品应有唯一性标识，保证样品在流转过程中不会发生混淆，具有可追溯性。样品标识内容应包含样品名称、编号、规格型号、取样日期、取样人、流转状态等信息，信息化工地试验室可使用二维码标识。

5. 样品应严格依据相关规范标准进行准备、制备或成型。如在使用过程中发生被混淆、损坏、污染等异常情况，应及时处置并重新取样。

6. 对于需要留样的样品、不合格品，应根据相关规定进行留样，留样到期后及时处置。

11.8.6 环境控制

1. 工地试验室应建立环境管理制度,对功能室的卫生、温湿度、采光、振动、噪声、污染等进行严格管理和控制。

2. 对于有温湿度监控的功能室,如标准养护室,应按规定时间和频次做好温湿度监控记录。

3. 各功能室应保持干净、整洁、有序,仪器设备摆放整齐,无与试验检测无关的杂物。

4. 对于化学危险品应加强管理,严格按相关要求保存和使用,确保不泄漏、不扩散。应有合理的废固、废液等的处理渠道和措施,确保不造成人身伤害和环境污染。

11.8.7 标准和方法

1. 工地试验室应按照相关规范和技术标准,使用合适的方法和程序实施检测活动,宜按水利行业标准、国家标准、其他行业标准的优先顺序选用技术标准。

2. 工地试验室应根据母体机构的授权项目和参数,配备齐全的规范、规程、标准等,并进行确认和受控管理,及时查新并采用最新版本标准。

11.8.8 档案管理

工地试验室应建立档案管理制度,设立档案管理员,严格按照档案管理规定和项目建设要求进行分类、整理、归档、保存,按资料形成的先后顺序或项目完成情况与工程同步进行。

工地试验室档案资料主要包括但不限于:

项目招标文件、投标文件、项目合同;

工地试验室成立文件、检测参数与人员授权书;

工地试验室组织机构、部门岗位职责书;

工地试验室人员档案信息;

工地试验室质量手册、程序文件、作业指导书;

工地试验室安全管理系统;

工地试验室管理制度汇编;

工地试验室人员参数、人员授权文件;

工地试验室仪器设备(标准物质)档案资料;

规范、规程、标准;

试验检测台账、不合格台账;

试验检测报告、原始记录；

外委资料；

上级部门下发的技术和管理文件、会议纪要等；

技术、安全、职业道德等方面的教育培训资料；

各类检查、巡查、稽查资料；

照片及影像资料；

电子文稿。

工程项目结束后，工地试验室应按照项目建设要求，将档案资料进行整理、归档，移交建设单位档案管理部门，同时将档案资料移交母体机构存档。

11.9 工地试验室验收

1. 工地试验室具备运行条件后应开展试运行，内容覆盖主要检测项目、主要仪器设备、人员和环境等。根据试运行情况，对工地试验室进行验收前自评估，自评估符合要求后，向母体机构提出评审申请。

2. 母体机构应根据工地试验室自评估结果，组织母体机构技术负责人、质量负责人等人员对工地试验室进行复审，复审合格后，下发工地试验室授权书。

3. 工地试验室取得授权书后，向管理单位提出书面验收申请。管理单位组织相关专家对工地试验室开展评审验收。评审验收通过后，工地试验室正式启用。

11.10 典型案例

以下是某水利工程建设项目工地试验室的组建案例。

11.10.1 设立与授权

项目中标后，根据合同要求，母体机构启动工地试验室组建工作。

1. 根据合同，母体机构发函出具项目部（工地试验室）成立文件，并任命试验室主任、技术负责人等主要管理人员任职。同时依据投标文件，确定工地试验室的人员构成。

2. 项目部（工地试验室）向母体机构申请刻制项目部公章——"公章名称＿＿＿＿＿（单位名称）＿＿＿＿＿＿工程＿＿＿＿＿＿标项目部"，通过审批后，在母体机构所在地的公安局备案，在指定点完成项目部公章刻制。

3. 由母体机构向建设单位发函，启用项目部公章，并向建设单位标示印模形状及备案编号。

4. 工地试验室根据实际情况，由试验室主任任命关键岗位人员，包括质量负责人、仪器设备管理员、样品管理员、档案管理员、安全员等,并向母体机构上报审批,经批准后,由项目部向建设单位备案。

5. 工地试验室建设完成,通过自评估和母体机构的复评审后,由母体机构下发工地试验室授权书,授权书中明确了授权项目/参数、授权签字人及其授权范围、授权期限,同时将试验室主任、技术负责人、质量负责人、安全负责人的任命写入授权书中。授权书加盖母体机构公章,由母体机构负责人签字,如图 11.10-1～4 所示:

工程质量检测中心

＿＿＿函〔2024〕＿号

工程质量检测＿＿＿标
工地试验室运行管理授权书

＿＿＿＿(建设单位名称):

根据＿＿＿＿＿＿工程质量检测＿＿＿合同及试验检测工作的需要,＿＿＿＿＿＿＿(母体机构名称)对工地试验室的主要人员和检测项目/参数授权如下:

1. 工地试验室主要管理人员

任命＿＿＿为试验室主任(项目负责人),＿＿＿为试验室技术负责人,＿＿＿为试验室常务副主任兼质量负责人,＿＿＿为试验室安全负责人。

2. 授权签字人

混凝土(材料类)授权签字人: ＿＿＿、＿＿＿、＿＿＿。

混凝土(实体类)及基础处理授权签字人: ＿＿＿、＿＿＿、＿＿＿。

金属结构与机械电气授权签字人: ＿＿＿、＿＿＿、＿＿＿。

— 1 —

图 11.10-1 工地试验室授权书

土工指标类授权签字人：＿＿＿＿＿、＿＿＿＿＿、＿＿＿＿＿.

量测类授权签字人：＿＿＿＿＿、＿＿＿＿＿、＿＿＿＿＿.

3. 检测授权项目/参数（见附件）

附件：工地试验室授权项目/参数

授权有效期：2024 年＿＿月＿＿日至 2027 年＿＿月＿＿日

检测机构：＿＿＿＿＿＿＿＿＿＿工程质量检测中心（盖章）

检测机构负责人（签字）

2024 年＿＿月＿＿日

— 2 —

图 11.10-2　工地试验室授权书

附件

工地试验室授权项目/参数

混凝土工程类	**水泥**：细度、比表面积、密度、标准稠度用水量、凝结时间、安定性、胶砂流动度、胶砂强度、烧失量、氯离子、三氧化硫含量。
	粗骨料：颗粒级配、含泥量、泥块含量、堆积密度、表观密度、空隙率、针片状含量、超逊径颗粒含量、压碎指标、含水率、吸水率、坚固性、有机质、碱活性、硫酸盐及硫化物含量。
	细骨料：颗粒级配、含泥量、泥块含量、堆积密度、表观密度、空隙率、细度模数、亚甲蓝值、压碎指标、含水率、吸水率、坚固性、有机质、云母含量、氯离子含量、碱活性、硫酸盐及硫化物含量。
	粉煤灰：活性指数、细度、密度、含水量、均匀性、安定性、烧失量、需水量比、三氧化硫含量。
	矿渣粉：比表面积、活性指数、密度、含水量、流动度比。
	灌浆材料：流动度、膨胀率、凝结时间、抗压强度。
	混凝土：工作性、拌和物表观密度、弹性模量、氯离子含量、抗渗等级、配合比设计、抗压强度、抗折强度、抗冻性。
	砂浆：稠度、表观密度、抗渗等级、抗压强度、配合比性能、分层度。
	金属材料：重量偏差、抗拉强度、屈服强度、断后伸长率、弯曲性能、反向弯曲、最大力总伸长率/最大力总延伸率、钢筋机械连接（拉伸）、接头抗拉强度、尺寸、直径。
	无机结合料：无侧限抗压强度及延迟时间、压实度、含水率、水泥或石灰剂量。
	实体工程：混凝土回弹强度、碳化深度、保护层厚度、钢筋间距、水压试验、裂缝宽度、裂缝长度、裂缝深度、内部缺陷、抗压强度。

—3—

图 11.10-3 工地试验室授权书

工地试验室授权项目/参数（续）

岩土工程类	含水率、密度、击实参数（最大干密度、最优含水率）、压实度、原位密度、透水率、渗透系数（注水）、动力触探击数、桩身完整性、地基承载力、弯沉值、锚杆拉拔力、锚杆注浆饱满度、锚杆杆体入孔长度、水泥搅拌桩（高压旋喷桩）质量（芯样完整性）、水泥搅拌桩（高压旋喷桩）质量（桩长）、水泥搅拌桩（高压旋喷桩）质量（搅拌均匀性）、地下连续墙体质量、防渗墙质量
金属结构类	涂层厚度、涂层附着力、钢材厚度、焊缝尺寸、焊缝表面缺陷、焊缝内部缺陷、钢板表面缺陷、钢板内部缺陷、铸锻件表面缺陷、铸锻件内部缺陷、硬度、表面清洁度、表面粗糙度、形状（位置）公差、高程、几何尺寸、上拱度、上翘度、挠度、负荷试验、水压试验
机械电气类	电流、电压、电阻、绝缘电阻、接地电阻、温度、噪声、转速、形位公差、几何尺寸
量测类	平整度、竖直度、长度、宽度、厚度、高度、坡度、高程、尺寸偏差、断面尺寸

—4—

图 11.10-4　工地试验室授权书

6. 根据建设单位要求,工地试验室向母体机构申请刻制工地试验室"检验检测专用章",公章名称:_____(母体机构名称)检验检测专用章(编号),通过审批后,在母体机构所在地的公安局备案,在指定点完成刻章。

由母体机构向建设单位发函,启用工地试验室"检验检测专用章",并标示印模形状及备案编号。

11.10.2 工地试验室建设

1. 选址

工地试验室建设前,由建设、设计、施工、监理、检测等单位共同到目标区域现场勘察,综合考虑地形地貌、环境、安全、交通、水电、通信、工程建设与管理及征地等因素的影响,确定项目营地及工地试验室的建设位置,满足试验检测及办公生活的需求。

2. 布局与建设

根据建设单位批复的试验室地块位置和面积,结合工地试验室授权项目及实际需求,对试验室布局进行总体规划,试验室平面布置见图 11.10-5~6。

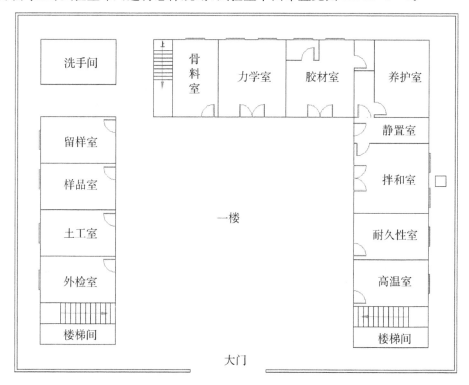

图 11.10-5　工地试验室平面布置图(一楼)

　　本工地试验室为轻钢板房,钢立柱框架结构,房顶布置防风缆绳加固防台风,分两层建设,室内面积共 $600\,m^2$,功能室主要设在一楼,有骨料室、力学室、胶材室、养护室、静置室、拌和室、耐久性室、高温室、留样室、样品室、土工室、外检室等;二楼主要设办公室、会议室、档案室、党建室、监控室等(如图 11.10-6 所示),保证满足试验检测和人员办公的要求。部分功能室及办公区内部实景见图 11.10-7,工地试验室宿舍、餐厅等生活区由建设单位统一规划建设。

图 11.10-6　工地试验室平面布置图(二楼)

　　　(a)力学室　　　　　　　　　　　　(b)胶材室

(c) 骨料室

(d) 拌和室

(e) 耐久性室

(f) 养护室

(g) 土工室

(h) 外检室

(i) 样品室

(j) 留样室

（k）办公室　　　　　　　　　　　　　　　（l）党建室

（m）会议室　　　　　　　　　　　　　（n）档案室

图 11.10-7　部分功能室及办公区内部实景图

3. 环境建设

根据相关技术标准对温度、湿度的要求，在各功能室安装了空调、加湿机等设备，室内悬挂温湿度计，保证温湿度满足试验检测要求，如图 11.10-8-a～d。

根据试验需求，功能室内设置了水池、水龙头，拌和室内设泄水槽，室外设置沉淀池，试验室场地四周及场区内设排水沟，保持排水通畅，如图 11.10-8-e～g。

为保障工地试验室的光照与通风，各功能室安装了灯具、窗帘及排风扇等，以满足试验检测要求，如图 11.10-8-h～i。

工地试验室采用独立专线集中供电，设电源总闸，各功能室之间铺设了独立的供电线路，并做接地措施，保证试验室用电符合《供配电系统设计规范》（GB 50052—2009）等相关标准的要求。如图 11.10-8-j。

（a）功能室空调

（b）加湿机

（c）温湿度仪

（d）全自动温湿度监控仪

（e）泄水槽

（f）排水沟

（g）水池

（h）窗帘

（i）灯具　　　　　　　　　　　（j）功能室独立配电箱

图 11.10-8　工地试验室环境建设实物图

4. 安全设施

工地试验室的安全设施严格按国家、行业以及甲方合同的有关规定配置，同时保证试验检测安全开展。

万能材料试验机、压力机、钢筋弯曲试验机等大型力学仪器设备安装钢制安全防护网、防护盖，满足安全要求，如图 11.10-9-a～b。

工地试验室购置防烫伤手套、绝缘手套、安全帽，反光衣、微型消防站、灭火器等应急安全防护设施。如图 11.10-9-c～h。

工地试验室大门安装了人脸识别门禁，防止外部人员随意进入。试验室场区内外安装视频监控系统，监控范围覆盖工地试验室各个角落。如图 11.10-9-j～m。

各功能室、档案室及办公室窗户均安装防盗网，保证仪器设备、档案资料、办公设施的安全。如图 11.10-9-i。

工地试验室在必要处张贴安全警示标识，如"当心触电""高压危险""当心机械伤害""当心高温烫伤"等，同时安装应急标识和应急灯，起到对工作人员及外部人员的提醒警示和应急疏散作用，如图 11.10-9-n～p。

（a）万能试验机安装防护网　　　　（b）钢筋弯曲试验机安装防护盖

（c）防烫伤手套

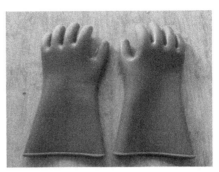

（d）绝缘手套

（e）安全帽

（f）反光衣

（g）微型消防站

（h）灭火器

（i）防盗网

（j）人脸识别门禁

（k）监控总台

（l）室外监控设施

（m）室内监控设施

（n）安全警示标识

（o）应急标识

（p）应急灯

图 11.10-9　工地试验室安全设施及标识实物图

5. 办公设施与交通工具

工地试验室配备了相应的办公设施和交通工具。办公设施主要有办公桌椅、文件柜、计算机、打印机、扫描仪、空调等，如图 11.10-10(a)～(c)所示，为试验检测人员提供了良好的工作环境。工地试验室根据各标段距离与工作内容，配备 3 辆交通车辆，如图 11.10-10(d)所示用于现场取样、外业检测、参加会议等工作。

6. 其他设施

工地试验室在样品室、留样室、养护室等放置了样品架，并安装了标识标牌，如

图 11.10-11(a)所示。

在各功能室砌筑了试验操作台,台面铺设橡胶台垫,满足试验检测需求,如图 11.10-11(b)所示。

对于需要固定在基座上的仪器设备,如万能材料试验机、压力机、振动台、摇筛机、击实仪等,分别浇筑了满足要求的混凝土基座如图 11.10-11(c)所示。

工地试验室制作安装了大门牌匾、各功能室门牌、质量安全宣传标牌、企业文化宣传栏等。在室内制作上墙了工地试验室组织机构图、岗位职责、管理制度和操作规程等图框,如图 11.10-11(d)~(h)所示。

(a) 办公桌椅

(b) 计算机

(c) 打印复印扫描一体机　　　　　　(d) 交通车辆

图 11.10-10　部分办公设施与交通工具

(a) 样品架　　　　　　　　　　(b) 操作台

（c）仪器设备基座 　　　　　　　　（d）功能室门牌

（e）设备操作规程 　　　　　　　　（f）试验室管理制度

（g）质量标语 　　　　　　　　　　（h）安全标语

图 11.10-11　工地试验室其他设施实物图

11.10.3　人员配置

根据合同要求，结合该工程规模和特点、检测内容、工期等因素，母体机构与工地试验室管理层确立工地试验室组织架构，确定各专业试验检测人员配备，人员的素质、数量、专业资格符合试验检测要求。组织架构如图 11.10-12 所示。

工地试验室共配备人员 22 名，其中管理层人员 3 名，试验检测人员 14 名，样品管理员 1 名，设备管理员 1 名，档案管理员 1 名，安全员 1 名，综合办公 1 人。试验检测人员中具有混凝土检测资格的 6 人、岩土检测资格的 5 人、金属结构检测资格的 4 人、机械电气检测资格的 3 人、量测检测资格的 2 人(各专业人员有重复)。各专业人员进场根据工程实际进度灵活调配。

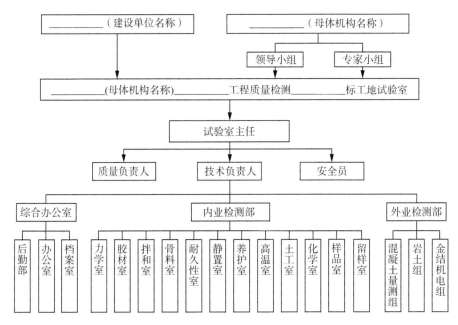

图 11.10-12　工地试验室组织架构图

11.10.4　仪器设备

工地试验室根据授权范围内的检测项目/参数以及合同要求配备相适应的仪器设备,以满足工程现场试验检测要求,主要仪器设备如表 11.10-1 所示。

表 11.10-1　工地试验室主要仪器设备

功能室	仪器设备
力学室	压力试验机、微机控制电液伺服万能试验机、数控钢筋弯曲机、连续式标点机等
胶材室	水泥抗折抗压试验机、水泥混凝土标准养护箱、恒温水养护箱、负压筛析仪、净浆标准稠度及凝结时间测试仪、沸煮箱、雷氏夹测定仪、水泥胶砂振实台、水泥胶砂搅拌机、水泥净浆搅拌机、水泥比表面积测定仪、水泥胶砂流动度测试仪、低温恒温水槽、李氏瓶、负压筛等
耐久性室	混凝土渗透仪、砂浆渗透仪、混凝土快速冻融箱、动弹性模量测定仪等
拌和室	振动台、自密实混凝土 J 环流动障碍高差仪、砂浆分层度测定仪、砂浆搅拌机、扩展度测试仪、刀口直角尺、砂浆稠度仪、竖向膨胀率测定仪等
骨料室	砂石筛、超逊径筛、水利针片状规准仪、电热鼓风恒温干燥箱、震击式标准振筛机、集料坚固性试验仪、归准仪、容量筒、电子天平、三角网篮、容量瓶、压碎值测定仪、碱骨料养护箱、比长仪等

续表

功能室	仪器设备
高温室	箱式电阻炉、电子天平等
化学室	细集料亚甲蓝试验装置、酸式滴定管、大度移液管、容量瓶、量筒、密度计、混凝土氯离子含量快速测定仪、电位滴定仪、分析天平等
土工室	击实仪、电热鼓风恒温干燥箱、环刀、灌砂设备、电子天平等
外检室	基桩高低应变检测仪、动力触探仪、锚杆拉拔测试仪、静力荷载测试仪、千斤顶、大量程百分表、探地雷达、回弹仪、碳化深度测试仪、钢砧、弯沉测试仪、裂缝宽度观测仪、非金属超声波检测仪、跨孔超声波检测仪、水准仪、工程检测尺、涂层测厚仪、附着力拉拔仪、超声波测厚仪、超声波探伤仪、磁粉探伤仪、粗糙度仪、钢尺水位计、激光测距仪、数字转速表、红外测温仪、数字万用表、钳形电流表、绝缘电阻测试仪、接地电阻测试仪、游标卡尺、塞尺等

11.10.5 信息化建设

根据合同要求,工地试验室建立了试验检测信息管理系统,旨在实现试验检测过程数字信息化,通过该检测系统使工程质量检测过程透明化,减少试验检测中人为因素的影响,实现质量检测过程及数据的可回溯;通过该系统,管理人员可从整体上对试验检测数据进行全面分析,为工程质量管控提供数字信息支持。

该系统主要涵盖了原材料、中间产品、现场实体的试验检测与管理,管理过程包括委托、取样、见证、样品数字化标记、样品管理、仪器设备管理、试验检测过程管理、报告管理等。

试验检测系统基于移动端应用、芯片应用、二维码应用、实时视频等技术实现取样、试验检测、结果上传过程控制的数字化,同时与力学试验设备对接,实现对力学试验过程中的关键数据进行实时采集和监控。

工地试验室为接入试验检测系统的力学试验机加装了视频监控设备,同时接入 100 M 网络专线,服务于试验检测管理系统和试验室视频监控系统,详见图 11.10-13。

(a) 检测系统对试验过程实时监控　　　　(b) 压力机接入检测系统

(c) 试验机专用监控设备　　　　　(d) 网络专线接入工地试验室

图 11.10-13　工地试验室信息化建设

11.10.6　工地试验室管理

工地试验室按照《检验检测机构资质认定能力评价　检验检测机构通用要求》(RB/T 214—2017)和母体机构管理体系文件,结合工程实际,制定了工地试验室质量管理体系文件、安全管理体系文件和管理制度,同时对人员、仪器设备、标准物质、样品、环境、标准和方法、档案等进行标准化管理。

（一）质量管理体系

该工地试验室质量管理体系文件包括质量手册、程序文件和作业指导书。

1. 质量手册

质量手册主要包括如下内容:前言,手册说明,质量方针、目标和承诺,评审要求四个部分,其中评审要求包含了组织、人员、检测环境、设备设施、管理体系。

根据工程实际情况,工地试验室管理体系主要涵盖了文件控制、外委控制、服务与采购、服务委托方、投诉处理、不符合处理、纠正措施及改进,应对风险和机遇的措施、记录、内部评审、检测方法、测量不确定度、数据保护、抽样、样品管理、质量控制、检测报告等 17 个章节。

2. 程序文件

该工地试验室程序文件主要依据质量手册的内容完成,包含保证检测工作公正和诚信的控制程序、人员管理程序、授权签字人识别、检测环境控制程序、仪器设备和标准物质管理程序、量值溯源和期间核查控制程序、文件的控制和维护程序、检测外委控制程序、投诉处理控制程序、不符合处理程序、纠正措施和改进控制程序、风险和机遇应对措施控制程序、抽样和样品管理程序、检测报告编制与管理程序等 24 项程序。

3. 作业指导书

该工地试验室针对规范、规程和标准中未明确的试验检测步骤、方法、要点和控制要求,编制了相应的作业指导书,进一步规范了试验检测活动。

（二）安全管理体系

工地试验室针对工程检测内容,制定了安全生产管理体系文件,主要包括安全生产责任制、安全生产保证体系、安全生产技术保证措施、应急预案、环境保护等。

安全生产责任制主要包含了成立安全生产领导机构,落实安全生产责任,逐级签署安全生产责任书,制定试验室安全生产管理制度。

安全生产保证体系包含制定安全生产管理目标,根据目标逐级分解,落实安全措施,制定安全教育培训、检查与考核制度。

根据工程实际情况,制定安全生产技术保证措施,对试验室所涉及的相关安全作业制定保证措施,如高空作业、仪器使用安全、交通安全、用电安全、防火、防爆、防汛、防台风等。

安全应急预案主要是工地试验室针对极端恶劣天气和突发事件,制定的相应的应急预案。

（三）工地试验室管理制度

该工地试验室根据工程实际,明确了人员的岗位职责,制定了相应的管理制度,部分人员岗位职责及管理制度如下:

1. 人员岗位职责

（1）试验室负责人

对试验室及各项工作负全面领导责任。

领导贯彻执行国家及行业主管部门颁布的政策法规、标准规范、试验室应遵循的规章制度、管理办法等。

领导制定试验室的各项试验检测任务和计划,保证检测人员与仪器设备的合理配置。

领导建立检测报告、原始记录、检测台账等试验资料的制定机制,并领导资料归档工作。

领导建立仪器设备台账,组织做好仪器设备使用、维护保养、计量检定工作。

负责督促试验检测人员严格按照检测工作流程开展工作。

负责组织领导试验室人员的专业知识、技术及管理培训,提高试验室人员的业务水平和管理能力。

组织召开试验室有关质量、安全、进度、管理、技术、行政等方面的会议。

领导组织试验室人员学习新规范、新标准,钻研行业新技术、新方法,积极参加各类技术会议和活动,为工程质量管控出谋划策。

领导处理委托方的反馈信息、申诉和投诉,并进行相关调查和处理。

（2）技术负责人

负责试验室的技术工作。

负责组织试验检测方案、技术方案、作业指导书等技术文件的编写、审核、修订、实施等。

负责审查监督试验室人员严格按照有关规范、规程、标准、办法、指引等开展试验检测工作。

提出试验室的技术配置和更新要求,负责对试验检测人员进行技术指导。

负责对试验室出具的检测报告、技术总结报告等进行技术审核。

负责处理检测工作中的技术难题,组织或参加检测事故的调查。

负责组织制订试验室的技术培训计划,对技术人员进行资格审查。

负责参加外部技术交流、技术咨询等活动。

协助试验室负责人处理其他技术类事务。

(3)质量负责人

负责试验室的质量工作。

负责编制试验室的质量手册、程序文件,并向试验室其他成员进行宣贯,同时监督其执行,保证试验室质量管理系统正常运行。

负责试验室试验检测工作的质量控制,组织制定各项质量管理规章制度、质量活动计划、质量责任书等文件。

负责落实各项试验检测工作,组织实施对检测工作的监督,组织对检测原始记录和数据真实性进行复核,保证检测质量。

负责审核试验室仪器设备的维修养护计划、检定校准计划,并负责实施这些计划。

负责试验室质量体系的内审工作,对审核中发现的问题进行纠正,并监督纠正措施落实。

负责不合格项的审核和上报。

组织编写审核质量日报、月报、年报及各类质量工作总结,负责组织参加质量活动和质量会议。

组织或参加检测质量事故调查,分析处理检测工作中的质量事故。

协助试验室主任处理其他质量类事务。

(4)授权签字人

在被授权的范围内签发检测报告,并保留相关记录。

审核所签发报告使用标准的有效性,保证按照检验检测标准开展相关的检验检测活动。

对签发的检测报告具有最终的技术审查职责,对不符合要求的结果和报告具有否决权。

对签发的报告承担相应的法律责任,要对检测主管部门、本试验室和委托方负责。

对法律法规和评审标准的要求负责。

不允许超越授权签字范围签发检测报告。

（5）试验检测人员

须严格遵守试验室的管理规章制度。

必须及时、认真完成下达的试验、检测任务。

认真做好试验前的准备工作，按要求正确取样制样，检查仪器设备运行是否正常、环境条件是否符合标准要求等。

严格按规定操作仪器设备，试验前后进行检查。

严格按照相关检测规范、规程和标准进行试验，准确记录原始数据，并按要求进行分析和处理，对数据的真实性和准确性负责。

负责编写试验检测报告，内容要准确、完整、客观，并按照规定的程序进行送审、签发。

检测过程中发现不合格项，应及时上报试验室主任和其他负责人，并协助调查不合格项产生的原因。

试验后负责清理废料，保持试验室环境清洁。

积极学习新知识，钻研新技术，提高试验检测水平和能力。

协助试验室负责人处理其他试验检测事务。

（6）档案管理员

负责试验室档案管理工作。

负责试验室检测报告、原始记录、技术方案、计划、质量管理资料、安全管理资料等所有资料的分类整理和归档。

负责办理档案借阅和归还手续，制作台账。

负责购置、保管试验所用规范、规程、标准等，并建立受控清单。

严格遵守保密制度，不得随意复制、散发试验检测报告和向外泄露有关试验检测结果及其他保密信息。

做好档案材料的防火、防盗、防蛀、防潮等工作，加强监管和保护，严防档案材料损坏和遗失。

对超过保存期的资料可以列出销毁的技术档案清单，经过技术负责人批准后执行。

负责将工地试验室档案资料向母体试验室归档。

协助试验室负责人处理其他与档案有关的事务。

（7）设备管理员

负责试验室仪器设备管理工作。

建立仪器设备台账，及时掌握仪器设备的状态性能，做好标识管理。

制订仪器设备检定（校准）计划和维修保养计划，并组织落实。

制订仪器设备期间核查计划,并负责落实。

负责外检仪器设备的出入库登记和使用记录的填写。

负责收集仪器设备说明书、检定证书、设备确认表等资料,做好归档工作。

负责组织仪器设备的操作培训。

负责或协助负责人调查仪器设备事故,分析原因并及时上报。

仪器设备发生故障后,负责上报试验室负责人,及时与厂商或维修单位联系,配合进行仪器设备故障诊断和维修处理。

协助试验室负责人处理其他与仪器设备有关的事务。

(8)安全员

负责试验室的安全生产和管理工作。

负责编制和落实试验室的安全生产责任书、安全生产管理制度,确保试验检测人员了解并遵守相关规定。

负责试验室功能间、办公区域以及仪器设备的安全检查,及时对发现的问题和隐患进行处理,确保其符合安全标准。

负责对危险化学品等进行严格管理,确保存储、使用和处置安全。

负责试验室安全防护用品的采购,并定期进行检查,保证安全防护用品有效可靠。

负责组织试验室人员进行安全培训,制订培训计划并落实,负责编制应急预案,组织演练,落实应急处置措施。

负责组织或参加试验室安全事故的调查分析。

负责与外部安全机构或部门保持沟通,协同解决安全问题,确保试验室安全工作的顺利进行。

协助试验室负责人处理其他安全类事务。

(9)质量监督员

熟悉检测标准、规程、规范、方法,了解检测目的和操作过程。

了解试验室的质量体系文件和运行要求。

对检测活动乃至检测报告实施全过程监督。

当发现判定不合格及潜在的不符合因素,及时提出纠正和预防要求,并对纠正和预防措施的实施进行跟踪。

参与质量管理体系的建立、维护和改进工作。

有权制止有违真实性、有效性、正确性的任何操作活动。

协助试验室负责人,共同解决质量问题,提高质量管理水平。

(10)样品管理员

负责试验室样品管理工作。

负责样品接收和登记,核对样品基本信息,检查样品标签标识。

按要求对样品进行流转和存储管理,做好登记。

保证样品存放环境满足贮存要求,确保在保管期内样品的原有性能不发生改变,保证样品安全保存。

负责建立和更新样品台账。

负责对有留样要求的样品按相关规范及合同要求进行留样。

按要求对过期样品进行妥善处理。

负责保持样品的清洁整齐,负责样品室环境卫生。

协助试验室负责人处理其他与样品有关的事务。

2. 试验室管理制度

(1) 仪器设备管理制度

购置仪器设备应先提出购置申请,了解仪器质量和性能的先进性和可靠性,确认仪器量程、精度是否满足试验检测要求。

仪器设备应由专人保管,建立仪器设备管理台账及设备档案,写明设备名称、规格型号、产地、出厂时间、出厂编号、购置时间、量程、精度、性能状况、检定/校准情况等。

主要、常用仪器设备操作规程上墙,并配备仪器设备使用、维修记录本,使用或维修保养后,及时填写。

需检定或校准的仪器设备,应编制检定/校准计划,按周期送检,取得合格证后才可使用,严禁使用未检或超过检定周期的设备;在检定周期内,仪器设备如果经过维修、搬运等影响力值系统,要重新检定。

属于自校设备的,应编制自校计划和自校方法。

仪器设备须在试验室内放置整齐,并按要求分别粘贴合格(绿色)、准用(黄色)、停用(红色)标志。

试验人员要严格按操作规程使用仪器设备,使用过程中要注意设备和人身安全,使用完毕后应及时断电,并对设备进行清理和必要的保养,保持仪器设备的清洁、功能室的整洁。

试验人员应爱护设备仪器,不准私自拆卸,严禁非试验人员擅开、调试设备。

仪器出现故障时,必须及时由专业人员进行检修,试验人员不得擅自硬性拆装,以防造成设备损坏和人员伤害。

仪器设备的报废,应由设备管理员提出申请,经工地试验室主任批准后按规定流程办理。

(2) 样品管理制度

试验检测样品应按相应技术标准要求取样,在见证下,使用适宜的抽样工具,随机抽取,确保样品具有代表性,样品数量满足试验要求。

将取好的样品进行适宜的封装,并贴上二维码标识。

样品包装、搬运、拆分、加工、试验的全过程均做好标识转移,严禁样品混淆。

委托方应填写委托单并签名,委托单内容包括样品名称、规格型号、批号、生产厂家、生产日期、出厂日期、取样地点、样品数量、代表数量、工程名称、使用部位、检测项目等,收样员应核对样品与委托单是否相符,并对样品统一流水编号,加贴样品标示卡,标明其不同的状态,样品状态分别为"待检""在检""已检""留样"四种,样品标识具有唯一性。

当样品需要制备时,检测人员应严格按相应技术标准的要求进行操作。

必要时,检测人员应根据有关规定对样品采取相应保护措施,以保证试验检测结果的可靠性。

样品应分类存放在适宜的场所,防止丢失、变质、泄漏、损坏等。如发生以上情况,应及时调查原因,并做出相应处理。

对储存有特定环境要求的样品,应严格控制环境条件,管理人员应按规范检查并记录。

对易燃、易爆、有毒的危险样品应隔离存放,并粘贴明显标识。

检测完毕无留样要求的样品,应及时清理出现场,堆放到指定样品遗弃区域,不得污染环境。

需留样的样品应封存、标识并移交样品管理员进行登记,并建立台账送留样室保存,留样期按相应规范要求确定,如水泥留样 3 个月。

对检测过程中出现异常的样品,应进行留样,留样超过规定时间或经分析确认后方可废弃,并保留样品废弃记录。

(3) 标准物质管理制度

对标准物质实施有效的控制与管理,确保其完整性和有效性。

由标准物质管理员负责标准物质的采购、验收、发放、证书管理和标识管理。

管理员对所购置标准物质的有效证明、品种、数量、有效期进行验收,验收合格后登记入库,对不合格的标准物质,采取退货或索赔措施,严禁不合格的标准物质入库。

领用、使用标准物质时应办理领用手续,并做好登记。

对于自配的各类标准贮备液,应按存放条件要求相对集中存放,专人管理。

标准物质使用前,必须检查其是否在合格或准用有效期内。

标准物质的核查每年两次,对库存标准物质进行核查,变色、变质、破损和超过有效期的标准物质按不合格标准物质处理,停止使用,办理报废手续,并移交环保部门统一处理。

(4) 化学试剂管理制度

化学试剂应放在指定的化学用品柜中,实行双人双锁管理,并建立台账,试剂购进后及时验收、登记,并掌握试剂的消耗和库存数量。

见光易分解、变质的试剂应装在避光容器内,易燃、易爆、易挥发、强腐蚀性化学试剂要放在阴凉通风处,且远离火源。

所有试剂都必须有明显的标签,字迹不清的标签要及时更换,过期失效和没有标签的药品不准使用,并要进行妥善处理。

化学试剂使用前应填写领用记录,使用后再放回原处。配制溶液要填写配制记录。

已配制好的试剂按要求放在相应的试剂瓶中,贴上明显清晰的标签,并注明名称、浓度、用途、配制日期、有效日期、配制人等。定期对试剂进行检查,看其是否过期,对已过期试剂应按规定要求进行处理,不可随意乱扔乱倒。

液体试剂倾出使用,不得在试剂瓶中直接吸取,倒出的试剂不可再倒回原瓶,倾倒液体试剂时应将瓶签朝向虎口,以免淌下的试剂沾污或腐蚀瓶签。

取用固体试剂时,应遵守"只出不回,量用为出"的原则,剩余的试剂不得放回原瓶。

（5）试验记录管理制度

试验检测记录必须用蓝黑或碳素墨水填写,字迹清晰,内容准确完整,试验结果正确,结论明确。

所有试验检测记录不能有空白,没有内容的填"—"或"无"。

试验检测报告中的数字保留、修约等要与相应技术标准要求一致。

试验检测记录填写完成后,由校核人员进行复核,并签名。复核内容包括记录是否规范、填写是否正确、数字修约是否符合规范要求等。

试验检测记录签字齐全后方有效。

更改试验检测记录时,更改人员必须使用"杠改",并在更改内容处签字。

试验检测记录表要按类别统一编号,做到记录、报告、台账三者统一。

试验检测记录、报告要分标段或分类别存放,便于查阅和归档。

在合同规定的期限内,试验检测记录可供业主和第三方查阅。

试验检测记录由专人专柜保管,防止丢失、损坏、霉变。借阅或发出报告等要进行登记。

（6）检测报告管理制度

试验检测报告应采用建设方或母体机构的统一模板,内容应填写完整,空项打"/"、"—"或用"以下空白"识别,文字简洁,字迹清晰,数据准确,结论正确,签名齐全。

检测人员按规范要求完成各项试验后,应及时按要求填写相应记录,并签名,检测人员必须是获得检测资格的人员。

检测报告编写完成后,由报告审核人进行全面审核,签名并写明日期。审核的内容包括计算是否正确、填写是否有误、数字修约是否符合规范要求、结论是否正确。审核人审核完成后,交由授权签字人批准签发。

检测报告盖章后由档案员统一保管,按要求进行归档。

归档的资料除经试验室主任或技术负责人批准外,任何情况不得外借。

试验检测报告中不得有任何涂改,经涂改的检测报告无效。

(7) 档案管理制度

档案资料管理由档案管理员负责。

试验检测档案主要包括国家法律、法规、规范、规程、标准、项目技术资料、检测报告、原始记录等。

所有文件资料均应编号,登记立卷,建立清单或台账,分门别类地收集、整理、保存,并填写技术资料目录,以便于查找。

档案借阅应经试验室主任批准并进行登记。

档案管理员应随时检索与试验检测有关的法律、法规、规范、规程和标准,及时更新档案库,将错误或失效的资料及时撤回,防止误用。

严守保密制度,不得泄露委托方技术秘密;与检测无关人员不得查阅检测报告和原始记录;原始记录不允许复制,试验资料的复制须经试验室主任批准。

超过保管期的资料应分门别类登记,经技术负责人审查后报试验室主任批准按规定流程处置。

(8) 保密制度

保密范围内的检测报告、检测数据及技术资料,未经委托方同意不得向外扩散。

抽样人员接受抽样任务后,应切实做好保密工作,不得事先向有关部门透露抽样消息,防止抽到缺乏代表性的虚假样品。

样品检测过程中,为加强保密工作,非试验人员禁止进入试验室。

检测数据除委托方和受检方外,非经正式渠道,任何人不得以任何方式向任何部门泄露。

为保护受检方的权益,对委托方和受检方提供检测用的技术资料和设计文件,试验室负责保密,仅供与检测工作有关的人员检测时使用,其他任何人不得使用或复制。

试验室一切工作人员均应遵守保密制度,如因不执行而造成不良后果,应追究当事人的责任,并给予必要的处分。

(9) 不合格项制度

工地试验室应建立检测不合格台账,记录信息应包括样品名称、样品编号、规格型号、生产厂家、出厂批号、数量、报告编号、检测项目、检测结果、不合格描述、闭环处理等信息。

在检测过程中发现检测结果不合格时,不得隐瞒不报或私自处理,必须及时报告技术负责人，由技术负责人进行复核后报试验室主任，确定无误后，通知监理单位、建设单位的相关人员。

对检测不合格的样品应封存，以备复检验证。

检验不合格的产品严禁用于工程，须仲裁的，仲裁检验期间应妥为存放，专人负责保管，并根据仲裁结果决定使用还是清退，否则应及时清理出施工现场。

不合格试验记录、报告和跟踪处理记录应归档保存。

第 12 章

实验室安全与风险管理

12.1　概述

实验室安全管理工作是实验室安全有序运行和充分发挥作用的重要基石。从安全主体、安全时空、安全类别、安全文化等不同维度进行分析,实验室安全与企业等其他领域安全相比具有明显的不同之处。从安全主体看,涉及人员广且流动性强,安全教育难度大,安全共情意识培养难;从安全时空看,实验时段分散而且贯穿全年,实验室分布广而散,集约化管理不易实现;从安全类别看,学科覆盖面广,实验任务多样化且繁重,仪器设备种类多,安全风险类别多(除消防和水电等通用安全外,还有化学、生物、辐射、特种设备、大型仪器设备等安全);从安全文化看,安全文化建设工作起步晚,建设力度不够大。由此可知,实验室安全管理工作潜在隐患和风险的影响要素多且具有动态性、复杂性和艰巨性,是一项涉及多主体、多类别的复杂系统工程。实验室安全管理模式,即不因人、事或物的变化而改变的规范和相对稳定的管理制度、管理机制、管理标准及管理方法等组成的体系,能为高校实验室安全管理工作提供基本遵循准则,为实验室的安全有序运行提供保障,关系到师生生命财产安全,关系到学校和社会的安全稳定。"生命不保,何谈教育",构建具有科研院所自身特色的实验室安全管理模式是科研领域一项紧迫而必要的工作。

12.2　实验室基本安全准则

为了确保实验室安全,实验室应有基本的安全守则,各实验室主管必须自行建立具体的安全细则,实验人员明确所有规则后方可进行实验。

实验室安全管理的基本原则就是防患于未然,消除安全隐患,把安全工作做到前面。实验室安全管理工作要从安全管理制度、安全责任体系、安全准入制度、实验室布局、特种设备管理、化学品管理、实验室应急预案设置等几个方面入手,全面地为实验室安全把关。

实验室安全管理制度的建立是实验室安全管理过程中非常重要的环节,应该按照国家相关规定和相关管理办法,结合各单位实验室的具体特点,制定严格有效的实验室安全管理制度及实施细则。加大实验室安全管理工作的力度,切实落实各项管理制度,要求进入实验室的人员务必遵守实验室安全管理制度。

科研院所各级需要明确落实安全责任制,按岗位性质选择适合的人员,制定可行的岗位职责说明,对实验室管理人员提出完善的绩效考核要求,提高实验室安全管理人员的归属感和对职位的认同感。

建立实验室安全准入考核制,从源头增强进入实验室人员的安全意识。通过组织消防安全知识培训,使实验室人员学会对消防用品的使用,提高安全意识及事故应急处理的能力。很多高校、科研院所已开始使用微信小程序链接到二级部门公众号,并设置闯关小游戏,师生、一线科研人员通过该小程序获取进入实验室的准入证书后,方可开展实验及学习工作。

为了最大限度地减少化学实验室突发事件对实验室工作人员和环境的危害,降低其造成的社会影响,必须建立化学实验室应急预案。实验室配置急救箱和应急救援的设备。评估实验室应对突发恶劣天气、地震等自然灾害或人为灾难发生时的承受能力,并做好相应的准备工作,建立与当地消防部门和其他紧急反应部门的协调机制,加强工作人员训练,每年进行一次应急演习。

12.3 实验室危险源

危险源是可能导致人身伤害的根源,包括某种状态或行为,或其组合。实际工作中危险源很多,存在形式也很复杂。

危险源应由三个要素构成:潜在危险性、存在条件和触发因素。危险源的潜在危险性是指一旦触发事故,可能带来的危害程度或损失大小,或者说危险源可能释放的能量强度或危险物的质量大小。危险源的存在条件是指危险源所处的物理、化学状态和约束条件状态。例如,物质的压力、温度、化学稳定性,盛装压力容器的坚固性,周围环境障碍物等情况。触发因素虽然不属于危险源的固有属性,但它是危险源转化为事故的外因,而且每一类型的危险源都有相应的敏感触发因素。如易燃、易爆物质,热能是其敏感触发因素;又如压力容器,压力升高是其敏感触发因素。因此,一定的危险源总是与相应的触发因素相关联,在触发因素的作用下,危险源转化为危险状态,进而转化为事故。

在科研工作中,经常会遇到很多危险,一般我们将危险源分类如下。化学品类:药品柜中存放着大量危险化学药品,即使最安全的化学药品也有潜在的危险。化学品具有毒害性、易燃易爆性、腐蚀性等。生物类:动物、植物、微生物(传染病病原体类等)等危害个体或群体生存的生物因子,存在致病菌污染的危险。特种设备类:电梯、起重机械、锅炉、压力容器(含气瓶)、高压灭菌锅、压力管道、客运索道、场(厂)内专用机动车等。电器类:设有加热设备和电源开关,存在火灾和触电的危险。高电压或高电流、高速运动等非常态、静态、稳态装置或高温作业、高空作业也存在安全隐患。实验室还存在一些潜在的化学性危害和物理性危害。其中,一般的物理性危害有:①烫伤、机械伤害、触电、滑倒、坠落;②电离与非电离辐射;③采光、照明异常或强光;④压力异常,如处于真空或高压环境;⑤噪声、震动带来的听力损失;⑥高/低温带来的中暑、热痉挛、冻伤等。一般的化学性危害有:能量或物质与人体的不当接触引起的火灾爆炸、急性中毒、腐蚀或刺激性化学伤害、致癌物质或慢性毒素的蓄积。

12.4　实验室用电安全

12.4.1　实验室电源特点

为了配合实验台、通风橱等的布置和固定位置的用电设备,如烘箱、马弗炉、高温炉、冰箱等,在实验室的四面墙壁上,在适当位置要安装多个单相和三相插座,这些插座一般在踢脚线以上,以使用方便为原则。如果是在实验中使用用电设备,而在实验结束时就停止使用,可将设备连接在该实验室的总电源上;若需长时间不间断使用,则应有专用供电电源,使其不会因为切断实验室的总电源而影响工作。

每个实验室内都有三相交流电源和单相交流电源,要设置总电源控制开关,当实验室无人时,应能切断室内电源。实验室的配电箱一般设计在靠近门口的墙上,方便关闭总电源。

每个实验台上都要设置一定数量的电源插座,至少要有一个三相插座,单相插座可以设 2~4 个。插座应有开关控制和保险装置,万一发生短路不致影响室内的正常供电。插座可设置在实验桌桌面或桌子边,但应远离水池和气瓶等的喷嘴口,并且不影响实验台上仪器的放置和操作。

化学实验室因有腐蚀性气体,配电导线以采用铜芯线为宜,其他实验室可以用铝芯线。敷线方式,以穿管暗敷设为宜,暗敷设不仅可以保护导线,而且还使室内整洁,不易积尘,并且检修更换方便。动力配电线五线制 U、V、W、零线、地线的色标分别为黄、绿、红、蓝、双色线。单相三芯线电缆中的红线代表火线。

12.4.2　用电注意事项

违章用电可能会造成仪器损坏、火灾甚至人身伤亡等严重事故。电流对人体的伤害主要有电击、电伤、电磁场生理伤害等。实验室中违章用电导致的事故给个人及单位带来了很大损失,因此,实验人员在进入实验室之前,一定要多了解一些安全用电常识,这样才能在实验中远离危险。

实验室用电设施分布在实验室各个位置,有实验操作台电源、边台电源、仪器电源以及大型仪器设备固定电源。这些电源多数是嵌入式,但也有部分由于条件不允许通过插排连接,更有严重的出现电源线外露,这些都是用电隐患。一旦不小心碰触漏电位置,后果不堪设想。因此,做好预防措施,正确用电是保护自己的最好方式。

实验室用电应符合《建筑物电气装置国家标准汇编》和《低压配电设计规范》的要求。实验室仪器、设备在交付使用前应当由设备管理部门进行安全检查,确保符合安全使用条件。使用时应严格执行电气安全规程。实验室应指定设备管理人员,定期对仪器、设备的完好性进行检查,发现缺陷时应做好登记,并及时通知设备管理部门。设备缺陷登记内容包括缺陷部分、发现人、发现时间、处理方法、消除日期等。设备缺陷未消除前,应停止设备使用,并做好防护。仪器、设备的功率应与线路的容量相匹配,严禁超载。实验室新增大功率用电设备时,要注意实验室的设计功率是否满足要求。大型仪器设备应采用单独供电回路,并装设独立控制开关,隔离电器和短路、过载及剩余电流保护电器。功率大于 0.25 kW 的电感性负荷及功率大于 1 kW 的电阻性负荷应采用固定接线方式。

插座的安装应当符合相关标准和规范,潮湿场所应采用具有防溅电器附件的插座,安装高度距地不应低于 1.5 m。不要使用自制的插座板,应使用符合标准的正规商品插座板。当插座板电线长度不够时,不能将多个插座板串联使用。不要将插座板放在实验室地面或实验台面上使用,避免水溶液、有机试剂与之接触而引发火灾。插拔插头存在风险的应采用带开关能切断电源的插座。不要用湿手、湿脚动电气设备,也不要碰开关插座,以免触电。大清扫时,不要用湿抹布擦电线、开关和插座等。损坏的开关、插头插座、电线等应赶快修理或更换,不能怕麻烦将就使用。禁止私自改装、加装、拆卸电气设备,禁止在实验室使用自购电器。发生触电、火灾等事故,应立即切断电源,然后再实施抢救。应根据实际情况选用、设置合适的灭火器具。电气火灾禁止使用能导电的灭火器,精密仪器、旋转电机火灾禁止使用干粉灭火或干砂灭火。爆炸危险场所电气设备选型、安装、验收应当符合国家标准和规范,并同时满足环境内化学、机械、热、霉菌及风沙等对电气设备的要求。化学药品库一定要用防爆照明灯,控制开关必须安装在门外。计算机、空调、风扇等设备夜间必须关闭,特别是计算机主机与显示器,不能在夜间无人时处于待机或休眠状态。移动电气设备时,必须先断开电源,然后再移动。

实验前先检查用电设备,再接通电源;实验结束后,先关仪器设备,再关闭电源;实验人员离开实验室或遇突然断电时,应关闭电源,尤其要关闭加热电器的电源开关;不得将供电线随意放在通道上,以免绝缘破损造成短路。在做需要带电操作的低电压电路实验时,单手操作比双手更安全,不应双手同时触及电器,防止触电时电流通过心脏。要经常整理实验室,以防触电跌倒后的二次伤害,确保实验人员的人身安全。如有人触电,应迅速切断电源,然后进行抢救。

12.4.3　电气事故类型与特点

电气事故按发生灾害形式可分为人身事故、设备事故、电气火灾和爆炸事故;按事故电路状况可分为短路事故、断线事故、接地事故、漏电事故;按能量形式及来源则可分为触电事故、静电事故、雷电事故、射频危害、电路故障等。

电气事故的危险因素不易察觉。电没有颜色、气味、形状,很难被察觉,在使用过程中,人们往往忽视它的存在,造成事故。事故发生突然。电气事故发生时,来得突然，毫无预兆，人一旦触电，自身极易失去防卫能力。事故的危害性大。电气事故的发生伴随着危害和损失，如设备损坏、火灾、爆炸等。严重的电气事故不仅会造成重大的经济损失，还会造成人员的伤亡。据有关部门统计，我国触电死亡人数占工伤事故总死亡人数的5%左右。事故涉及面广。电气事故不仅仅局限在用电领域，如触电、设备和线路故障等事故。在非用电场所，电能的释放也会造成灾害或伤害，例如，静电、雷电、电磁场事故等，这些都属电气事故范畴。

12.4.4　触电事故及预防

触电事故指电流的能量直接或间接作用于人体所造成的伤亡事故。

电伤是电流的热效应、化学效应或机械效应对人体外部器官（如皮肤、角膜、结膜等）造成的伤害，如电弧灼伤、电烙印、皮肤金属化、电光眼等。电伤是人体触电事故中较为轻微的一种。

电击即触电，是指电流通过人体时所造成的内部伤害，也是最危险的一种伤害。它会破坏人的心脏、呼吸及神经系统的正常活动，甚至危及生命。在触电事故中，绝大部分（85%以上）是人体接触电流遭到电击使得心脏过载而伤亡。其实，人身体里本来就有微量电流，一旦遇到强电流通过或人体细胞中的导电元素全部参与导电，身体中的生物大分子就会彻底地解体而使生命终结。

按照发生电击时电气设备的状态，电击可分为直接接触电击和间接接触电击。直接接触电击是触及设备和线路正常运行时的带电体发生的电击（如误触接线端子发生的电击），也称为正常状态下的电击。间接接触电击是触及正常状态下不带电，而当设备或线路故障时意外带电的导体发生的电击（如触及漏电设备的外壳发生的电击），也称为故障状态下的电击。

按照电击对人体造成的损伤程度，电击的特征包括：伤害人体内部；低压触电在人体的外表不会留下显著的痕迹，但是高压触电会产生极大的热效应，导致皮肤烧伤，严重者会被烧黑；致命电流较小。

防止触电的注意事项有：不用潮湿的手接触电器；电源裸露部分应有绝缘装置（例如电线接头处应裹上绝缘胶布）；所有电器的金属外壳都应接地保护；维修或安装电器时，应先切断电源。如遇线路老化或损坏，应及时更换；不能用试电笔去试高压电，使用高压电源应有专门的防护措施；在潮湿或高温或有导电灰尘的场所，应该用超低电压供电。当相对湿度大于75%时，属于危险、易触电环境；漏电保护器既可用来保护人身安全，还能对低压系统或设备的对地绝缘状况起到监测作用；含有高压变压器或电容器的电子仪器，只有专业人员才能打开仪器盖；低压电笔一般适用于500 V以下的交流电压，安全电压是指保证不会对人体产生致命危险的电压值，工业中使用的安全电压是36 V以下。

12.5 实验室化学品安全

12.5.1 化学品的存在形式

化学品的存在形式有以下 6 种。固体:室温下以固态形式存在的物质,如金属、塑料。液体:室温下以液态形式存在的物质,如甲醇等有机溶剂。气体:室温下以气态形式存在的物质,如一氧化碳。蒸气:液体由于温度、压力的改变,在空气中形成的微小液滴,正常状态下为液体。烟:固体由于温度、压力的改变,在空气中形成的均匀分散的细小固体颗粒。尘:室温下空气中的细小固体颗粒。

12.5.2 常见化学品的管理

化学品的管理一般可分为危险化学品的管理和非危险化学品的管理两类。目前高校、科研院所越来越重视危险化学品的管理问题,一般有单独的危险化学品仓库,但由于危险化学品的种类繁多,为了使用方便,一般只把易制毒、易制爆的危险化学品放置在危险化学品仓库,而许多易燃性、氧化性试剂仍然和其他普通试剂混合放置。

教学、科研实验中用量大、种类多的一般是非危险试剂,由于实验用房紧张,这种试剂不能完全做到分类存放管理。有些试剂的采购数量偏大,造成试剂的闲置。一些易挥发的试剂挥发严重,使药品库气味刺鼻,对教师和学生的身体健康造成危害。因此对于不同试剂应按照氧化剂与还原剂分开存放、固体与液体药品分开存放等原则。

12.5.3 化学品进入人体的途径

在污染日益严重的环境下,化学品无处不在,因此人体无时无刻不在吸收化学品。我们知道化学品的来源有很多,而且化学品进入人体的途径也有很多种,常见的有以下几种:肺部吸收,如吸入烟、雾、灰尘;皮肤接触,如液体或粉料接触或溅到皮肤上或眼睛里;经口,如接触化学品后未清洗双手直接吃东西,从而使化学品进入人体;意外吞入,将饮用水带入实验室,饮用水与化学溶剂颜色无差别,造成意外吞入伤及肠胃。

12.5.4 化学品的危害

在接触化学品后,除了短时间内表现出的健康效应,还可能在更长的时间尺度上给人体带来不良的影响。除急性毒性,皮肤、眼睛、呼吸道灼伤和吸入危害外,国家标准中化学品危害分类中的致癌性、生殖毒性、生殖细胞致突变性、特异性靶器官毒性都会在较长时间尺度上对身体健康造成影响。

12.5.5　化学品危害预防与控制

随着化学工业的发展,化学品的种类和数量不断增加,由此引发的事故也有增多的风险。但化学品与人类的生活密切相关,几乎每个人都在直接或间接地与化学品打交道。因此,如何控制化学品的危害,有效地利用化学品,保障人民的生命、财产和环境安全,已成为世界各国关注的焦点。我国在化学品安全管理方面颁布了一系列法规和标准,对化学品的安全使用和控制方法进行了规范。

工程技术控制是控制化学品危害最直接、最有效的方法,其目的是通过采取相应的措施消除工作场所中化学品的危害或尽可能降低其危害程度,以免造成人身伤害和环境污染。常见的工程技术控制有替代、变更工艺、隔离、通风。

(1) 替代。选用无毒或低毒的化学品替代有毒有害的化学品是消除化学品危害最根本的方法。世界各国都把此当作一个非常重要的研究方向,我国也一直投入大量人力和物力进行此方面的改进。如:研制使用水基涂料或水基黏合剂替代有机溶剂基涂料或黏合剂;使用水基洗涤剂替代溶剂基洗涤剂;使用三氯甲烷作脱脂剂取代三氯乙烯;在喷漆和除漆领域,用毒性小的甲苯代替苯;在颜料领域,用锌(钛)氧化物替代铅氧化物;用高闪点化学品取代低闪点化学品;等等。

(2) 变更工艺。虽然替代是首选方案,但是目前可供选择的替代品种类和数量有限,特别是因技术和经济方面的原因,不可避免地要生产、使用危险化学品。这时可考虑变更工艺,如改喷涂为电涂或浸涂、改人工装料为机械自动装料、改干法粉碎为湿法粉碎等。有时也可以通过设备改造来控制危害,如氯碱厂电解食盐的过程中,生成的氯气过去是采用筛板塔直接用水冷却,造成现场空气中的氯含量远远超过国家卫生标准,含氯废水量大,还造成氯气的损失。后来改用钛制列管式冷却器进行间接冷却,不仅含氯废水量减少,而且现场的空气污染问题也得到较好的解决。

(3) 隔离。隔离就是将人员与危险化学品分隔开来,是控制化学危害最彻底、最有效的措施之一。最常用的隔离方法是将生产或使用的化学品用设备完全封闭起来,使人员在操作过程中不接触化学品。如隔离整个机器、封闭加工过程中的扬尘点,都可以有效地限制污染物的扩散。

(4) 通风。对于工作场所中的有害气体、蒸气或粉尘,通风是最有效的控制措施之一。借助有效的通风,使气体、蒸气或粉尘的浓度低于最高容许浓度。通风方式分为局部通风和全面通风两种。点式扩散源,可使用局部通风。通风时,应使污染源处于通风罩控制范围内。为确保通风系统的高效运行,通风系统设计方案要合理。已安装的通风系统,要经常维护和保养,使其运行状态良好。面式扩散源,应使用全面通风。全面通风亦称稀释通风,其原理是向工作场所提供新鲜空气,抽出污染空气,进而稀释有害气体、蒸气或粉尘,从而降低其浓度。采用全面通风时,在厂房设计时就要考虑空气流向等因素。全面通风的目的不是消除污染物,而是将污染物分散稀释,所以全面通风仅适合于低毒性、无腐蚀性污染物存在的工作场所。

12.6 实验室消防安全

12.6.1 火灾的分类与特点

国家标准《火灾分类》(GB/T 4968—2008)中根据可燃物的类型和燃烧特征,将火灾定义为 A 类、B 类、C 类、D 类、E 类和 F 类六种不同的类别。有关不同类型火灾的定义和举例可参见表 12.6-1。

表 12.6-1　火灾分类

类别	定义	实物举例
A 类火灾	固体物质火灾	木材、棉、毛、麻或纸张火灾等
B 类火灾	液体或可熔化的固体物质火灾	汽油、煤油、原油、甲醇、乙醇、沥青或石蜡火灾等
C 类火灾	气体火灾	煤气、天然气、甲烷、乙烷、丙烷或氢气火灾等
D 类火灾	金属火灾	钾、钠、镁、钛、钙、锂或铝镁合金火灾等
E 类火灾	带电火灾	变压器等设备的电气火灾
F 类火灾	烹饪器具内的烹饪物火灾	油锅起火

除按以上分类外,还将火灾按等级划分。依据《生产安全事故报告和调查处理条例》(国务院令第 493 号)和《关于调整火灾等级标准的通知》(公消〔2007〕234 号),将火灾等级增加为四个等级,即由原来的特大火灾、重大火灾和一般火灾三个等级调整为特别重大火灾、重大火灾、较大火灾和一般火灾四个等级。

特别重大火灾:造成 30 人以上死亡,或者 100 人以上重伤,或者 1 亿元以上直接财产损失的火灾。

重大火灾:造成 10 人以上 30 人以下死亡,或者 50 人以上 100 人以下重伤,或者 5 000 万元以上 1 亿元以下直接财产损失的火灾。

较大火灾:造成 3 人以上 10 人以下死亡,或者 10 人以上 50 人以下重伤,或者 1 000 万元以上 5 000 万元以下直接财产损失的火灾。

一般火灾:造成 3 人以下死亡,或者 10 人以下重伤,或者 1 000 万元以下直接财产损失的火灾。

分类等级中的"以上"包括本数,"以下"不包括本数。

火灾是指在时间或空间上失去控制的燃烧所造成的灾害。火灾通常具有严重性、突发性、复杂性等特点。严重性是指火灾的危害大,造成人员伤亡和重大经济损失。而且火灾往往在人们意想不到的时间与空间突然发生,具有突发性。另外,发生火灾事故的原因及过程也是多种多样的。如引起火灾的火源有明火、化学反应热、高温、摩擦、电火花、自热等,引起燃烧的可燃物有气体、液体、固体。有的着火过程缓慢,有的则发生突然、发展迅速。火灾的复杂性也使得火灾后寻找火灾的起因与起火点成为事故调查的主要任务。在火灾扑救时,必须根据不同的火源和可燃物(特别是化学品着火),采取不同的灭火方法,否则将会造成更大的伤害与损失。

火灾从引燃到熄灭可分为四个阶段,在不同阶段,需要采取的灭火措施也有所不同。

① 初期阶段:从出现明火开始,此时燃烧的面积较小,只限于局部着火点处的可燃物质的燃烧。此时燃烧发展缓慢,有可能形成火灾,也有可能自行熄灭,是最佳扑救期,处置得当可大大减少伤害与损失。

② 发展阶段:燃烧一定时间后,燃烧的范围扩大,强度增大,温度升高,室内的可燃物质在高温的作用下不断分解放出可燃气体,使室内绝大部分可燃物质起火燃烧。这种在限定空间内,可燃物质的表面全部卷入燃烧的状态为轰燃,标志室内火灾进入全面发展阶段,非专业人员必须撤离。

③ 猛烈阶段:释放大量热,空间温度急剧上升,此时火灾必须由专业队伍扑救,并以控制火势、防止扩散为主。

④ 熄灭阶段:燃烧的后期阶段,随着可燃物燃烧殆尽或灭火剂发挥作用,火灾的燃烧速度减慢,燃烧强度减弱,温度下降,火势逐渐减弱直至熄灭。此时局部温度仍然较高,遇到合适的条件有可能发生复燃现象,危险性不容忽视。

12.6.2　实验室爆炸事故原因

① 随意混合化学药品。氧化剂和还原剂的混合物反应过于激烈以致失去控制或在受热、摩擦或撞击时发生爆炸。

② 在密闭体系中进行蒸馏、回流等加热操作。

③ 在加压或减压实验中使用不耐压的玻璃仪器。

④ 大量易燃易爆气体,如氢气、乙炔、煤气和有机蒸气等逸入空气,引起燃爆。

⑤ 一些本身容易爆炸的化合物,如硝酸盐类、硝酸酯类、芳香族多硝基化合物、乙炔及重金属盐、有机过氧化物(如过氧乙醚和过氧酸)等,受热或被敲击时会爆炸。强氧化剂与一些有机化合物如乙醇和浓硝酸混合时也会发生猛烈的爆炸反应。

⑥ 在使用和制备易燃、易爆气体,如氢气、乙炔等时,不在通风橱内进行,或在其附近点火。

⑦ 搬运气体钢瓶时不使用钢瓶车,而让气体钢瓶在地上滚动,或撞击气体钢瓶表头,随意调换表头,或气体钢瓶减压阀失灵等。

一些易发生爆炸事故的混合物如表 12.6-2 所示。

表 12.6-2　易发生爆炸事故的混合物

混合物	混合物
镁粉和重铬酸钾	混合有机化合物
镁粉和硝酸银 (遇水发生剧烈爆炸)	还原剂和硝酸铅
	氯化亚锡和硝酸铋
镁粉和硫黄	浓硫酸和高锰酸钾
锌粉和硫黄	三氯甲烷和丙酮
铝粉和氧化铅	铝粉和氧化铜

12.6.3　预防火灾的基本方法

① 控制可燃物。尽量选择不燃、难燃、阻燃的材料;采取排风或通风措施,降低可燃气体、蒸气和粉尘在室内的浓度;严格控制实验室化学品的数量,严格分类存放。

② 隔绝空气。隔绝空气,使燃烧无法进行。如用惰性气体保护,将金属钠保存在煤油中,白磷保存在水中。

③ 清除火源。隔离或远离火源,采用防爆照明、防爆开关,检查更换老化电线,仪器接地,消除静电,防止可燃物遇见明火或温度失控而引起火灾。

④ 阻止火势。在可燃气体管路上安装阻火器、水封装置;在建筑物之间留有防火间距,建有防火墙、防火门,设防火分区等。

⑤ 安装监控、报警与自动喷淋装置。在房间与走廊安装易燃气体及火情监控、报警与自动喷淋装置。烟感报警器也叫烟雾报警器,通过监测烟雾的浓度来实现火灾防范,被广泛运用到各种消防报警系统中。其上面的发光二极管大约每分钟闪烁一次。房间内一般 25~40 m² 装一个烟雾报警器。

12.6.4　化学实验室常见火灾扑救方法

化学实验室中的可燃物多种多样,且性质各异,因此一旦失火,应立即采取措施防止火势蔓延。熄灭附近所有火源,切断电源,移开易燃易爆物品,并视火势大小,采取不同的扑救方法。

① 在容器(如烧杯、烧瓶等)中发生的局部小火,可用石棉网、表面皿或者沙子等盖灭。

② 有机溶剂在桌面或者地面上蔓延燃烧时,不得用水浇灭,可撒上细沙或用

灭火毯灭火。

③ 钠、钾等金属着火时,通常用干燥的细沙覆盖。严禁用水灭火,否则会导致猛烈的爆炸,也不能用二氧化碳灭火。

④ 若衣服着火,立即脱除衣物,切勿慌张奔跑,以免风助火势。小火一般可用湿抹布、灭火毯等包裹使火熄灭。若火势较大,可就近用水龙头浇灭。若衣物无法脱除,必要时可就地卧倒打滚,一方面防止火焰烧向头部,另一方面在地上压住着火处,使其熄灭。

⑤ 在反应过程中,若因冲料、渗漏、油浴着火等引起反应体系着火,情况比较危险,处理不当会加重火势。扑救时谨防冷水溅在着火处的玻璃仪器上或灭火器材击破玻璃仪器,造成严重的泄漏而扩大火势。有效的扑灭方法是用几层灭火毯包住着火部位,隔绝空气使其熄灭,必要时在灭火毯上撒些细沙。若仍不奏效,必须使用灭火器,须由火场的周围逐渐向中心处扑灭。

⑥ 电器着火时要先切断电源,然后用灭火器或者水灭火;无法断电的情况下,禁止用水等导电液体灭火,应用沙子或二氧化碳灭火,还可用干粉灭火器灭火。

与此同时,化学实验室的火灾预防措施也同样重要。

① 严禁在开口容器或密闭体系中用明火加热有机溶剂。需用明火加热易燃有机溶剂时,必须要有蒸气冷凝装置或合适的尾气排放装置。

② 废溶剂严禁倒入污物缸,应倒入回收瓶内集中处理。

③ 金属钠严禁与水接触。实验后的少量废钠通常用乙醇处理。

④ 不得在烘箱内存放、干燥、烘烤有机物。实验后的产物通常含有一些易燃的溶剂、低沸点的反应原料,以及不明特性的物质,如果使用烘箱烘干,烘箱中的电加热丝特别容易引起火灾。

⑤ 使用氧气钢瓶时不得让氧气大量逸入室内。在含氧量约 25% 的大气中,物质燃烧所需的温度比在空气中低得多,且燃烧剧烈不易扑灭。

12.6.5 火灾现场安全疏散及逃生

(1) 人员的安全疏散与逃生自救

火灾发生后,人员的安全疏散与逃生自救最为重要。在此过程中要注意以下几点。

① 稳定情绪,保持冷静,维护好现场秩序。

② 在能见度差的情况下,采用拉绳、拉衣襟、喊话、应急照明等方式引导疏散。

③ 当烟雾较浓、视线不清时不要奔跑,左手用湿毛巾捂住口鼻等做好防烟保护,右手向右前方顺势探查,靠消防通道右侧摸索紧急疏散指示标志,顺着紧急疏散指示标志引导的疏散逃生路线,低姿安全迅速撤离。

④ 当楼房着火时,要利用现场的有利条件快速疏散,在疏散过程中,需要

注意：

a. 观察所在楼房、楼道等区域的消防疏散逃生通道；

b. 准确判断火势，在烟雾较浓时要低姿蹲逃；

c. 在逃生的出路被火封住时，要淋湿身体并尽量用湿棉被、湿毛毯等不燃烧、难燃烧的物品披裹住身体冲出；

d. 在楼梯被烧断时，可通过屋顶、阳台、落水管等逃生，用床单结绳滑下；

e. 被困火场时可向背火的窗外扔东西求救；

f. 被困在顶楼时，可从屋顶天窗进入楼顶，尽一切可能求救并等待救援；

g. 发生火灾时，不能乘电梯，以免被困在电梯内无法逃生；

h. 三楼以上在无防护的情况下不能跳楼；

i. 如果身上着火，要快速扑打，一定不能奔跑，可就地打滚、跳入水中，或用衣物、被子覆盖灭火；

j. 要维持好火灾现场的秩序，防止疏散出的人员因眷恋抢救亲人或财物而返回火场，再入"火口"。

（2）物资的疏散

① 应紧急疏散的物资主要有：易燃易爆、有毒有害的化学药品；汽油桶、柴油桶、爆炸品、气瓶、有毒物品；价值昂贵的物资；怕水物资，如糖、电石等。

② 组织疏散的要求：一是编组；二是先疏散受水、火、烟威胁最大的物资；三是疏散出的物资应堆放在上风方向，并由专人看护；四是应用苫布对怕水的物资进行保护。

12.6.6 火灾烧伤救护

当发生火灾时，如造成身体伤害，不可随意简单处理，应根据烧伤的不同类型，采取以下急救措施。

（1）采取有效措施扑灭身上的火焰，迅速脱离致伤现场。当衣服着火时，应采用各种方法尽快灭火，如水浸、水淋、就地卧倒翻滚等，千万不可直立奔跑或站立呼喊，以免助长燃烧，引起或加重呼吸道烧伤。灭火后伤员应立即将衣服脱去，如衣服和皮肤黏在一起，可在救护人员的帮助下把未黏的部分剪去，并对创面进行包扎。

（2）防止休克、感染。为防止伤员休克和创面发生感染，应给伤员口服止痛片（有颅脑损伤或重度呼吸道烧伤时，禁用吗啡）和磺胺类药物，或肌肉注射抗生素，并口服淡盐水、淡盐茶水等。一般以少量多次为宜，如发生呕吐、腹胀等，应停止口服。禁止伤员单纯喝白开水或糖水，以免引起脑水肿等并发症。

（3）保护创面。在火灾现场，烧伤创面一般可不做特殊处理，尽量不要弄破水泡，不能涂龙胆紫一类有色的外用药，以免影响对烧伤面深度的判断。为防止创面继续受到污染，避免加重感染和加深创面，创面应立即用三角巾、大纱布块、清洁的衣服和被单等，给予简单包扎。手足被烧伤时，应将各个指、趾分开包扎，以防粘连。

（4）合并伤处理。有骨折者应予以固定；有出血时应紧急止血；有颅脑、胸腹部受伤者，必须给予相应处理，并及时送医院救治。

（5）迅速送往医院救治。伤员经火灾现场简易急救后，应尽快送往附近医院救治。护送前及护送途中要注意防止休克。搬运时动作要轻柔，行动要平稳，以尽量减少伤员痛苦。

12.7　实验室特种设备分布及管理

实验室一般存在的特种设备包括锅炉及压力容器、电梯、起重设备等，涉及的种类较为丰富，其中电梯多存在于实验楼，由物业公司负责管理。实验室涉及的特种设备主要为各类压力容器，包括高压灭菌锅、气瓶和反应釜。一些特种设备与教学相关，放置在实验室及科研室，比如，重型机械实验室的起重机、化工及生物等实验室的锅炉及压力容器、各类实验室的气瓶。科研实验室特种设备较为集中，设备类型少，操作相对简单，有明确的管理人员及操作人员，实验室管理相对规范，实验室针对特种设备情况制定相关的管理规程，但并未制定应急预案。设备使用人员是科研人员、教师及学生，使用人员具有固定化特点。教学实验室学生流动性大，无法设置固定的管理人员，设备管理相对混乱，甚至部分操作人员无证上岗，此情况体现出对特种设备管理工作的不重视。

《中华人民共和国特种设备安全法》中对特种设备有明确的管理要求，特种设备在购置后应在安全管理单位登记，获得相关的使用证书。使用单位根据技术规范严格管理特种设备，在规定时间向检验机构提出申请，检验合格后方可继续使用。特种设备具有专业性特点，对实验室特种设备管理人员提出较高的要求。实验室中的特种设备分布广泛、数量众多，包括压力容器及安全附件、压力管道等，也包括一些气瓶，其中含有氧气及天然气、乙炔等，此类气体属于易燃易爆炸危险品。不同种类的特种设备管理要求不同，安全附件中相关特种设备应当每间隔一年进行一次检验，根据投入使用情况适当对检验周期进行动态调整。此情况下，实验室特种设备管理难度提升，操作人员对管理要求认识不足，在使用过程中容易发生安全事故。

气瓶是实验室最常见的特种设备，我国的气体安全管理法律法规比较分散，例如《气瓶安全监察规定》《特种设备安全监察条例》《危险化学品安全管理条例》《氢气使用安全技术规程》等，分散到特种设备、危险化学品管理等领域，缺乏统一性的规范指导，高校在落实工作的过程中找不到有效的方法。高校缺乏系统的用气安全教育培训,因此管理人员缺乏相应的知识和技能,也很难对操作人员进行有效指导,导致操作人员对气体法律法规不熟悉,对安全操作技能掌握不熟练。

12.7.1 压力容器

压力容器是指盛装气体或者液体,承载一定压力的密闭设备,其范围规定为:盛装最高工作压力大于或者等于 0.1 MPa(表压)的气体、液化气体和最高工作温度高于或者等于标准沸点的液体,容积大于或者等于 30 L 且内直径(非圆形截面内边界最大几何尺寸)大于或者等于 150 mm 的固定式容器和移动式容器;盛装公称工作压力大于或者等于 0.2 MPa,且压力与容积的乘积大于或者等于 1.0 MPa·L 的气体、液化气体和标准沸点等于或者低于 60℃液体的气瓶、氧舱。

压力容器的用途极为广泛,它在工业、民用、军工等许多部门以及科学研究的许多领域都具有重要的地位和作用,其中以化学工业与石油化学工业中应用最多,仅在石油化学工业中应用的压力容器就占全部压力容器总数的 50% 左右。压力容器在化工与石油化工领域主要用于传热、传质、反应等工艺过程,以及贮存、运输有压力的气体或液化气体;在其他工业与民用领域亦有广泛的应用,如空气压缩机。各类专用压缩机及制冷压缩机的辅机(冷却器、缓冲器、油水分离器、贮气罐、蒸发器、液体冷却剂贮罐等)均属压力容器。

压力容器的使用与检验应包含以下内容:

根据《特种设备安全监察条例》规定,压力容器在投入使用前或投入使用后30 日内,使用单位应当向直辖市或者设区的市的特种设备安全监督管理部门办理登记。同时,使用单位应当建立压力容器安全技术档案,档案内容包括:设备的设计文件、制造单位、产品质量合格证明、使用维护说明等文件以及安装技术文件和资料;设备的定期检验和定期自行检查的记录,至少每月进行一次自行检查;设备的日常使用状况记录;设备及其安全附件、安全保护装置、测量调控装置及有关附属仪器仪表的日常维护保养记录;设备运行故障和事故记录。设备使用单位应当按照安全技术规范的定期检验要求,在安全检验合格有效期届满前 1 个月向设备检验检测机构提出定期检验要求。设备操作人员必须经过相关部门组织的培训,持证上岗。

12.7.2 高压灭菌锅

高压灭菌锅又名高压蒸汽灭菌锅,可分为手提式高压灭菌锅、立式高压灭菌锅和卧式高压灭菌锅,是利用电热丝加热水产生蒸汽,并能维持一定压力的装置,主要由一个可以密封的桶体、压力表、排气阀、安全阀、电热丝等组成。

高压灭菌锅的使用注意事项:灭菌锅应由经过培训合格的人员操作,整个灭菌过程应由专人看管。不能完全依靠自动水位保护,应经常注意水位,以免烧坏电热管。人工加水时,应先切断电源,将放空阀打开泄压,再打开进水阀加水。切勿在夹层有压力时打开进水阀,加水时放空阀应处于打开状态。当灭菌室有压力时,不可强制开门。对液体样品灭菌后应慢放气,待液体温度降到70℃以下时,才能开门。禁止灭菌后立即开门。灭菌过程中如果出现断电或其他原因导致低于灭菌温度,应从再次达到灭菌温度时重新开始计时。灭菌锅应自行定期进行检查,按照相关规定定期向设备检验检测机构提出定期检验要求。

生活中我们用到的高压锅,其原理就是利用液体在较高气压下沸点会提升这一物理现象,使水在高压下可以达到较高温度而不沸腾,以提高炖煮食物的效率。其优点在于省时及节能,缺点在于不正确操作或有瑕疵时,有可能会发生爆炸造成伤害。同样,实验过程中看似简单的高压灭菌锅也会带来超乎想象的危险,其压力远比生活中的高压锅大得多,并且温度也远远超过家用高压锅,操作不当将会造成人员损伤。常见的高压灭菌锅的危害为放气阀放气灼伤、排气孔堵塞、灭菌器干烧以及外排水蒸气安全隐患。

(1)放气阀放气灼伤。高压蒸汽灭菌一般在121℃左右的温度下实现,达到灭菌所需的温度和时间后,部分实验人员为快速取出灭菌物品常采用放气阀放气以实现减压,高温热蒸汽会通过放气阀快速喷出,实验人员有被灼伤的风险。

(2)排气孔堵塞。灭菌袋等被灭菌物如果堵住排气孔,灭菌器内压力失控,会引起容器破裂等重大事故。被灭菌物应完全收纳到不锈钢提篮或提桶中,注意不要将排气孔周围堵住。

(3)灭菌器干烧。灭菌器多次使用时,如未加足够的水,使灭菌器加热圈过热,加热圈干烧损坏,可能导致起火事故。

(4)外排水蒸气安全隐患。如果灭菌对象是致病微生物,在没有达到灭菌所需的温度之前,高压灭菌器内已具有一定的压强,部分待灭的活菌会随空气排出到灭菌器外,有污染实验室、威胁实验人员健康的潜在风险。

12.7.3 气瓶

气瓶是实验室常见的特种设备之一,无论是化学实验室还是机械制造实验室,水利工程拆制模过程都会用到气瓶。通常我们所提到的气瓶是指在正常环境温度(-40~60℃)下可重复充气使用,公称工作压力大于或等于0.2 MPa,且压力与容积的乘积大于或等于1.0 MPa·L的盛装气体、液化气体和标准沸点等于或低于60℃的液体的移动式压力容器。实验室的气体钢瓶主要是指各种压缩气体钢瓶,其危害主要是气体泄漏造成人员中毒或爆炸、火灾等事故。

气瓶的种类有很多种,分别按照制造方法、盛装介质的物理状态分类。而我们通常是根据钢瓶的颜色判断气体种类。

按制造方法进行分类,气瓶可以分为焊接气瓶、管制气瓶、冲拔拉伸制气瓶、缠绕式气瓶。

按盛装介质的物理状态分类,气瓶可以分为永久性气体气瓶、液化气体气瓶、溶解气体气瓶。

按照气瓶的标志分类,根据气瓶颜色标志、气瓶钢印标志分类是实验室最常用也是最容易识别的分类方法。

实验室气瓶的颜色、字样等内容应按照国家标准《气瓶颜色标志》(GB/T 7144—2016)相关要求执行,同时气瓶应设有防倾倒装置。表 12.7-1 为实验室常见气瓶标志信息。

表 12.7-1 常见气瓶标志信息

序号	充装气体	化学式(或符号)	瓶身颜色	字样	字体颜色
1	空气	Air	黑	空气	白
2	氩	Ar	银灰	氩	深绿
3	氦	He	银灰	氦	深绿
4	氮	N_2	黑	氮	白
5	氧	O_2	淡(酞)蓝	氧	黑
6	二氧化碳	CO_2	铝白	液化二氧化碳	黑
7	乙炔	C_2H_2	白	乙炔,不可近火	大红

气瓶是一种承压设备,具有爆炸危险,且其承装介质一般具有易燃、易爆、有毒、强腐蚀等性质,使用环境又因其移动、重复充装、操作及使用人员不固定和使用环境变化的特点,比其他压力容器更为复杂、恶劣。气瓶一旦发生爆炸或泄漏,往往发生火灾或中毒,甚至引起灾难性事故,带来严重的财产损失、人员伤亡和环境污染。

储存气体钢瓶的仓库必须有良好的通风、防热和防潮条件,电气设备都必须有防爆设施。气体钢瓶必须严格分类分处保存。不同品种的气体不得储存在一起,比如,氧气和氢气不能放置在同一房间内;直立放置时要固定稳妥;气瓶要远离热源,避免暴晒和强烈震动;氧气属于高度危险气体,一间实验室内的氧气瓶原则上数量不得超过一瓶。如实验需要数套设备同时供气,建议使用供气分配管路接用气设备,房间里原则上同一类气体只存放一个钢瓶,最多允许存放两瓶,实现一用一备。气体钢瓶上的减压阀要分类专用。安装时螺扣要旋紧防止泄漏;开、关减压阀和气瓶开关阀时,动作必须缓慢;使用时应先开启气瓶开关阀,后开启减压阀;使用完毕后,先关闭气瓶开关阀,放尽余气后再关闭减压阀。切不可只关闭减压阀而不关闭气瓶开关阀。氧气钢瓶必须采用氧气专用减压阀,同时注意非氧气钢瓶不得采用氧气减压阀,否则沾染了油脂的氧气减压阀就有可能会再次使用在氧气瓶上,极易导致爆炸事故发生。钢瓶内压力最大可达 200 bar,钢瓶如不做可靠固定,摔倒后阀芯受到硬物撞击,钢瓶会飞起来并穿过墙体和楼板,造成恶性事故。使用气体钢瓶时,操作人员应站在气瓶侧面,不要正对气瓶接口。严禁敲打、撞击气瓶,要经常检查有无漏气现象,并注意压力表读数。氧气瓶或氢气瓶等应配备专用工具,并严禁与油类接触。操作人员不能穿戴沾有各种油脂或易产生静电的服装、手套进行操作,以免引起燃烧或爆炸。可燃性气体和助燃气体钢瓶,与明火的距离应大于 10 m,距离不足时,可采取隔离等措施。使用后的钢瓶,应按规定保留0.05 MPa 以上的残留压力(减压阀表压),不可将气体用尽。可燃性气体应剩余0.2～0.3 MPa,其中氢气应保留 2 MPa,以防止重新充气时发生危险。

气瓶使用单位需确保使用的气体钢瓶标志准确、完好,不得擅自更改气体钢瓶的钢印和颜色标记。气体钢瓶存放地应严禁明火,保持通风和干燥,避免阳光直射。远离热源、放射源、易燃易爆和腐蚀物品,实行分类隔离存放,不得混放,不得放置在走廊和公共场所。移动气体钢瓶应使用手推车,严禁拖拉、滚动或滑动气体钢瓶。严禁敲击、碰撞气瓶,严禁使用温度超过 40℃ 的热源对气瓶加热。实验室内应保持良好的通风,若发现气体泄漏,应立即采取关闭气源、开窗通风、疏散人员等应急措施。切忌在易燃易爆气体泄漏时开关电源。氢气瓶使用时应定期用肥皂水进行漏气检查,确保无漏气。

12.8　危险化学品安全管理措施

12.8.1　危险化学品的订购

由申购人或申购部门提出申请,报请相关行政主管部门审核后方可实施采购,购置的危险化学品须严格按照国家相关法律法规进行运输。严禁随身携带、夹带危险化学品乘坐公共交通工具。

购置的危险化学品须在到货当日办理入库手续。手续包括如下内容:①基于采购合同或供货清单、发票,核对危险化学品的名称和数量,确认上述各项相互一致后,建立危险化学品入库登记台账;②相关责任人核查危险化学品的存放条件,确认安全措施到位、存放规范后在供货清单上签字并将供货清单复印件存档。

12.8.2　危险化学品的储存

危险化学品的储存应符合《危险化学品仓库储存通则》(GB 15603—2022)要求,根据不同省市对危险化学品的管理规范执行当地标准。

购置的危险化学品应按规定存放在专用储存室(柜)内,并设专人(必须是经过专业培训的在职人员)管理,根据所存放危险化学品的种类和危险特性,在储存危险化学品的场所设置相应的防盗、监测、监控、通风、防晒、调温、防火、灭火、防爆、泄压、防毒、中和、防潮、防雷、防静电、防腐、防泄漏以及隔离操作等安全设施、设备,定期检测、维护安全设施、设备,确保其正常运行。走廊等公共场所不得存放危险化学品。

大量化学品的存放须严格遵循《危险化学品安全管理条例》中的要求,保存在专门的仓库中。此外,各单位通常也会发布更加详细、更加适用于具体情况的化学品安全管理条例。实验室内少量危险化学品也需要遵守规定,根据以下几项基本要求进行分类存放。

实验室需建立并及时更新化学品台账,及时清理没有名字和废旧的化学品。所有化学品和配制试剂都应贴有明显标签,注明内容物的成分和 CAS 号等必要信息。杜绝标签缺失、破损和新旧标签共存等现象。剧毒化学品、麻醉类和精神类药品须存放在不易移动的保险柜或带双锁的冰箱内,实行"五双"制度,并切实做好相关记录。储存单位应当将储存剧毒化学品以及构成重大危险源的其他危险化学品的数量、地点以及管理人员的情况,报当地公安部门和负责危险化学品安全监督管理综合工作的部门备案。易爆品应与易燃品、氧化剂隔离存放,宜存于 20℃ 以下,最好保存在防爆试剂柜、防爆冰箱或经防爆改造过的冰箱内。还原剂、有机物等不能与氧化剂、硫酸及硝酸混放。强酸(尤其是硫酸)不能与氧化性的无机盐(如高锰酸钾、氯酸钾)混放;遇酸可产生有害气体的盐类,如氰化钾、硫化钠、亚硫酸钠、氯化钠等不能与酸混放。易产生有毒气体(烟雾)或难闻刺激性气味的化学品应存放在配有通风吸收装置的试剂柜内。钠、钾等碱金属应储存于煤油中,黄磷、汞应储存于水中。易水解的药品(如酸酐、酰氯、二氯亚砜)不能与水溶液、酸、碱等混放;卤素不能与氨、酸及有机物混放;氨不能与卤素、汞、酸等接触。腐蚀品应存放在防腐蚀试剂柜的下层,或下垫防腐托盘,置于普通试剂柜的下层。

化学实验室易燃液体的储存注意事项如下:易燃液体应存放于阴凉通风处,专柜储存,分类存收。不得敞口存放,定时检查容器有无损坏,以免造成泄漏事故。取用时轻拿轻放,防止互相碰撞或损坏容器。易燃液体应配置符合 GHS 规范的标签。

实验室易燃固体的储存注意事项如下:易燃固体应远离火源,储存在通风、干燥、阴凉的仓库内,不得与酸类、氧化剂混储。使用时轻拿轻放,避免摩擦、撞击引起火灾。易燃固体应配置符合 GHS 规范的警示标签。

实验室自燃性物质的储存注意事项如下:自燃性物质应储存于通风、阴凉、干燥处,远离明火与热源,防止阳光直射。应单独存放,不得混储,避免与氧化剂、酸、碱等接触。忌水的物品必须密封包装,不得受潮,注意空气湿度。自燃性物质应配置符合 GHS 规范的警示标签。

易制毒化学品的安全储存要求为:分类存放,使用单位要建立专门的符合存放条件的易制毒化学品仓库,储存仓库要有明显的标志,要安装好门窗,配备防盗报警、消防装置。根据国家标准,第一类易制毒化学品应储存于特殊药品库,第二类、第三类易制毒化学品应储存在危险品库内。库内需通风,可以散热,防止热量、湿气积蓄,保证在库易制毒化学品性质稳定,一般使用排风扇进行通风。要定期对仓库温度、湿度进行监控,及时发现安全隐患,防止发生意外事故。

12.8.3　出入库管理

危险化学品的发放、领取与退回应符合规范要求,落实专项经办人负责易制毒化学品的领用发放工作,并根据实际需要的数量发放,发放要有记录,做好详细的入库、领用、回库等台账记录。

易制毒化学品到货后,必须由学院经办人在场监视卸货、入库,数量核对无误后及时卸货,轻拿轻放,严禁撞击,在待卸货期间,应指定专人看管,双人验收。验收人员应核对物品名称、数量、规格、标志、生产厂家等资料,检查包装是否残破、泄漏、封闭不严、包装不牢等。易制毒化学品领用要按双人发放原则,以当日实验的用量领取,如有剩余应在当日内归还,未经批准的人员不得随意进入特殊药品库与危险品仓库。领用易制毒化学品要采取少量多次的原则,尽量避免一次性大量领用,使用不完造成积存极易产生安全隐患,易制毒化学品丢失、被盗、被抢的,事发单位应当立即向学校保卫部门和实验室管理部门报告。

当危险化学品由原包装物转移或分装到其他包装物内时,转移或分装后的包装物应及时贴上标签。实验室应有明显的安全标志,标志保持清晰、完整,包括化学品危险性质的警示安全标志,禁止、警告、指令、提示等安全标志。应在危险化学品使用场所的显著位置张贴或悬挂岗位安全操作规程和现场应急处理预案。开展实验操作的教职工、学生和其他实验人员应熟悉化学品安全技术说明书(MSDS),掌握化学品的危险特性,使用时做好个人防护。

12.8.4　危险化学品事故案例

案例1:某研究所实验室发生双氧水爆炸,导致旁边部分居民家玻璃被震碎,没有造成人员伤亡。事故原因主要是操作有爆炸危险特性的双氧水时温度过高。

案例2:某高校化学系一名博士生发现另一名博士生晕倒在实验室,便呼喊老师寻求帮助,并拨打120急救电话,本人随后也晕倒在地。120急救车抵达现场后将两位同学送往医院,第一位倒地的博士生抢救无效死亡。经调查发现,该校几名教师事发当日在实验过程中误将本应接入其他实验室的一氧化碳接至两位博士生所在实验室的输气管内,导致事故发生。

案例3:某高校一名老师采用乙醚进行回收提取时,离开实验室外出办事。实验室突然停水,致使乙醚大量挥发到空气中,乙醚在空气中燃烧爆炸,好在实验室天花板和实验台面均是防火材料,未产生严重后果。

案例 4：某高校老师在实验教学中采用苯作为洗脱剂进行硅胶柱色谱操作，由于大量使用苯，很多同学在实验后感觉头昏、恶心，该学校在此次实验后明确规定实验室中禁止大量使用苯作溶剂或者洗脱剂。

12.9 实验室安全管理的重要性

实验室是从事实验教学、科学研究、社会服务的重要场所。从实验室的布局、设备的维护保养，到危险化学品的存放、仪器设备的使用、安全检查，再到实验室的管理模式、管理制度等许多方面，都要求我们要有严谨求实、精益求精的作风，培养安全实验的良好习惯。实验室中潜伏着许多危险因素，稍有疏忽，极易出现安全事故，严重威胁人身安全与财产安全。

实验室安全管理是实验室建设与管理不可或缺的重要组成部分。实验室安全管理关系到实验教学和科学研究能否顺利进行，国家财产能否免受损失，员工的人身安全能否得到保障，对安全和稳定至关重要。因此，必须加强实验室的安全管理。近年来，高校、科研院所中由师生在实验中操作不当、设备老化、消防不到位等原因导致爆炸、火灾所引起的重要物资被烧毁、人员伤亡等事故时有发生，造成的损失无法估量。实验室安全无小事，要时刻牢记"隐患险于明火，防范胜于救灾，责任重于泰山"，将安全事故消灭在萌芽之中，只要实验室发现安全隐患，就要及时采取有效措施，认真整治，督促整改。

12.9.1 实验室安全管理存在的问题

实验室安全管理制度不规范、针对性差。没有安全管理制度，有也不贴在墙上是很多实验室的共性问题，并且很多实验室缺少安全责任追究的规定。安全意识不强，安全教育不到位。大部分实验室在实验员入室前没有进行人员的安全专题教育，虽然有实验室进行了安全知识培训，但没有组织人员进行实验室安全知识考核，教育效果差。部分实验室缺乏安全警示标志，如剧毒物品标志、易燃易爆标志等。此外，单位网站主页没有设立安全教育宣传板块。实验室环境和管理较差。实验室的环境卫生不达标，主要表现为生活用品、药品没有分类存放，且摆放杂乱；实验室走廊和仪器设备如冰箱、培养箱、烘箱上存在堆放杂物的现象；部分实验室堆满有待报废的仪器设备，不仅占用实验室的空间和消防通道，还影响实验室的整体美观性。

实验室安全设施配备不足。不少实验室因是旧楼房，受原有设计限制，没有易燃易爆物品专门存放点，有毒有害物品无法统一存放管理；实验室外面灭火器不够或已过期；部分实验室操作台没有排风机，供水处没有安装喷淋系统，存在有害物质随意排放的问题。实验室用电安全隐患较多。实验室化学仪器设备多，布满整个实验室,导致实验室插座严重不足,用电存在严重安全隐患。化学品管理不规范。危险化学品、剧毒化学品、易制毒化学品和易制爆化学品等在管理上漏洞较大,表现在实验室化学品没有分类存放、化学药品使用管理台账不够规范、存在过期药品、气体钢瓶没有存放在气瓶柜或没有用链圈固定住等。实验室废物处理不规范。没有按有关规定分类处理并定时清理实验室废物,实验室废物与生活垃圾统一处理,安全隐患较大。

12.9.2 实验室安全管理体系构建

实验室危险源众多,教学及科研实验过程中也存在众多安全风险。建立全面的实验室安全管理体系,形成有效的措施,进行科学的管理,才能消除安全风险,降低事故发生率。同时,应加强实验室安全知识宣传,不断提高安全意识。

应不断完善科研院所、学校、二级单位及实验室的安全管理制度体系,落实各级安全责任人职责,将安全责任逐级分解,责任到人,使其明确各自安全职责,各司其职,形成统一的有机整体。

加强安全监督和惩处制度的落实。日常教学过程中对于有危险隐患的实验室,应设立专门的监督检查工作小组,同时各中层单位应定期对实验室进行监督检查,对存在安全隐患的实验室强令整改,从源头防止安全问题的发生。同时,要搭建分级管理网络,实施网格化管理,要求各实验室负责人签订安全责任承诺书,并组织相应的工作人员负责管理实验室安全,做到责任明确到个人,从而有组织有纪律地管理实验室。

实验室安全教育是保障实验室安全的重要措施和关键所在。多数安全事故是由实验人员没掌握好相关的规范操作和规章制度而引发的。组织实验人员学习实验室安全知识及强化实验人员基本技能,才能让他们了解安全操作及规章制度,才能把安全真正落实到位。同时,高校管理部门要落实做好安全风险评估、紧急情况处理预案等一系列前瞻性工作。通过召开安全工作会议、开展安全知识讲座、发放安全宣传手册、开展安全知识竞赛、通报校园安全隐患、组织观看安全教育宣传片等多种形式,加强实验室安全教育的宣传力度,让每个人都清楚地了解到实验室安全问题的严重性。

学校内实验室进出人员繁多,专业技术水平参差不齐。对于没有经过专业培训、技术水平较低的人员,在未做安全防范时进行实验存在很大的安全风险。因此,实验室必须实行准入制度,建立实验室安全教育考试系统。考试系统集安全知识学习、练习、考试及安全手册于一体。学生进入实验室前须通过该系统学习实验室安全知识。对于成绩合格的学生给予其实验室门卡,允许其进入实验室做实验。实验室的准入制度还包括充分使用门禁及监控系统。因此,各实验室可以采用电子门禁系统辨识人员的身份信息,按照进入人员的专业技术水平进行分类处理,避免未经培训的人单独接触危险的实验。这些人若要进行实验操作,必须要有具备相应操作经验的人员的指导或陪同,从而保证实验在安全掌控中。在实验室中还要安装监控系统,保证实验室发生爆炸或者火灾等危险事故时,能及时发现并以最快的速度做出反应。同时对实验室设立监控点,确保其监控 24 小时工作,及时发现可疑的人和事并发出警报,以引起警卫人员或值班人员的注意。

实验室安全管理还可以运用现代科技,如使用虚拟现实(VR)技术进行危险实验的模拟、运用多媒体和计算机技术进行辅助教学等,这些都能有效地避免实际的实验操作错误所带来的不良后果,将实验的危险性降至最低,而且直观逼真的计算机虚拟技术也能给学生身临其境的感觉,从而达到预期的教学效果和目标。

对于易制毒、易制爆化学药品的采购,须进行严格的审批管理,按正规程序购置并严格妥善保存。易制毒、易制爆化学药品应严格分类存放,做好通风安检工作;高校须有专门负责药品试剂安全的管理机构,并明确机构职能,专门职能机构部门负责、集中管理。对于储存易制毒、易制爆化学药品的储存室,须配备监控、报警、防火防盗及计量等设备。同时对于危险化学药品必须做到标签清晰、严格分类、按序储放。全面推行"双人保管、双人领取、双人使用、双把锁、双本账"的"五双"管理制度,以此加强各实验室对化学药品的管理。

建立化学药品网络管理系统,利用该系统及时准确更新实验室化学药品的购买、入库及使用时间,计量等过程信息,同时,方便快捷地查询各实验室药品的有无,避免药品的浪费及过量购置。

正确处理实验室气体、液体、固体废物是保证实验室环境安全和实验室人员人身安全的重要内容。高校须加强重视实验室废物排放所产生的污染问题。实验室要严格做到废液分类,做好有机废液、无机废液分类储存,清楚各废液中物质的化学特性,杜绝出现不相容的废液混合的危险情况。高校管理部门要对实验室排污进行监督检测,健全排污取样检测机制,定点定期对实验室排污口进行取样检测,保证实验室污染物不会造成环境污染和影响人身安全。对于不符合检查标准的实验室,限令其进行整改,并增加给予通报批评等措施,坚决杜绝污染类安全事件的发生。加强实验室在危险废物产生的第一时间进行自行处理,确保达标后再向外排放的能力。对于无法通过自行处理废物达到国家相应排放标准的实验室,需要交由学校统一处理,由学校委托具备危险废物处理资质的第三方公司进行处理。

要严格按照"党政同责,一岗双责,齐抓共管,失职追责"的要求,根据"谁使用、谁负责,谁主管、谁负责"原则,把责任落实到岗位、落实到个人,坚持精细化原则,推动科学、规范和高效管理,营造人人要安全、人人重安全的良好安全氛围。构建科研院所/学校、二级单位、实验室三级联动的实验室安全管理责任体系。党政主要负责人是第一责任人;分管实验室工作的领导是重要领导责任人,协助第一责任人负责实验室安全工作;其他领导在分管工作范围内对实验室安全工作负有支持、监督和指导职责。二级单位党政负责人是本单位实验室安全工作的主要领导责任人。实验室责任人是本实验室安全工作的直接责任人。应当由实验室安全管理机构和专职管理人员负责实验室的日常安全管理。

12.10 实验室安全管理要求

12.10.1 实验室仪器设备安全管理要求

对实验室仪器设备的管理主要有两个方面的重要意义。一是实验室仪器设备是测试产品及各种材料性能和质量情况的基本工具,只有合理地对实验室仪器设备进行管理,保证实验室仪器设备的功能正常,它们才能提供出精确、真实的实验数据。二是实验仪器设备专业性强,如不定期维护保养,或者不按照规范进行操作,很容易发生安全事故,如高压高温设备等。

精密仪器设备管理。天平、火焰光度计、电导仪、热量计、抗压强度测试机等都属于精密仪器,应分别放置在不受环境干扰、比较安全的地方,如专用仪器室内坚固的分析台上,并注意防震、防潮、防晒、防腐蚀和高温热源的影响。不得随意搬动、拆卸、改装精密仪器,如确有需要应做好相关的备查记录。精密仪器须经计量部门校正合格后才能使用。精密仪器的使用操作方法必须严格按说明书规定,不得随意拨动仪器旋钮,以免损坏。精密仪器使用说明等技术资料应作为技术档案妥善保管,并做好使用检修记录。

所有的实验设备均应制定安全技术操作规程,操作者严格照章使用,避免发生事故。所有的实验设备必须安装在专门的实验房间,由专人操作和管理,每次使用完后对仪器进行相应的保养和场地清理,维持良好的实验环境。实验设备的配套电气设施如电源控制柜等如发生故障,应通知相关专业人员修理,防止非专业人员操作发生意外事故。实验设备中的机械传动部位的润滑和维护等工作,应按时进行和检查。

12.10.2 实验室药品安全管理要求

实验室的化学药品及试剂溶液品种很多,化学药品大多具有一定的毒性及危险性,对其加强管理不仅是保证分析数据准确的需要,也是确保安全的需要。实验室只宜存放少量短期内需用的药品。化学药品存放时要分类,无机物可按酸、碱、盐分类,盐类可按元素周期表金属元素的顺序排列,如钾盐、钠盐等,有机物可按官能团分类,如烃、醇、酚、醛、酮、酸等。另外,也可按应用分类,如基准物、指示剂、色谱固定液等。

实验室试剂存放要求如下:

① 易燃易爆试剂应储于铁柜中(壁厚 1 mm 以上,柜的顶部有通风口)。严禁在实验室存放大于 20 L 的瓶装易燃液体。易燃易爆药品不要放在冰箱内(防爆冰箱除外)。

② 相互混合或接触后可以产生激烈反应,如燃烧、爆炸、放出有毒气体的两种或两种以上的化合物称为不相容化合物,不能混放。这种化合物多为强氧化性物质与还原性物质。

③ 腐蚀性试剂宜放在塑料或搪瓷的盘或桶中,以防瓶子破裂造成事故。

④ 要注意化学药品的存放期限,一些试剂在存放过程中会逐渐变质,甚至形成危害物。醚类、四氢呋喃、二噁烷、烯烃、液体石蜡等在见光条件下若接触空气可形成过氧化物,放置越久越危险。异丙醚、丁醚、四氢呋喃、二噁烷等若未加阻化剂(对苯二酚、苯三酚、硫酸亚铁等),存放期限不得超过 1 年。

⑤ 药品柜和试剂溶液均应避免阳光直晒及靠近暖气等热源。要求避光的试剂应装于棕色瓶中或用黑纸或黑布包好存于暗柜中。

⑥ 发现试剂瓶上标签掉落或将要模糊时应立即重制标签。无标签或标签无法辨认的试剂都要当成危险物品重新鉴别后小心处理,不可随便乱扔,以免引起严重后果。

⑦ 易制毒、易制爆、剧毒品应锁在专门的药品柜中,双人双锁,建立领用需经申请、审批、双人登记签字的制度。

12.10.3　实验室水电安全管理要求

实验室内电气设备的安装和使用管理,应符合安全用电管理规定,大功率实验设备用电应使用专线,谨防因超负荷用电着火。实验室内应使用空气开关并配备必要的漏电保护器;电气设备和大型仪器须接地良好,对电线老化等隐患要定期检查并及时排除。定期检查电线、插头和插座,发现损坏,立即更换。严禁在电源插座附近堆放易燃物品,严禁在一个电源插座上通过接转头连接过多的电器。不得私拉乱接电线,各类电源未经允许,不得拆装改线。实验前先连接线路,检查用电设备,确认仪器设备状态完好后,方可接通电源。实验结束后,先关闭仪器设备,再切断电源,最后拆除线路。严禁带电插接电源,严禁带电清洁电气设备,严禁手上有水或潮湿接触电气设备。电气设备安装应具有良好的散热环境,远离热源和可燃物品,确保设备接地可靠。在使用窑炉、烘箱等电热设备的过程中,使用人员不得离开设备。对于长时间不间断使用的电气设施,需采取必要的预防措施;若离开房间时间较长,应切断电源开关。高压大电流的电气危险场所应设立警示标志,进行高电压实验应注意保持一定的安全距离。发生电气火灾时,应先切断电源,尽快拉闸断电后进行灭火。扑灭电气火灾时,要用绝缘性能好的灭火剂如干粉灭火剂、二氧化碳灭火剂或干燥沙子,严禁使用导电灭火剂扑救。

　　用水安全方面,应了解实验楼自来水各级阀门的位置。水龙头或水管漏水、下水道堵塞时,应及时联系修理、疏通。应保持水槽和排水渠道畅通。杜绝出现水龙头打开而无人监管的现象。输水管应使用橡胶管,不得使用乳胶管;水管与水龙头以及设备仪器的连接处应使用管箍夹紧。定期检查输水装置连接胶管接口和老化情况,发现问题应及时更换,以防漏水。实验室发生漏水和浸水时,应第一时间关闭水阀。发生水灾或水管爆裂时,应先切断室内电源,转移仪器设备,防止被水浸湿,再组织人员清除积水,及时报告维修人员处置。如果仪器设备内部已被淋湿,应上报实验室维修人员维护。

第 13 章

检测仪器设备应用

13.1 切土环刀

13.1.1 概述

切土环刀是一种具有规定直径、高度、厚度和刃角的用于制备土样的专用工具。切土环刀主要用于密度试验、固结试验、直剪试验和变水头渗透试验。

13.1.2 试验原理

切土环刀主要用于密度试验、固结试验、直剪试验和变水头渗透试验。固结试验、直剪试验和变水头渗透试验在后面章节着重介绍,本节主要介绍密度试验。

土的密度是指单位体积土的质量,这是土的物理性指标中的直接指标之一,用它可以换算土的干密度、孔隙比、饱和度等间接指标,同时土的密度指标也用于评价土的密实程度、评价土的承载力,其对应的试验项目为密度试验。

在密度试验中,针对细粒土的密度试验,《土工试验方法标准》(GB/T 50123—2019)规定宜采用环刀法,切土环刀的尺寸参数要求应符合《岩土工程仪器基本参数及通用技术条件》(GB/T 15406)的规定。

13.1.3 检测仪器类型

环刀法密度试验中需要注意的是,首先应按土质均匀程度及土样尺寸选择不同容积的环刀。在室内进行土工试验时,考虑到与直剪、固结等项试验所用环刀相匹配,一般选用内径为 61.8 mm、高度为 20 mm,即容积为 60 cm³ 的环刀。而在现场进行原位密度试验时,因每层土压实厚度达 20~30 cm,土层上下压实度不一,如果环刀容积过小,所测得的密度会有一定偏差,一般采用增大环刀容积的方法提高试验成果的准确性和代表性,此时环刀的容积可用 200~500 cm³。

环刀高度与直径之比对试验有影响,环刀高度过大时,土与环刀内壁的摩擦增大,同时增大了取样的困难程度,为此,要控制径高比,一般采用的径高比为2.5~3.5。

环刀壁越厚,压入时土样扰动程度越大,所以环刀壁越薄越好。但同时环刀压入土中,受到一定的压力,当壁过薄时,环刀容易变形和损坏,故一般壁厚采用2 mm 左右,刃口厚度为 0.33 mm。

13.1.4 试验方法及类别

密度试验针对细粒土宜采用环刀法。试样易碎裂、难以切削,可用蜡封法。现场原位试验中常用的密度试验有大体积环刀法、灌砂法、灌水法。大体积环刀法适用于细粒土。灌砂法、灌水法适用于细粒土、砂类土和砾类土。

当使用环刀法测定密度时,首先按工程需要取原状土试样或制备所需状态的扰动土试样,整平其两端,将环刀内壁涂一薄层凡士林,刃口向下放在试样上。然后用切土刀(或钢丝锯)将土样削成略大于环刀直径的土柱。然后将环刀垂直下压,边压边削,至土样伸出环刀为止。将两端余土削去修平,取剩余的代表性土样测定含水率。最后擦净环刀外壁称量,准确至 0.1 g。密度及干密度应按下列公式计算,计算至 0.01 g/cm³。

$$\rho = \frac{m_0}{V} \tag{13.1-1}$$

$$\rho_d = \frac{\rho}{1 + 0.01w} \tag{13.1-2}$$

式中：ρ——试样的密度,g/cm³；

ρ_d——试样的干密度,g/cm³；

m_0——试样的质量,g；

V——环刀容积,cm³；

w——试样的含水率,%。

13.1.5 遇到问题时的处理原则

进行密度试验时,切土环刀主要是作为恒定体积的标准器,因此除按规定时间进行校验外,切土环刀在使用过程中,要注意随时观察环刀的实际情况。对于已经变形或刃口有损坏的环刀,如能修复,在修复后,应按切土环刀校验方法对主要指标进行校验复核,合格后方能使用;对于损坏严重的切土环刀,应立即停用废弃。

13.2 透水板

13.2.1 概述

透水板是具有一定(或特定)渗透系数并能承受相应压力的孔(隙)板。透水板主要用于渗透试验、固结试验、直剪试验、三轴试验。

13.2.2 试验原理

透水板在渗透试验中主要是作为透水性材料使用。在固结试验、直剪试验、三轴试验中,对透水板除有透水性要求外,还将其作为传压装置,因此对于透水板的耐压性、平面度、平行度均有一定的技术要求。

13.2.3 检测仪器类型

透水板在渗透试验中主要是配合变水头渗透仪,分上下两种不同尺寸的透水板,其技术要求除常规的直径、平行度、平面度要求外,其渗透系数应不小于 1×10^{-3} cm/s。

按《透水板》SL 152 中 4.1 的规定,透水板按材料不同分为非金属材料透水板与金属材料透水板两种。

透水板在固结试验、直剪试验中主要起排水和传压作用,分上下两块不同尺寸,其中上部透水板尺寸稍小于试样尺寸,下部透水板尺寸较大。其技术要求相比渗透仪还增加了耐压性的要求,在规定的荷载作用下,应保证透水板完整、无裂缝、无破损。

透水板在三轴试验中主要起排水和传压作用,分上下两块且尺寸相同,其技术要求和固结试验、直剪试验基本相同,如果透水板与孔隙水压力传感器配套使用,渗透系数应为 $1 \times 10^{-7} \sim 1 \times 10^{-4}$ cm/s。

13.2.4 试验方法及类别

透水板作为检测类仪器设备的配套附件,其涉及的具体试验方法及类别见各相关试验。

13.2.5 遇到问题时的处理原则

透水板的主要技术指标就是透水性要符合要求,再按试验要求,具备一定的耐压性。透水板的耐压性是依据不同仪器而要求不同,对于需要承受高压力的透水板,建议采用金属材料透水板,以保证其强度符合要求。

在试验中,考虑到透水板的孔隙容易堵塞,从而导致透水性下降,因此需定期清理透水板,可以采用浸泡至清水、清洗、煮沸、微波等方法。短时间不用时,可将合格的透水板浸泡至清水中,保持其饱和状态。

13.3 击实仪

13.3.1 概述

击实仪是一种利用标准击实方法在给定击实功能下来测定土的最大干密度与最优含水率的土工试验仪器。击实仪按击锤提升动力的不同分为手动式与电动式两种。

13.3.2 试验原理

击实仪用于击实试验。击实试验是指用标准击实方法,测定某一击实功能作用下土的密度和含水率的关系,以确定该击实功能下土的最大干密度与相应的最优含水率的试验。最大干密度是指击实或压实试验所得的干密度与含水率关系曲线上峰值点所对应的干密度,最优含水率是指击实试验所得的最大干密度对应的含水率。击实性指标可控制填土地基质量及夯实效果。

土的压实程度与含水率、压实功能和压实性有密切的关系。当压实功能和压实方法不变时,土的干密度最初随含水率增加而增大,当干密度达到某一最大值后,含水率继续增加反而使干密度减小,这一最大值即为最大干密度,相应的含水率为最优含水率。这是因为细粒土在低含水率时,颗粒表面水膜薄,击实过程中粒间电作用力以引力占优势,土粒相对错动困难,趋向于形成任意排列,不易压实,干密度小。当含水率逐渐增大时,颗粒表面水膜逐渐变厚,击实过程中粒间斥力增大,土粒容易错动,土粒定向排列增多,干密度相应增大。但是当含水率达到最优含水率后,再继续增大含水率,虽然能使粒间引力减小,但空气以封闭气泡的形式存在于土体内,击实时气泡体积暂时减小,很大一部分击实功被空隙中的水所吸收(转化为孔隙水压力),而土粒骨架所受到的力较小,击实仪能导致土粒更高程度的定向排列,土体几乎不发生永久的体积变化,因而干密度反而随含水率的增加而减小。

13.3.3 检测仪器类型

击实试验分为轻型击实法和重型击实法,对应的击实仪也区别为轻型击实仪和重型击实仪,主要区别在于击锤的质量、落高及击实筒尺寸。

13.3.4 试验方法及类别

击实试验的试样制备分为干法和湿法两种方法。

干法制备应按下列步骤进行:

(1)用四分法取一定量的代表性风干试样,其中小筒所需土样约为 20 kg,大筒所需土样约为 50 kg,放在橡皮板上用木碾碾散,也可用碾土器碾散。

(2)轻型按要求过 5 mm 或 20 mm 筛,重型过 20 mm 筛,将筛下土样拌匀,并测定土样的风干含水率。根据土的塑限预估最优含水率,制备不少于 5 个不同含水率的一组试样,相邻 2 个试样含水率的差值宜为 2%。

(3)将一定量土样平铺于不吸水的盛土盘内,其中小型击实筒所需击实土样约 2.5 kg,大型击实筒所取土样约 5.0 kg,按预定含水率用喷水设备往土样上均匀喷洒所需加水量,拌匀并装入塑料袋内或密封于盛土器内静置备用。静置时间分别为:高液限黏土不得少于 24 h;低液限黏土可酌情缩短,但不应少于 12 h。

湿法制备应取天然含水率的代表性土样,其中小型击实筒所需土样约为 20 kg,大型击实筒所需土样约为 50 kg。然后,碾散,按要求过筛,将筛下土样拌匀,并测定试样的含水率。分别风干或加水到所要求的含水率,应使制备好的试样水分均匀分布。

试样击实应按下列步骤进行:

(1) 将击实仪平稳置于刚性基础上,击实筒内壁和底板涂一薄层润滑油,连接好击实筒与底板,安装好护筒。检查仪器各部件及配套设备的性能是否正常,并做好记录。

(2) 从制备好的一份试样中称取一定量土料,分 3 层或 5 层倒入击实筒内并将土面整平,分层击实。如为手工击实,应保证击锤自由铅直下落,锤击点必须均匀分布于土面上;如为机械击实,可将定数器拨到所需的击数处,击数按规定进行,按动电钮进行击实。击实后的每层试样高度应大致相等,两层交接面的土面应刨毛。击实完成后,超出击实筒顶的试样高度应小于 6 mm。

(3) 用修土刀沿护筒内壁削挖后,扭动并取下护筒,测出超高,应取多个测值平均数,准确至 0.1 mm。沿击实筒顶细心修平试样,拆除底板。如试样底面超出筒外,亦应修平。擦净筒外壁,称量,准确至 1 g。

(4) 用推土器从击实筒内推出试样,从试样中心处取 2 个一定量的土料,细粒土为 15~30 g,含粗粒土为 50~100 g。平行测定土的含水率,称量准确至 0.01 g,两个含水率的最大允许差值应为±1%。

(5) 应按上述步骤对其他含水率的试样进行击实。一般不重复使用土样。

击实后各试样的含水率应按式(13.3-1)计算:

$$w = \left(\frac{m_0}{m_d} - 1\right) \times 100 \tag{13.3-1}$$

击实后各试样的干密度应按式(13.3-2)计算,计算至 0.01 g/cm³。

$$\rho_d = \frac{\rho}{1 + 0.01w} \tag{13.3-2}$$

土的饱和含水率应按式(13.3-3)计算:

$$w_{sat} = \left(\frac{\rho_w}{\rho_d} - \frac{1}{G_s}\right) \times 100 \tag{13.3-3}$$

式中:w_{sat}——饱和含水率,%;

ρ_w——水的密度,g/cm³。

以干密度为纵坐标,含水率为横坐标,绘制干密度与含水率的关系曲线。曲线上峰值点的纵、横坐标分别代表土的最大干密度和最优含水率。如果曲线不能给出峰值点,应进行补点试样。数个干密度下土的饱和含水率应按上述公式计算。以干密度为纵坐标,含水率为横坐标,在图上绘制饱和曲线。

13.3.5　遇到问题时的处理原则

在击实试验中,对结果有影响的主要为土样制备方法、试样余高、重复用土、击实功能。

土样制备方法不同,所得击实试验成果也不同,试验结果表明,最大干密度以烘干土最大,风干土次之,天然土最小;最优含水率也因制备方法不同而不同,以烘干土为最低。这种现象黏土最明显,黏粒含量愈高,烘干对最大干密度的影响也越大,这显然是烘干影响了胶粒性质,故黏土一般不宜用烘干土备样。一般采用干法制备和湿法制备两种方法,一般干法以风干居多,也有用温度低于60℃烘干。

重复使用土样,对最大干密度和最优含水率以及其他物理性质指标都有一定影响。其原因主要在于,土中的部分颗粒,由于反复击实而破碎,改变了土的级配;另外是试样被击实后要恢复到原来松散状态比较困难,特别是高塑性黏土,再加水时难以充分浸透,因而影响试验成果。国内外对此均进行过比较试验,结果表明:重复用土对最大干密度影响较大,差值达 $0.05\sim0.08$ g/cm^3;对最优含水率影响较小;对强度指标也有一定影响。国外的研究成果还表明,由于重复用土,击实功能小时,最大干密度的差值为 $0.02\sim0.06$ g/cm^3,击实功能大时,差别更大。

从仪器设备上看,对击实结果影响最大的是击实功能,击实功能主要取决于击锤质量、落高和锤击数。在仪器校验时,对击锤质量的称量、落高位置的测量和锤击数的校核三个方面要加以重视。为保证击实功能均匀分布,锤击一次后的底盘转动角度也应均匀。

13.4　液塑限测定仪

13.4.1　概述

光电式液塑限测定仪是采用光学投影、电磁自动落锥技术来测量土壤液限和塑限的仪器。按《土工试验仪器　液限仪　第 2 部分:圆锥式液限仪》(GB/T 21997.2—2008)的规定,光电式液塑限测定仪主要由显示屏、电磁铁、带标尺的锥体、试杯、升降座、控制开关等组成。

按《土工试验仪器　液限仪　第 1 部分:碟式液限仪》规定,碟式液限仪由底座、铜碟、连接块、支架、滑动板、转轴等组成,并有专用划刀。

13.4.2　试验原理

黏性土的状态随着土中水量的变化而变化。按其状态分为液限、塑限和缩限。液限是指细粒土由流动状态转变为可塑状态的界限含水率,即可塑状态的上限含水率。塑限是指细粒土由可塑状态转变为半固体状态的界限含水率,即可塑状态的下限含水率。缩限指细粒土由半固体状态转变为固体状态的界限含水率,即黏性土随着含水率的减小而体积开始不变时的含水率。

液塑限联合测定法通过测定三个不同圆锥入土深度对应的含水率,将圆锥入土深度及相应的含水率在双对数坐标上绘制关系曲线,求得圆锥入土深度为 17 mm 及 2 mm 时的相应含水率为液限及塑限。

碟式仪液限法通过测定槽底两边试样合拢长度为 13 mm 时所需要的击数及相应的含水率,以击数为横坐标、含水率为纵坐标绘制关系曲线,取曲线上击次为 25 击对应的整数含水率为液限。

滚搓塑限法将土调匀成硬塑状态,用手掌滚搓成细条,当土条正好为 3 mm 时产生横向裂缝并开始断裂,则此时的含水率就是塑限。

收缩皿法测缩限是指将土料的含水率调到大于土的液限,然后分层填入收缩皿中,刮平表面烘干,测出干试样的体积即可计算其缩限。

13.4.3　检测仪器类型

目前国内测定液塑限的主要方法是液塑限联合测定法,液塑限联合测定仪的读数显示部分,分别列有光电式、游标式和百分表式几种,并在试验进行中均有注明,可根据具体情况选用。

除了液塑限联合测定法以外,还有碟式仪液限法和滚搓塑限法,其中滚搓塑限法为纯手工操作,准确度依赖于操作者的经验和技巧,故人为因素影响较大。

13.4.4　试验方法及类别

（1）液塑限联合测定法

液塑限联合测定法,宜采用天然含水率的土样制备试样,也可用风干土制备试样。

当采用天然含水率的土样时,应剔除大于 0.5 mm 的颗粒,再分别按接近液限、塑限和二者的中间状态制备不同稠度的土膏,静置湿润。静置时间可视原含水率的大小而定。当采用风干土样时,取过 0.5 mm 筛的代表性土样约 200 g,分成 3 份,分别放入 3 个盛土皿中,加入不同数量的纯水,使分别达到所要求的含水率,调成均匀土膏,放入密封的保湿缸中,静置 24 h。

将制备好的土膏用调土刀充分调拌均匀,密实地填入试样杯中,应使空气逸出。高出试样杯的余土用刮土刀刮平,将试样杯放在仪器底座上。取圆锥仪,在锥体上涂以薄层润滑油脂,接通电源,使电磁铁吸稳圆锥仪。当使用游标式或百分表式时,提起锥杆,用旋钮固定。调节屏幕准线,使初读数为零。调节升降座,使圆锥仪锥角接触试样面,指标灯亮时圆锥在自重作用下沉入试样内,当使用游标式或百分表式时用手扭动旋扭,松开锥杆,经 5 s 后测读圆锥下沉深度。然后取出试样杯,挖去锥尖入土处的润滑油脂,取锥体附近的试样不得少于 10 g,放入称量盒内,称量,准确至 0.01 g,测定含水率。按上述规定,测试其余 2 个试样的圆锥下沉深度和含水率。

以含水率为横坐标,圆锥下沉深度为纵坐标,在双对数坐标纸上绘制关系曲线。三点连一直线(图 13.4-1 中的 A 线)。当三点不在一直线上,通过高含水率的一点与其余两点连成两条直线,在圆锥下沉深度为 2 mm 处查得相应的含水率,当两个含水率的差值小于 2%时,应以该两点含水率的平均值与高含水率的点连成一线(图 13.4-1 中的 B 线)。当两个含水率的差值不小于 2%时,应补做试验。

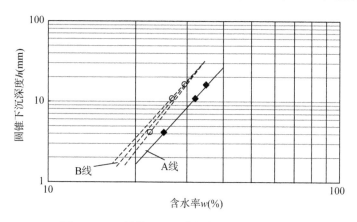

图 13.4-1　圆锥下沉深度与含水率关系图曲线

通过圆锥下沉深度与含水率关系图,查得下沉深度为 17 mm 所对应的含水率为液限,下沉深度为 10 mm 所对应的含水率为 10 mm 液限;查得下沉深度为 2 mm 所对应的含水率为塑限,以百分数表示,准确至 0.1%。

(2)碟式仪液限法

将规定数量的试样放在调土皿中,加水反复拌和。取一部分试样,平铺于土碟的前半部,用划刀自后至前沿土碟中央将试样划成槽缝清晰的两半。以每秒 2 转的速率转动摇柄,使土碟反复起落,坠击于底座上,记录击数。当试样两边在槽底的合拢长度为 13 mm 时,记录击数并测定其含水率。

根据试验结果,以含水率为纵坐标,以击次为横坐标,在单对数坐标上绘制击次与含水率关系曲线,查得曲线上击数 25 次所对应的含水率,即为该试样的液限。

(3)滚搓塑限法

将规定数量的试样,加纯水拌和,在手中捏揉至不粘手。取接近塑限的试样一小块,先用手捏成橄榄形,再用手掌在毛玻璃板上轻轻搓滚。搓滚时手掌均匀施加压力于土条上,不得使土条在毛玻璃板上无力滚动,土条不得有空心现象,土条长度不宜大于手掌宽度。

当土条搓成 3 mm 时,产生裂缝,并开始断裂,表示试样达到塑限。

取直径符合 3 mm 的断裂土条 3~5 g,放入称量盒内,盖紧盒盖,测定含水率,此含水率即为塑限。

(4) 缩限试验

取用纯水制备成含水率约为液限的代表性试样,分层装入收缩皿中,称收缩皿加湿土总质量。逐渐晾干后放入烘箱烘至恒量,称量皿和干土总质量。采用蜡封法测定干土体积。按式(13.4-1)计算缩限。

$$w_s = \left(0.01w' - \frac{V_0 - V_d}{m_d}\rho_w\right) \times 100 \qquad (13.4-1)$$

式中:w_s 为缩限,%;w' 为土样所要求的含水率(制备含水率),%;V_0 为湿土体积(收缩皿或环刀的容积),cm^3;V_d 为烘干后土的体积,cm^3;m_d 为干土质量,g;ρ_w 为水的密度,g/cm^3。

13.4.5 遇到问题时的处理原则

试验过程中,液塑限联合测定法三个测点的分布应使其间距尽量大些,在图上比较均匀地分布。一般锥体下沉深度为 2~17 mm。因此,规定分别按接近液限、塑限和二者中间状态制备不同稠度的土膏静置,静置时间视含水率大小而定。

圆锥沉入土中读数时间标准。对中、高液限的黏质土和粉质土,锥体沉入后,能在较短时间内稳定,对比试验的资料表明:对上述土类,5 s、15 s、30 s 的下沉读数保持基本不变。而对低液限粉质土,由于试样在锥体作用下发生排水,使锥体继续下沉,有时长达数分钟后才能稳定。若待锥体下沉持续很长时间再读数,因含水率及强度均有变化,求得的结果就难以代表试样的真实情况,因此,原则上当锥体由很快下沉转变为缓慢蠕动下沉时就读数,但这很难做到。对此资料表明:对于低液限土,下沉深度随时间增加。在高含水率时,5 s 与 15 s 下沉深度最大差值可达 2 mm;但低含水率时差值较小,一般在 0.5 mm 上下,由此引起的含水率差值并不太大(因 lg$w$ - lg$h$ 直线的斜率大),一般情况下不超过 1%,个别情况略大于 1%。为了尽可能避免蠕动影响,标准规定以 5 s 为锥体下沉的测读时间标准。

光电式液塑限测定仪除按规定进行周期校验,以确保其技术指标符合要求外,在使用过程中应注意检查圆锥锥尖的磨损情况,磨损情况直接影响落高,检查时可将圆锥仪的圆锥倒插在圆锥检验座上,置于仪器平台上后打开投影屏幕,显出锥角标准图像。调节平台高度及检验座的位置,使圆锥影像和屏幕上的标准锥角重合。

当圆锥落入标准锥角影像的锥尖、处于两平行线之间时(标准锥角投影见图13.4-2),则结果符合要求。

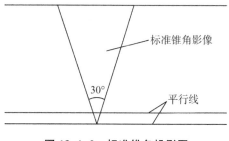

图 13.4-2　标准锥角投影图

13.5　固结仪

13.5.1　概述

固结仪是测量土样在无侧向变形条件下的固结特性的一种土工试验仪器。

13.5.2　试验原理

土的固结为饱和土在压力作用下,孔隙水逐渐排出,土体积随之减小的过程。

固结试验是测定饱和黏性土试样受荷载排水时,稳定孔隙比和压力关系、孔隙比和时间关系的试验。试验是以太沙基(Terzaghi)的单向固结理论为基础的。对于非饱和土,该项试验只用于测定压缩性指标,不能用于测定固结系数。

固结试验的目的是测定试样在侧限与排水条件下的变形与压力,或孔隙比与压力的关系、变形与时间的关系,以便计算土的压缩系数、压缩模量、压缩指数、回弹指数、固结系数以及先期固结压力等。

压缩系数在固结试验中,试样的孔隙比减小量与有效压力增加量的比值,即 $e-p$ 压缩曲线上某压力段的割线斜率,以绝对值表示。压缩指数是压缩试验所得土孔隙比与有效压力对数值关系曲线上直线段的斜率。土的压缩模量指土在侧限条件下竖向应力与竖向应变的比值,反映了在单向压缩时土体对压缩变形的抵抗能力。固结系数是土的渗透系数与体积压缩系数和水的重度的比值,反映土固结速率的指标。先期固结压力是土在地质历史上曾受过的最大有效竖向压力。

13.5.3　检测仪器类型

目前国内常用的加压设备有三种,即磅称式、杠杆式和气压式,也有用液压加压设备的。按《土工试验仪器 固结仪 第 1 部分：单杠杆固结仪》(GB/T 4935.1—2008)及《土工试验仪器 固结仪 第 2 部分：气压式固结仪》(GB/T 4935.2—2009)的规定，固结仪可分为杠杆式固结仪和气压式固结仪。杠杆式固结仪是采用砝码通过杠杆对土样施加轴向压力；气压式固结仪是通过气压控制器对土样施加轴向压力。

13.5.4　试验方法及类别

固结试验分为标准固结、快速固结和应变控制加荷固结试验三种。

标准固结法根据工程需要，切取原状土试样或制备给定密度与含水率的扰动土试样。如系冲填土，先将土样调成液限或 1.2 倍～1.3 倍液限的土膏，拌和均匀，在保湿器内静置 24 h。然后把环刀倒置于小玻璃板上，用调土刀把土膏填入环刀，排除气泡刮平，称量。试样的含水率及密度的测定应符合标准规定。对于扰动试样需要饱和的情况，应将试样进行饱和。在固结容器内放置护环、透水板和薄滤纸，将带有环刀的试样小心装入护环，然后在试样上放薄滤纸、透水板和加压盖板，置于加压框架下，对准加压框架的正中，安装量表（如试样为饱和土，上、下透水板应事先浸水饱和；对非饱和状态的试样，透水板湿度应尽量与试样湿度接近）。为保证试样与仪器上下各部件之间接触良好，应施加 1 kPa 的预压压力，然后调整量表，使指针读数为零。确定需要施加的各级压力。加压等级一般为 12.5 kPa、25 kPa、50 kPa、100 kPa、200 kPa、400 kPa、800 kPa、1 600 kPa、3 200 kPa。最后一级的压力应大于上覆土层的计算压力 100 kPa～200 kPa。需要确定原状土的先期固结压力时，加压率宜小于 1，可采用 0.5 或 0.25。最后一级压力应使 $e - \lg p$ 曲线下段出现较长的直线段。第 1 级压力的大小视土的软硬程度分别采用 12.5 kPa、25 kPa 或 50 kPa（第 1 级实加压力应减去预压压力）。只需测定压缩系数时，最大压力不小于 400 kPa。如系饱和试样，则在施加第 1 级压力后，立即向水槽中注水至满。如系非饱和试样，须用湿棉围住加压盖板四周，避免水分蒸发。需测定沉降速率时，加压后按下列时间顺序测记量表读数：6 s、15 s、1 min、2 min 15 s、4 min、6 min 15 s、9 min、12 min 15 s、16 min、20 min 15 s、25 min、30 min 15 s、36 min、42 min 15 s、49 min、64 min、100 min、200 min、400 min、23 h 和 24 h 至稳定为止。当不需要测定沉降速率时，稳定标准规定为每级压力下固结 24 h 或试样变形每小时变化不大于 0.01 mm。测记稳定读数后，再施加第 2 级压力。依次逐级加压至试验结束（当试样的渗透系数大于 1×10^{-5} cm/s 时，允许以主固结完成作为相对稳定标准）。需要做回弹试验时，可在某级压力（大于上覆有效压力）下固结稳定后卸压，直至卸至第 1 级压力。每次卸压后的回弹稳定标准与加压相同，并测记每级压力及最后一级压力时的回弹量。需要做次固结沉降试验时，可在主固结试验结束继续试验至固结稳定为止。试验结束后，迅速拆除仪器各部件，取出带环刀的试样。如需测定试验后含水率,则用干滤纸吸去试样两端表面的水,测定其含水率。

快速固结法是指 1 h 快速试验法,每级压力的固结时间为 1 h,仅在最后一级压力下,除测记 1 h 的变形量外,还应测记达到压缩稳定时的量表读数,并用其对各级压力下试样的变形量进行修正,以求得压缩指标。这是因为标准固结试验需数天才能完成。研究表明,对 2 cm 厚的一般黏质土试样,在荷重作用下 1 h 的固结度一般可达 90%(以 24 h 的固结度为 100% 计)。按 1 h 稳定的速率进行试验,对试验结果的 $e - p$ 曲线进行校正,可得到与标准固结试验近似的结果,又节省时间,因此,标准中列有 1 h 快速法。

应变控制加荷固结试验法将固结容器底部连接孔隙水压力传感器的阀门打开,用无气水排除底部滞留的气泡,并将透水板用无气水饱和,使水淹盖底部透水板。透水板上放薄滤纸。将装有试样的环刀放入护环内,装入固结容器,压入密封圈内。试样上放薄滤纸、透水板、上盖和加压盖板,用螺丝拧紧,使环刀和护环与底座密封。然后将固结仪放置到轴向加荷设备正中。在组装固结仪时,孔隙水压力测量系统不应带入气体。装上位移传感器,并对试样施加 1 kPa 的上覆压力,然后调整孔隙水压力和位移传感器的初始读数或零读数。选择适宜的应变速率,其标准应使在试验时的任何时间试样底部产生的孔隙水压力为施加垂直应力的 3%～20%。应变速率可按表 13.5-1 选择。试验时,当超孔隙水压力值超出建议的范围时,可调整应变速率。

表 13.5-1　应变速率

液限 w_L(%)	应变速率 ε(%/min)	液限 w_L(%)	应变速率 ε(%/min)
0～40	0.04	80～100	0.001
40～60	0.01	100～120	0.0004
60～80	0.004	120～140	0.0001

接通控制系统、采集系统和加压设备的电源,预热 30 min,采集初始读数。在所选的常应变速率下,施加轴向荷载,使产生轴向应变。数据采集时间间隔:在历时前 10 min 内间隔 1 min;随后的 1 h 以内间隔 5 min;1 h 以后间隔 15 min 采集 1 次轴向荷载、超静孔隙水压力和变形值。

连续加荷一直到预期应力或应变为止。当轴向荷载施加完成后,在轴向荷载不变或变形不变的条件下使超静孔隙水压力消散。在试验时,若需获得次固结数据,在所需轴向荷载作用下中断控制应变加荷,并保持该荷载不变的条件下,应按规定的时间顺序记录变形值,一直延续至变形和对数时间关系曲线上呈现一次固结部分线性特性阶段为止。若需进一步加荷,则在先前常应变速率条件下,恢复控制应变的轴向加荷。

当要求回弹或卸荷特性时，试样在等于加荷时的应变速率条件下卸荷。卸荷时关闭孔隙水压力测量系统。应按规定的时间间隔记录轴向荷载和变形。回弹完成后，打开孔隙水压力测量系统，监测孔隙水压力，并允许其消散。

所有试验完成后，从固结仪中取出整个试样，称量、烘干，求得干密度及含水率。

13.5.5　遇到问题时的处理原则

对原状试样的固结试验，在切削试样时若对土的扰动程度较大，则影响试验成果。因此，在切削试样时，应尽可能避免破坏土样的结构。操作中，不允许直接将环刀压入土样，应用钢丝锯（或薄口锐刀）按略大于环刀的尺寸沿土样外缘切削，待土样的直径接近环刀的内径时，再轻轻地压下环刀，边削边压；也不允许在削去环刀两端余土时，用刀来回涂抹土面，而致孔隙堵塞，最好用钢丝锯慢慢地一次割去多余的土样。环刀与试样侧面之间的摩擦是主要机械误差，这种摩擦抵消了试样上所加荷载的一部分，使试样上的有效压力估计过高。为了减小摩擦，除规定一定的径高比外，常用的方法是在环刀内壁涂润滑材料。

关于加压率。固结试验中一般规定加压率等于1。由于加压率对确定土的先期固结压力有影响，特别是软土，这种影响更为明显。通常，现场建筑物传给地基内各部位的压力，是比较缓慢的，而实验室里的固结压力则是很快传递到试样上，加荷率小，则压缩作用进行缓慢，对土的触变破坏较小，且其结构强度得以部分恢复，因而沉降量小，反之快速加荷或加荷率很大，会得到较大的沉降量，因此，《土工试验方法标准》（GB/T 50123—2019）中规定：如需测定土的先期固结压力，加压率宜小于1，可采用0.5或0.25，在实际试验中，可根据土的状态分段采用不同的荷重率，例如在孔隙比与压力的对数关系曲线最小曲率半径出现前，加压率应小些，而曲线尾部直线段加压率等于1是合适的。

关于稳定标准。目前国内外的土工试验相关标准大多采用每级压力下固结24 h的稳定标准，一方面考虑土的变形能达到稳定，另一方面也考虑到每天在同一时间施加压力和测记变形读数。《土工试验方法标准》（GB/T 50123—2019）规定每级荷重下固结24 h作为稳定标准。特殊土需要更长固结时间。而当试验中仅测定压缩系数时，施加每级压力后，以量表读数每小时不大于0.01 mm为稳定标准。

13.6　渗透仪

13.6.1　概述

渗透仪是用于测定饱和土渗透系数的土工试验仪器。

13.6.2 试验原理

渗透试验是测定土体渗透系数的试验。1856 年达西发现,当均匀介质土中的水流呈层流状态(相邻两个水分子运动的轨迹是相互平行的)时,则渗透水流的速率 v 与水力坡降 i 成正比,水力坡降 $i=1$ 时的渗透速度,称为渗透系数,即著名的达西渗透定律。这里的渗透流速是一种假想的平均流速,因为达西定律假定水在土中的渗透是通过整个土体截面来进行的。而实际上,渗透水仅仅通过土体中的孔隙流动。由于土体中孔隙的形状和大小极不规则,水在土体孔隙中的渗透是一种十分复杂的水流现象,直接测定实际的平均流速非常困难。因此,在渗流计算中广泛采用的流速是假想平均流速。

13.6.3 检测仪器类型

按《土工试验仪器 渗透仪》(GB/T 9357—2008)的规定,渗透仪按结构型式不同可分为变水头渗透仪和常水头渗透仪。

变水头渗透仪由土样容器、供水瓶、测压管等组成,土样容器由上盖、下盖、密封圈、环刀、透水板等组成,如图 13.6-1 所示。

常水头渗透仪主要由土样筒(金属多孔板、滤网)、测压板(刻度板、测压管)等组成,如图 13.6-2 所示。

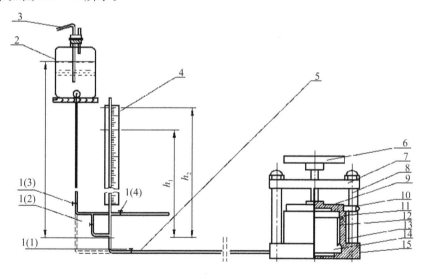

1—进水管夹;2—供水瓶;3—接水源管;4—变水头管;5—进水管;6—手轮;7—横梁;8—立柱;9—上盖;10—出水管;11—密封圈;12—环刀;13—套筒;14—透水石;15—下盖。

图 13.6-1 变水头渗透仪示意图

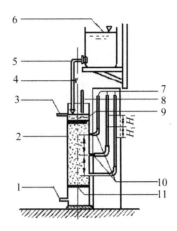

1—渗水孔；2—金属圆筒；3—溢水管；4—止水夹；5—供水管；6—供水桶；7—测压管；
8—温度计；9—砾石层；10—测压孔；11—金属孔板。

图 13.6-2　常水头渗透仪示意图

13.6.4　试验方法及类别

渗透试验分为常水头渗透和变水头渗透两种方法。常水头渗透试验用于测定砂类土及含少量砾石无凝聚性土的渗透系数，变水头渗透试验适用于测定细粒土的渗透系数。

常水头渗透试验应按规定装好仪器，并检查各管路接头处是否漏水。将调节管与供水管连通，由仪器底部充水至水位略高于金属孔板，关止水夹。取具有代表性的风干试样 3～4 kg，称量准确至 1 g，并测定试样的风干含水率。将试样分层装入圆筒，每层厚 2～3 cm，用木锤轻轻击实到一定的厚度，以控制其孔隙比。如试样含黏粒较多，应在金属孔板上加铺厚约 2 cm 的粗砂过渡层，防止试验时细粒流失，并量出过渡层厚度。每层试样装好后，连接供水管和调节管，并由调节管中进水，微开止水夹，使试样逐渐饱和。

当水面与试样顶面齐平，关止水夹。饱和时水流不应过急，以免冲动试样。依上述步骤逐层装试样，至试样高出上测压孔 3～4 cm 为止。在试样上端铺厚约 2 cm 砾石作缓冲层。待最后一层试样饱和后，继续使水位缓缓上升至溢水孔。当有水溢出时，关止水夹。试样装好后量测试样顶部至仪器上口的剩余高度，计算试样净高。称剩余试样质量，准确至 1 g，计算装入试样总质量。

静置数分钟后，检查各测压管水位是否与溢水孔齐平。如不齐平，说明试样中或测压管接头处有集气阻隔，用吸水球进行吸水排气处理。提高调节管使其高于溢水孔，然后将调节管与供水管分开，并将供水管置于金属圆筒内。开止水夹，使水由上部注入金属圆筒内。降低调节管管口，使位于试样上部 1/3 高度处，造成水位差使水渗入试样,经调节管流出。在渗透过程中应调节供水管夹,使供水管流量略多于溢出水量。溢水孔应始终有余水溢出,以保持常水位。测压管水位稳定后,记录测压管水位,计算各测压管间的水位差。开动秒表,同时用量筒接取经一定时间的渗透水量,并重复 1 次。

接取渗透水量时,调节管管口不得浸入水中。测记进水与出水处的水温,取平均值。降低调节管管口至试样中部及下部 1/3 处,以改变水力坡降,按上述规定重复进行测定。根据需要,可装数个不同孔隙比的试样,进行渗透系数的测定。

常水头渗透试验渗透系数应按公式(13.6-1)、(13.6-2)计算:

$$k_T = \frac{2QL}{At(H_1 + H_2)} \tag{13.6-1}$$

$$k_{20} = k_T \frac{\eta_T}{\eta_{20}} \tag{13.6-2}$$

式中:k_T——水温 T℃时试样的渗透系数,cm/s;

Q——时间 t 秒内的渗透水量,g/cm^3;

L——渗径,等于两测压孔中心间的试样高度,cm;

A——试样的断面面积,cm^2;

H_1、H_2——水位差,cm;

t——时间,s;

k_{20}——标准温度(20℃)时试样的渗透系数,cm/s;

η_T——T℃时水的动力黏滞系数,kPa·s(10^{-6});

η_{20}——20℃时水的动力黏滞系数,kPa·s(10^{-6})。

变水头渗透试验:用环刀在垂直或平行土样层面切取原状试样或用扰动土制备成给定密度的试样,进行充分饱和。切土时,应尽量避免结构扰动,不得用削土刀反复涂抹试样表面。将容器套筒内壁涂一薄层凡士林,将盛有试样的环刀推入套筒,压入止水垫圈。把挤出的多余凡士林小心刮净。装好带有透水板的上、下盖,并用螺丝拧紧,不得漏气漏水。把装好试样的渗透容器与水头装置连通。利用供水瓶中的水充满进水管,水头高度根据试样结构的疏松程度确定,不应大于2 m,待水头稳定后注入渗透容器。开排气阀,将容器侧立,排除渗透容器底部的空气,直至溢出水中无气泡。关排气阀,放平渗透容器。在一定的水头作用下静置一段时间,待出水管管口有水溢出时,再开始进行试验测定。将水头管充水至需要高度后,关止水夹,开始测记变水头管中起始水头高度和起始时间,按预定时间间隔测记水头和时间的变化,并测记出水口的水温。如此连续测记 2~3 次后,再使水头管水位回升至需要高度,再连续测记数次,重复试验 5~6 次。

变水头渗透试验渗透系数应按公式(13.6-3)、(13.6-2)计算:

$$k_T = 2.3 \frac{aL}{At} \lg \frac{H_{b1}}{H_{b2}} \qquad (13.6-3)$$

式中：a——变水头管截面积，cm^2；

$\quad$ L——渗径，等于试样高度，cm；

$\quad$ H_{b1}——开始时水头，cm；

$\quad$ H_{b2}——终止时水头，cm。

13.6.5　遇到问题时的处理原则

关于试验用水问题。水中含气对渗透系数的影响主要是由于水中气体分离，形成气泡堵塞土的孔隙，致使渗透系数逐渐降低，因此，试验中要求用无气水，最好用实际作用于土中的天然水。本标准规定采用的纯水要脱气，并规定水温高于室温 3~4℃，目的是避免水进入试样因温度升高而分解出气泡。

常水头渗透仪主要由装样容器及水头装置组成。水头装置可以采用正压和负压。从结构简单、操作方便、试验结果合理可靠出发，标准所列适合粗粒土的常水头仪器(70 型渗透仪)与国外所列的大同小异。《土工试验方法标准》(GB/T 50123—2019)规定：圆筒内径应大于试样最大粒径的 10 倍。这是因为若试样粒径相对圆筒内径较大时，圆筒内壁与部分试样的间隙大，可能出现试样边缘部分渗透水增多的现象；另一方面，试样有效截面积会减小，有效水流长度缩短，造成试验有较大误差。

试样饱和是变水头渗透试验中的重要问题，土样的饱和度愈小，土的孔隙内残留气体愈多，使土的有效渗透面积减小。同时，由于气体因孔隙水压的变化而胀缩，因而饱和度的影响成为一个不定的因素。为了保证试验准确度，要求试样必须饱和。

同时对于变水头渗透试验使用的仪器设备除应符合试验结果可靠合理、结构简单要求外，还要求止水严密，易于排气。在校验中，对于渗透仪器的密封性要特别注意，要求在 100 kPa 气压下无泄漏，以确保试验的准确性。

13.7　直剪仪

13.7.1　概述

直剪仪是一种通过匀速推动剪切容器对土样的固定剪切面施加剪切力，以求得土样在不同垂直压力条件下的抗剪强度的土工试验仪器。

13.7.2　试验原理

直剪试验一般取 3~4 个相同的试样，在直剪仪中施加不同的竖向压力，再分别对它们施加剪切力直至破坏,以直接测定固定剪切面上土的抗剪强度。直剪试验分为快剪、固结快剪和慢剪三种试验。快剪试验和固结快剪试验适用于渗透系数小于 1×10^{-6} cm/s 的细粒土。通常选取代表性土样,用几个不同的垂直压力作用于试样上,然后施加剪切力,测得剪应力与位移的关系曲线,从中找出试样的极限剪应力作为该垂直压力下的抗剪强度。

13.7.3 检测仪器类型

常用的直剪仪有应变控制式和应力控制式两种。应变控制式是通过控制试样产生一定位移,测定其相应的水平剪应力;应力控制式则是对试样施加一定的水平剪切力,测定其相应的位移。应变控制式直剪仪的优点是能较准确地测定剪应力和剪切位移曲线上的峰值和最后值,且操作方便。应力控制式直剪仪施加水平剪切力时较为麻烦,不能准确地测得应力和剪切位移曲线上的峰值及稳定值。目前,应变控制式直剪仪应用较多。

应变控制式直剪仪按剪切操作方式可分为手动式和电动式两种。

13.7.4 试验方法及类别

试验方法分为快剪、固结快剪和慢剪三种。

快剪试验:先对准上下盒,插入固定销。在下盒内放不透水板。将装有试样的环刀平口向下,对准剪切盒口,在试样顶面放不透水板,然后将试样徐徐推入剪切盒内,移去环刀。对砂类土应按规定制备和安装试样。转动手轮,使上盒前端钢珠刚好与负荷传感器或测力计接触。调整负荷传感器或测力计读数为零。顺次加上加压盖板、钢珠、加压框架,安装垂直位移传感器或位移计,测记起始读数。按规定施加垂直压力。施加垂直压力后,立即拔去固定销。开动秒表,以 0.8~1.2 mm/min 的速率剪切,每分钟 4~6 转的均匀速度旋转手轮,使试样在 3~5 min 内剪损。当剪应力的读数达到稳定或有显著后退时,表示试样已剪损,宜剪至剪切变形达到 4 mm。当剪应力读数继续增加时,剪切变形应达到 6 mm 为止,手轮每转一转,测记负荷传感器或测力计读数并根据需要测记垂直位移读数,直至剪损为止。剪切结束后,吸去剪切盒中积水,倒转手轮,移去垂直压力、框架、钢珠、加压盖板等,取出试样。需要时,测定剪切面附近土的含水率。

固结快剪试验:试样安装和定位应符合规定。试样上下两面放湿滤纸和透水板。当试样为饱和样时,在施加垂直压力 5 min 后,往剪切盒水槽内注满水;当试样为非饱和土时,仅在活塞周围包以湿棉花,防止水分蒸发。在试样上施加规定的垂直压力后,测记垂直变形读数。当每小时垂直变形读数变化不大于 0.005 mm 时,认为已达到固结稳定。试样也可在其他仪器上固结,然后移至剪切盒内,继续固结至稳定后,以 0.8~1.2 mm/min 的速率进行剪切,剪切后取试样测定剪切面附近试样的含水率。

慢剪试验：安装试样及试样固结均应符合规定，待试样固结稳定后进行剪切。剪切速率应小于 0.02 mm/min。

试样的剪应力应按式(13.7-1)计算：

$$\tau = \frac{CR}{A_0} \times 10 \tag{13.7-1}$$

式中：τ——剪应力，kPa；

  C——测力计率定系数，N/0.01 mm；

  R——测力计读数，精确至 0.01 mm；

  A_0——试样初始的面积，cm^2。

以剪应力为纵坐标，剪切位移为横坐标，绘制剪应力 τ 与剪切位移 ΔL 关系曲线。选取剪应力 τ 与剪切位移 ΔL 关系曲线上的峰值点或稳定值作为抗剪强度 S。当无明显峰点时，取剪切位移 ΔL 等于 4 mm 对应的剪应力作为抗剪强度 S。以抗剪强度 S 为纵坐标，垂直单位压力 p 为横坐标，绘制抗剪强度 S 与垂直压力 p 的关系曲线。根据图上各点，绘一实测的直线。直线的倾角为土的内摩擦角 φ，直线在纵坐标轴上的截距为土的黏聚力 c。各种试验方法所测得的 c、φ 值，快剪试验应表示为 c_q 及 φ_q，固结快剪试验应表示为 c_{cq} 及 φ_{cq}，慢剪试验应表示为 c_s 及 φ_s。

13.7.5　遇到问题时的处理原则

剪切速率是影响土的强度的一个重要因素，一方面，剪切的快慢影响试样的排水固结强度，另一方面是对黏滞阻力的影响，剪切速率愈快，黏滞阻力愈大，强度也愈大，反之亦然。不过在常规试验中，对黏滞阻力的影响，通常不考虑。《土工试验方法标准》(GB/T 50123—2019)规定：快剪应在 3～5 min 内剪损，其目的是在剪切过程中尽量避免试样排水固结。然而，对于高含水率、低密度的土或透水性大(渗透系数大于 1×10^{-6} cm/s)的土，即使再加快剪切速率，也难避免排水固结，因而对于这类土，建议用三轴仪测定其不排水强度。直接剪切仪的最大缺点是不能有效控制排水条件。对渗透性较大的土，进行快剪试验时，所得结果用库仑公式表示时，具有较大的内摩擦角，且总应力强度指标往往偏大。因而，GB/T 50123—2019 标准中规定，对渗透系数大于 1×10^{-6} cm/s 的土不宜做快剪及固结快剪试验。

试样需要固结时，在每级垂直荷载作用下，应固结至主固结完成，每小时内垂直位移读数变化不超过 0.005 mm，认为固结稳定。

破坏值选定：若剪应力-剪切位移关系曲线中具有明显峰值或稳定值，则取峰值或稳定值作为抗剪强度值；若以剪切位移作为选值标准，虽然方法简单，但从理论上讲不太严格，因各种不同类型破坏时的剪切位移并不完全相同，即使对同一种土,在不同的垂直荷载作用下,破坏剪切位移亦不相同,因而只有在破坏值难以选取时,才允许采用此法。

13.8 无侧限压缩仪

13.8.1 概述

无侧限压缩仪是通过匀速移动升降板对处于无侧向压力下的试样加压来测得土样抗压强度的土工试验仪器。

13.8.2 试验原理

无侧限抗压强度试验是将试样置于不受侧向限制的条件下进行的强度试验。本试验用于测定饱和软黏土的无侧限抗压强度及灵敏度。灵敏度是原状土的抗压强度和重塑后土的抗压强度之比。试验中试样的破坏面是沿着黏土最软弱部分发生的,能获得均匀的应力应变关系曲线。

13.8.3 检测仪器类型

目前使用的无侧限抗压强度仪一般有应变控制式和应力控制式两种。其中应变控制式操作简单,应用较广。

按《土工试验仪器应变控制式无侧限压缩仪》(GB/T 21043—2007)的规定,应变控制式无侧限压缩仪主要由轴向加荷架、轴向位移量表等组成。

13.8.4 试验方法及类别

无侧限抗压强度试验的试样直径可为 3.5～4.0 cm。试样高度与直径之比应按土的软硬情况而定,可为 2～2.5。将试样两端抹一薄层凡士林,当气候干燥时,试样侧面亦需抹一薄层凡士林防止水分蒸发。

将试样放在下加压板上,升高下加压板,使试样与上加压板刚好接触。将轴向位移计、轴向测力计读数均调至零位。下加压板应以每分钟轴向应变为 1%～3% 的速度上升,使试验在 8～10 min 内完成。轴向应变小于 3% 时,每 0.5% 测记轴向力和位移读数 1 次;轴向应变达 3% 以后,每 1% 应变测记轴向位移和轴向力读数 1 次。当轴向力的读数达到峰值或读数达到稳定,应再剪 3%～5% 的轴向应变值即可停止试验;当读数无稳定值时,试验应进行到轴向应变达 20% 为止。

试验结束后,迅速下降下加压板,取下试样描述破坏后形状,测量破坏面倾角。当需要测定灵敏度时,应立即将破坏后的试样除去涂有凡士林的表面,加入少量切削余土,包于塑料薄膜内用手搓捏,破坏其结构,重塑成圆柱形,放入重塑筒内,用金属垫板将试样挤成与原状样密度、体积相等的试样,然后按上述方法进行试验。

13.8.5　遇到问题时的处理原则

试样高度与直径的比值(高径比),对无侧限抗压强度试验结果有很大影响。高径比较大的试样,在加荷后往往发生歪斜,试验结果偏小;相反,高径比较小时,由于试样两端受加压板的约束,在两端附近各形成一锥状的不变形区域,致使试样内产生不均匀变形,影响试样中心部位的应力分布,从而歪曲了试验结果。试验结果表明,当试样高径比大于 2 时,两端加压板的约束对试样中心部位应力分布的影响较小,故 GB/T 50123—2019 中建议高径比为 2~2.5。

当轴向荷载作用于试样时,试样与加压板之间即发生与侧向膨胀力方向相反的摩擦力。该力使两端土的侧向膨胀受到限制,故试样变成鼓状,垂直变形愈大,鼓状愈大,导致试样内部应力分布不均匀。为了减少该影响,可在试样两端抹一薄层凡士林。如果气候干燥,试样侧面也可涂一薄层凡士林,以防水分蒸发。但是在做重塑土试验时,应把抹凡士林的一层土刮去。

如试验的土样渗透性较小,试验历时较短,可认为试验前后的含水率不变。但历时过短,试验不便,故限制加荷时间为 8~10 min。

原状土经重塑后,它的结构黏聚力已全部消失,但若放置时间较久,又可以恢复一部分,放置时间愈长,恢复程度愈大。因此,试样重塑后应立即进行试验。

13.9　三轴仪

13.9.1　概述

三轴仪是用以测定土样在不同排水条件下的变形及强度等相关参数的土工试验仪器。

13.9.2　试验原理

三轴压缩试验是根据摩尔-库仑破坏准则测定土的强度参数:黏聚力 c 和内摩擦角 φ。常规的三轴压缩试验是取一圆柱体试样,先在其四周施加一周围压力(小主应力)σ_3,随后逐渐增加大主应力 σ_1 直至破坏为止。根据破坏时的大主应力 σ_1 和小主应力 σ_3 绘摩尔圆,摩尔圆的包线就是抗剪强度与法向应力的关系曲线。通常以近似的直线表示,其倾角为内摩擦角 φ,在纵轴上的截距为黏聚力 c(见图 13.9-1)。故抗剪强度与法向应力的关系曲线可以用库仑方程(13.9-1)表示:

$$\tau = c + \sigma\tan\varphi \tag{13.9-1}$$

式中:τ 及 σ 分别为作用在破坏面上的剪应力及法向应力。它与大主应力 σ_1、小主应力 σ_3 及破坏面与大主应力面的倾角 α 具有如式(13.9-2)所示的关系:

$$\left.\begin{aligned}\sigma &= \frac{1}{2}(\sigma_1 + \sigma_3) + \frac{1}{2}(\sigma_1 - \sigma_3)\cos 2\alpha \\ \tau &= \frac{1}{2}(\sigma_1 - \sigma_3)\sin 2\alpha\end{aligned}\right\} \tag{13.9-2}$$

式中:$\alpha = 45° + \dfrac{\varphi}{2}$。

土体受荷载后,任何面上的法向应力为固体颗粒骨架和孔隙水或气体所承受。即 $\sigma' = \sigma - u$。σ' 称为有效应力,u 称为孔隙水压力。土的抗剪强度如用有效应力表示,则式(13.9-1)又可写成:

$$\tau = c' + (\sigma - u)\tan\varphi' = c' + \sigma'\tan\varphi' \tag{13.9-3}$$

式中:c'——有效凝聚力,kPa;

φ'——有效内摩擦角,°。

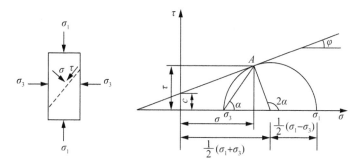

图 13.9-1 三轴压缩试验抗剪强度与法向应力关系曲线

三轴压缩试验能控制试验过程中的排水条件,可根据工程施工和运用的实际情况选择不同排水条件的试验。无论黏质土或砂质土均可适用。

13.9.3 检测仪器类型

目前使用的三轴仪一般有应变控制式和应力控制式两种。

按《土工试验仪器 三轴仪 第 1 部分:应变控制式三轴仪》(GB/T 24107.1—2009)的规定,应变控制式三轴仪以控制恒定应变速率作为加荷方式,主要由试验机加荷装置、压力室、测量和控制系统(轴向负荷测量装置、轴向位移测量装置、孔隙压力测量装置、体变测量装置、周围压力控制装置、反压力控制装置)及附件等部分组成。示意图如图 13.9-2 所示。

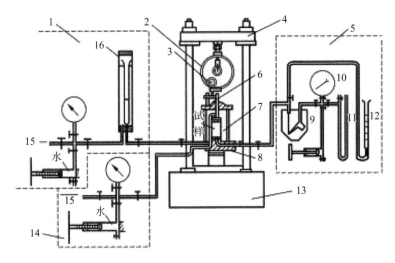

1—反压力控制系统；2—轴向测力计；3—轴向位移计；4—试验机横梁；5—孔隙压力测量系统；6—活塞；7—压力室；8—升降板；9—零位指示器；10—压力表；11—水银测压计；12—量水管；13—试验机；14—周围压力控制系统；15—压力源；16—体变管。

图 13.9-2　三轴仪组成示意图

13.9.4　试验方法及类别

三轴试验按照排水条件通常分为不固结不排水剪试验（UU 试验）、固结不排水剪试验（CU 试验）、固结排水剪试验（CD 试验）。

（1）UU 试验

UU 试验全过程试样不排水，该类型试验适用于土体受力而孔隙水压力不消散的情况。当建筑物施工速度较快，土体渗透系数较低（如小于 $A \times 10^{-4}$ cm/s），而排水条件又差时，为反映施工期的稳定问题，可采用 UU 试验。对于非饱和土，如压实填土，或未饱和的天然地层，这种土的强度是随 σ_3 的增加而增加。但当随 σ_3 增加到一定值，空气逐渐溶解于水而达到饱和时，强度不再增加，强度包线并非直线。因此，用总应力方法分析时，应按规定的压力范围选取 c_u、φ_u。如非饱和地层预计施工期可能有雨水入渗或地下水位上升会使土体饱和，则试样应在剪切前予以饱和。

试验步骤主要包括：

先安装试样。对压力室底座充水，在底座上放置不透水板，并依次放置试样、不透水板及试样帽。将橡皮膜套在承膜筒内，两端翻出筒外从吸气孔吸气，使膜贴紧承膜筒内壁，套在试样外，放气，翻起橡皮膜的两端，取出承膜筒。用橡皮圈将橡皮膜分别扎紧在压力室底座和试样帽上,装上压力室罩。安装时应先将活塞提升,以防碰撞试样,压力室罩安放后,将活塞对准试样帽中心,并均匀地旋紧螺丝,开排气孔,向压力室充水,当压力室内快注满水时,降低进水速度,水从排气孔溢出时,关闭排气孔,关体变传感器或体变管阀及孔隙压力阀,开周围压力阀,施加所需的周围压力。周围压力大小应与工程的实际小主应力 σ_3 相适应,并尽可能使最大周围压力与土体的最大实际小主应力 σ_3 大致相等,也可按 100 kPa、200 kPa、300 kPa、400 kPa 施加。上升升降台,当轴向测力计有微读数时表示活塞已与试样帽接触。然后将轴向负荷传感器或测力计、轴向位移传感器或位移计的读数调整到零位。

然后进行试样剪切,剪切应变速率宜为轴向剪切应变速率,为 $(0.5\% \sim 1.0\%)/\min$。开动试验机,进行剪切。开始阶段,试样每产生轴向应变 $0.3\% \sim 0.4\%$ 时,测记轴向力和轴向位移读数各 1 次。当轴向应变达 3% 以后,读数间隔可延长为每产生轴向应变 $0.7\% \sim 0.8\%$ 时各测记 1 次,当接近峰值时应加密读数。当试样为特别硬脆或软弱土时,可加密或减少测读的次数。当出现峰值后,再继续剪 $3\% \sim 5\%$ 轴向应变;若轴向力读数无明显减少,则剪切至轴向应变达 $15\% \sim 20\%$。试验结束后关闭电动机,下降升降台,开排气孔,排去压力室内的水,拆除压力室罩,揩干试样周围的余水,脱去试样外的橡皮膜,描述破坏后形状,称试样质量,测定试验后含水率。对于直径为 39.1 mm 的试样,宜取整个试样烘干;对于直径为 61.8 mm 和 101 mm 的试样,允许切取剪切面附近有代表性的部分土样烘干。

(2) CU 试验

CU 试验允许试样在排水条件下固结,但剪切过程中试样不排水,本试验可以得到总应力强度指标 c_{cu}、φ_{cu},通过监测孔隙水压力求得土的有效强度参数 c'、φ',以便进行土体稳定的有效应力分析。

试验步骤主要包括:

先安装试样。开孔隙水压力阀及量管阀,使压力室底座充水排气,并关阀。然后放上试样,试样上端放一湿滤纸及透水板。在其周围贴上 $7 \sim 9$ 条浸湿的滤纸条,滤纸条宽度为试样直径的 $1/6 \sim 1/5$。滤纸条两端与透水石连接,当要施加反压力饱和试样时,所贴的滤纸必须中间断开约试样高度的 $1/4$,或自底部向上贴至试样高度 $3/4$ 处,然后将橡皮膜套在试样外。橡皮膜下端扎紧在压力室底座上。用软刷子或双手自下向上轻轻按抚试样,以排除试样与橡皮膜之间的气泡。对于饱和软黏土,可开孔隙水压力阀及量管阀,使水徐徐流入试样与橡皮膜之间,以排除夹气,然后关闭。开排水管阀,使水从试样帽徐徐流出以排除管路中气泡,并将试样帽置于试样顶端。排除顶端气泡,将橡皮膜扎紧在试样帽上。降低排水管,使其水面至试样中心高程以下 $20 \sim 40$ cm,吸出试样与橡皮膜之间多余水分,然后关排水管阀。应按规定,装上压力室罩并注满水。然后放低排水管使其水面与试样中心高度齐平,并测记其水面读数。关排水管阀。

然后进行试样排水固结,使量管水面位于试样中心高度处,开量管阀,测读传感器,记下孔隙水压力起始读数,然后关量管阀。施加设定的周围压力,并调整负荷传感器或测力计、轴向位移传感器或位移计的读数。打开孔隙水压力阀,测记稳定后的孔隙水压力读数,减去孔隙水压力计起始读数,即为周围压力与试样的初始孔隙水压力。开排水管阀,按 0、0.25 min、1 min、4 min、9 min……时间间隔测记排水读数及孔隙水压力计读数。固结度至少应达到95%,固结过程中可随时绘制排水量 ΔV 与时间平方根或时间对数曲线及孔隙水压力消散度与时间对数曲线。若试样的主固结时间已经掌握,也可不读排水管和孔隙水压力的过程读数。若需施加反压力,关体变管阀,增大周围压力,使周围压力与反压力之差等于原来选定的周围压力,记录稳定的孔隙水压力读数和体变管水面读数作为固结前的起始读数。开体变管阀,让试样通过体变管排水进行排水固结。固结完成后,关排水管阀或体变管阀,记下体变管或排水管和孔隙水压力的读数。开动试验机,轴向力读数开始微动时,表示活塞已与试样接触,记下轴向位移读数,即为固结下沉量 Δh。依此算出固结后试样高度 h_c。

然后将轴向力和轴向位移读数都调至零。其余几个试样按同样方法安装,并在不同的周围压力下排水固结。

最后进行试样剪切。剪切应变速率宜采用轴向剪切应变速率为(0.05%~0.1%)/min;粉土轴向剪切应变速率为(0.1%~0.5%)/min。其他事项参考 UU 试验。

(3) CD 试验

CD 试验全过程允许试样排水。本试验主要是为了求得土的排水强度指标 c_d、φ_d。采用应变控制式三轴仪的固结排水剪比较费时,故仅应用于较透水的土料。在测试土的应力应变关系时,为了模拟实际工程的排水条件,也需用应变控制三轴压缩仪的固结排水剪试验成果来确定变形模量、泊松比和剪切模量等变形指标。

试样的安装、固结参考 CU 试验。试样在剪切过程中应打开排水阀,剪切应变速率应采用轴向剪切应变速率为(0.003%~0.012%)/min,其他剪切事项参考CU 试验。

13.9.5 遇到问题时的处理原则

三轴压缩试验操作复杂,技术要求高,需要的土样多,为避免因仪器问题给试验带来误差,开展试验前应对仪器预先检查。

关于孔隙水压力量测系统,除不能残留气泡外,应有一定的灵敏度,量测时应不允许孔隙水流动。试样内孔隙水的流动,一方面不能准确测定孔隙压力值,特别对低压缩性土显得更为明显;另一方面在透水性小的土中会导致时间滞后现象,使得读数难以稳定。GB/T 50123—2019 中规定孔压测量系统的体积因数不能大于 1.5×10^{-5} cm³/kPa。

细粒土试样分为原状样和扰动样。原状样一般均用原状土块或钻孔原状土柱在切土器上切取。扰动试样的制备方法有压样法、击实法、搓碾法等。不同的制备方法所得试样的强度有所差别。一般来说，制备方法应与现场情况类似为好，故以击实法和搓碾法为宜。

试样饱和方法有抽气饱和、浸水饱和、水头饱和、反压饱和等，其中以抽气饱和法效果较好。对粉质黏土的对比试验表明：抽气法饱和度可达 95%，浸水饱和和水头饱和在持续数昼夜后仅达 85% 左右。有些资料亦表明：用抽气法饱和度可达 90%～95%。若研究软化的影响，则要用水头饱和法。对于渗透性小的黏性土，抽气法难以达到完全饱和，即使试样到了完全饱和，在仪器底座、孔隙水压力系统及安装过程中，试样与橡皮膜等之间的残余气泡也难以驱净，不能满足试验过程中完全饱和的要求。反压力的另一个作用是使试样的孔隙水压力升高后，在剪切过程中有剪胀的试样不致出现负的孔隙压力。目前国内外已把对试样施加反压力作为一种常用的饱和方法，例如美国水道试验站规定，对 CU 试验，剪切前试样饱和度必须达到 98%，而测孔隙水压力的 CU 试验，则必须完全饱和。因此，施加反压力是试验中的必要步骤。

为了加速试样的固结过程，同时在剪切时使试样内孔隙压力均匀传递，国内外都普遍在试样外贴滤纸条。关于滤纸条的贴法，大约有如下几种：(1)覆盖面积达侧面的 50% 以上和上下连续的滤条；(2)上下均与透水板相连的连续滤条（图 13.9-3 中 II 型）；(3)滤纸条下部与透水板相连，而上部与透水板断开 1/4 试样高度的距离（图 13.9-3 中 III 型）；(4)上下均与透水板相连，但中部间断 1/4 试样高度的型式（图 13.9-3 中 IV 型）。为了加速试样固结，建议采用 II 型。如对试样施加反压力或测孔隙水压力，滤纸条的上下端与透水板不连接以防反压力与孔隙水压力测量直接连通。

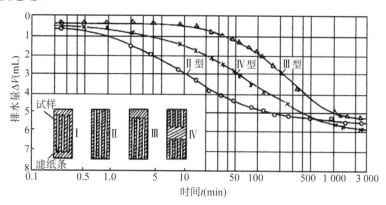

图 13.9-3　滤纸条不同贴法的固结过程

　　对试样施加的周围压力应尽可能与土体现场实际作用的压力一致。然而在大周围压力下所测得的强度指标比在小周围压力下所测得的强度指标要低。因此在提供强度指标时应注明所施加的周围压力的范围。固结标准采用两种方法：一种是以固结排水量达到稳定作为固结的标准，另一种是以孔隙水压力完全消散为标准。根据所进行的试验与国内外的经验，规定以固结度达到 95%～100% 作为固结标准。

　　CU 试验（测孔隙水压力）的剪切应变速率。在常规三轴试样剪切过程中孔隙水压力分布是不均匀的，一般中部较大，两端较小。对于测孔隙水压力的 CU 试验，为了使底部测得值能代表剪切区的孔隙水压力，故要求剪切应变速率相当慢，以便孔隙水压力有足够时间均匀分布。测孔隙水压力的 CU 试验国内不少单位对于剪切应变速率积累了许多经验。经研究认为，黏质土采用每分钟轴向应变 0.1% 是合适的，也有的认为黏土以每分钟轴向应变 0.05% 为好。国外对黏质土则多用轴向剪切应变速率（0.04%～0.1%）/min。鉴于上述讨论，标准 GB/T 50123—2019 建议对黏质土测孔隙水压力的 CU 试验轴向剪切应变速率为（0.05%～0.1%）/min。粉质土的剪切速率可以加快些，经比较，对于渗透系数 $k_{20}=1\times10^{-5}$ cm/s 的粉质土，当轴向剪切应变速率在（0.1%～0.6%）/min 时，孔隙水压力变化很小，对强度的影响也不大（如图 13.9-4 所示），故粉质土的轴向剪切应变速率采用（0.1%～0.5%）/min。

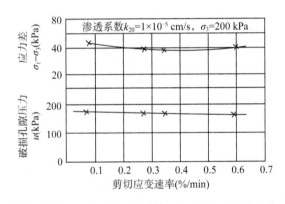

图 13.9-4　剪切速率对应力差与孔隙水压力的影响

　　三轴试验中试样外裹橡皮膜与液体隔离，橡皮膜的影响在于：一是它的约束作用使试样的强度增大，二是膜的渗漏改变试样的含水率。对于橡皮膜对土的约束作用实际试验中是否进行校正，要结合目的与要求确定。而橡皮膜的渗漏，对于周围压力不大的常规短期试验，可不考虑，若精度要求高的长期试验，可加套两层橡皮膜或加厚橡皮膜，这时要考虑其约束作用的影响。

13.10 振动三轴仪

13.10.1 概述

在试验仪器压力室内,以一定围压或偏压使土样固结后施加动荷载以确定土的动强度、动残余变形、动弹性模量与阻尼比以及液化势的土工试验仪器。

13.10.2 试验原理

振动三轴试验是将一定密度和湿度的圆柱体试样(ϕ101 mm×200 mm 或 39.1 mm×80 mm)在轴对称的三轴应力下进行固结,固结完成后在不排水/排水条件下做振动试验。测定动强度的方法是,设定某一等幅动应力作用于试样进行持续振动,直到试样的应变值或孔压值达到预定的破坏标准值,试验终止。记录试验过程中试样的动应力、动应变和动孔隙水压力随振动周次的变化过程线。同样的方法设定另一幅值动应力作用于相同密度的另一个试样进行振动试验,得另一组动应力、动应变和动孔压的变化过程线。作用于试样的动应力幅值越大,达到破坏标准所需的振动周数越少;反之,动应力幅值越小,所需振动周数越多。一般用 4 个试样可以得到动应力和破坏周数的关系曲线,即动强度曲线。

测定动模量和阻尼比的方法是,作用于试样的轴向动应力从小幅值开始逐级增大做振动试验,当应变波形明显不对称或孔压明显增大时,试验终止。记录试验过程中每级荷载的动应力和动应变曲线,或直接记录应力应变滞回圈曲线,用以确定各动应变时的动模量和阻尼比。

测定试样的动残余变形:根据试样振动过程中的排水量计算残余体积应变,根据轴向位移计算残余轴向应变及残余剪应变。

13.10.3 检测仪器类型

振动三轴仪按激振方式可分为惯性力式、电磁式、电液伺服式及气压式等振动三轴仪。电磁式、电液伺服式及气压式三种形式是应用较为广泛的动三轴仪,虽然三者激振的动力不同,但产生的循环动应力相同。其组成包括主机、静力控制系统、动力控制系统、量测系统、数据采集和处理系统。

13.10.4 试验方法及类别

振动三轴试验先应对试样进行固结,试样固结过程如下:

(1)等向固结:应先对试样施加 20 kPa 周围压力,然后逐级施加均等的周围压力,直到周围压力达到预定压力;对黏土和粉土试样,1 h 内固结排水量变化不大于

0.1 cm³；砂土试样，关闭排水阀后 5 min 内孔隙水压力不上升，即认为试样固结稳定。

（2）不等向固结：应先对试样进行等向固结，待等向固结变形稳定后，逐级增加轴向压力，直到达到预定的轴向压力，加压时勿使试样产生过大的变形；当 5 min 内轴向变形不大于 0.005 mm 时，即认为试样固结稳定。

固结完成后关排水阀，并计算振前干密度。

动强度（抗液化强度）试验应按如下步骤进行：

（1）动强度（包括抗液化强度）特性试验为固结不排水振动三轴试验，试验中测定应力、应变和孔隙水压力的变化过程，根据一定的试样破坏标准，确定动强度（或抗液化强度）。对于等向固结试验，可取双幅弹性应变等于 5%；对于不等向固结试验，可取试样的弹性应变与塑性应变之和等于 5%。对于可液化土的抗液化强度试验，可采用初始液化作为破坏标准，也可根据具体工程情况选取。

（2）试样固结好后，在计算机控制界面中设定试验方案，包括动荷载大小、振动频率、振动波形、振动次数等。动强度试验宜采用正弦波激振，振动频率宜根据实际工程动荷载条件确定，也可采用 1.0 Hz。

（3）当试样达到破坏标准后，再振 5~10 周停止振动。

（4）对同一密度试样，可选择 1~3 个固结比。在同一固结比下，可选择 1~3 个不同的周围压力。每一周围压力下用 4 至 6 个试样。可分别选择 10 周、20~30 周和 100 周等不同的振动破坏周次，应按上述步骤进行试验。

动力变形特性试验应按下列步骤进行：

（1）在动力变形特性试验中，根据振动试验过程中的轴向应力和轴向动应变的变化过程和应力应变滞回圈，计算动弹性模量和阻尼比。动力变形特性试验一般采用正弦波激振，振动频率可根据工程需要选择确定。

（2）试样固结好后，在计算机控制界面中设定试验方案，包括振动次数、振动的动荷载大小、振动频率和振动波形等。

（3）在进行动弹性模量和阻尼比随应变幅的变化试验时，一般每个试样只能进行一个动应力试验。当采用多级加荷试验时，同一干密度的试样，在同一固结应力比下，可选 1~5 个不同的周围压力试验，每一周围压力用 3~5 个试样，每个试样采用 4~5 级动应力，宜采用逐级施加动应力幅的方法，后一级的动应力幅值可控制为前一级的 2 倍左右，每级的振动次数不宜大于 10 次。

动力残余变形特性试验应按下列步骤进行：

（1）动力残余变形特性试验为饱和固结排水振动试验。根据振动试验过程中的排水量计算其残余体积应变的变化过程，根据振动试验过程中的轴向变形量计算其残余轴应变及残余剪应变的变化过程。

（2）动力残余变形特性试验一般采用正弦波激振，振动频率可根据工程需要选择确定。

（3）试样固结好后，在计算机控制界面中设定试验方案，包括动荷载、振动频率、振动次数、振动波形等。

（4）对同一密度的试样，可选择1～3个固结比。在同一固结比下，可选择1～3个不同的周围压力。每一周围压力下用3～5个试样。

13.10.5　遇到问题时的处理原则

振动三轴仪在使用前应认真检查。孔隙水压力量测系统不漏水、不漏气、无气泡残存；加压系统的压力应保持稳定；各活动部件应灵活并进行摩擦修正。对激振部分要求波型良好，拉压两半周的幅值应基本相等，相差应小于±10%；振动频率在0.1到10 Hz范围内可调；振动荷载在大应变时应基本稳定，增减变化小于10%单幅值。仪器设备的各组成部分均应定期标定或校准；计算机控制的各部件应连接准确。

试验模拟条件应尽量真实反映实际现场条件，并与采用的计算模型和分析方法相匹配。对于地震动力反应分析和抗震稳定分析来说，由于振前的试样在静力作用下已经固结，而在振动作用下，又因作用时间很短，相应于在基本不排水条件下施加了动剪应力，故动强度（或抗液化强度）试验和动力变形特性试验建议在固结不排水条件下进行。

扰动样制样时，要求成型良好，密度均匀，完全饱和，结构状态尽可能接近现场情况，试样制备是整个试验中最关键的环节。当前砂样成型均采用样模（对开或三瓣）、抽气（使橡皮内膜紧贴模壁，保证形状均匀，尺寸合格）并施加负压（使试样挺立，便于拆模和量取试样尺寸）等三个措施，效果良好。量取试样直径时，一般取上、中、下三个数据，必要时考虑橡皮膜厚度的校正。

为了达到密度均匀，常用在一定试模体积内装相应干砂量（取决于控制密度）的方法控制。当干装或湿装时，常将按预定密度和体积计算称取的干砂或湿砂分成5～6等份，每份填装于同密度相应的体积内，最后进行饱和。当直接填装饱和砂时，常用两种方法：一是将称取的砂样浸水饱和，再按一定方法（取决于要求的密度）正好装满预定的体积；二是直接从盛有已备妥的饱和砂土的量杯中取砂装样，称装样前后量杯的质量，计算实际装入的干砂量。

对于一组试验中的各个试样，固结后的密度应基本接近于要求的控制密度。对填土宜模拟现场状态用密度控制。对天然地基宜用原状试样。